새의 언어

새의 언어

새는 늘 인간보다 더 나은 답을 찾는다

데이비드 앨런 시블리 지음 · 김율희 옮김 · 이원영 감수

What It's
Like to
Be a Bird

윌북

삶에 새가 들어오는 순간

내가 대학원에서 행동생태학을 전공할 때 가장 놀랐던 점은, 새에 빠진 사람이 생각보다 정말 많다는 사실이었다. 그 가운데 조류학을 공부하는 학자들도 있었지만, 취미로 관찰하다 새에 매혹된 아마추어 조류 애호가도 많았다. 80년 동안 전 세계의 1만 종에 달하는 조류 가운데 9000종을 본 사람이 있는가 하면, 1년 동안 매일 새만 쫓으며 6800여 종을 기록한 사람도 있었다. 내 지도교수 역시 이렇게 새를 쫓아다니다가 결국 학문적으로 조류를 연구하게 된 분이었는데, 어렸을 때부터 아르바이트로 번 돈을 모아 조류 관찰용 쌍안경을 사서 들고 다녔다며 자랑스레 말씀하시곤 했다. 같은 대학원 연구실에 있던 한 선배는 어디선가 희귀한 새가 나타났다는 소식을 들으면, 공부하던 중에도 책을 덮고 그 새를 찾아 떠나곤 했다.

2008년 겨울, 나는 미국에 머물며 어치를 연구했다. 어치의 행동생태를 연구하고 있던 지도교수를 도와 새를 유인할 먹이를 뿌리고 취식 과정을 촬영하는 게 내 일이었다. 현장 조사지는 멕시코 국경에서 그리 멀지 않은 치리카후아Chiricahua산이었는데, 미국 자연사 박물관에서 운영하는 현장 기지가 있어 그곳에서 숙식을 해결했다. 내가 머물렀던 지역은 가끔 퓨마가 나타날 정도로 야생 환경이 잘 보존된 곳이었다. 워낙 외진 곳이라 온종일 사람을 한 명도 보지 못하는 날도 많았지만, 어치를 비롯해 희귀한 조류와 포유류는 자주 만날 수 있었다.

그러던 어느 날, 숲 한가운데에서 캠코더로 어치를 촬영하다 따분해진 나머지 땅 위에 대자로 벌러덩 누워 있었다. 어차피 볼 사람도 없겠다 싶어 최대한 편한 자세를 취하고 멍하니 하늘을 보고 있는데, 갑자기 내 옆에 웬 노부부가 나타났다. 나는 화들짝 놀라서 자세를 바로잡았다. 그들은 내게 가볍게 눈인사만 건넨 뒤 계속 주변을 두리번거렸다. 나는 그들의 시선이 향하는 곳을 빠르게 좇았다. 대체 이 첩첩산중에서, 적어도 일흔 살은 넘어 보이는 백발의 부부가 쌍안경으로 무엇을 찾는지 궁금했기 때문이다. 부부의 시선이 멈춘 곳에는 작은 새 한 마리가 있었다. 색깔은 전체적으로 어두웠고 목 주변엔 진한 빛깔이 감돌았다. 그들은 내게 "벌새 정말 예쁘죠?"라고 짧은 인사를 건넨 뒤 자리를 떠났다. 그들이 가고 난 후, 나는 벌새를 계속 관찰했다. 벌새는 마치 공중에 정지한 것처럼 빠르게 날갯짓을 하고 있었다. 마치 호박벌이 날 때처럼 '부웅' 하는 소리가 났고, 벌새의 영어 이름인 'hummingbird'가 뜻하는 것과 같이 휘파람 소리가 들리는 듯했다. 목덜미의 보라색 깃털은 각도에 따라 무지갯빛을 내며 반짝였고, 길게 휘어진 부리에서는 얇고 긴 혀가 나왔다 들어갔다 하면서 꿀을 핥았다.

매일 지나치는 곳이었는데, 이렇게 아름다운 새가 있다는 것을 전에는 왜 몰랐을까? 한번 알게 된 다음부터는 목덜미가 파랗게 반짝이는 다른 벌새도 눈에 들어왔다. 하지만 막상 벌새의 정확한 이름은 알 길이 없었다. 이후 매일 벌새를 마주했지만, 정작 이름도 모르고 있자니 영 답답했다. 훗날 알게 된 사실이지만, 내가 머물렀던 치리카후아산은 탐조가들에게 굉장히 유명한 곳이었다. 이곳 산 주변에만 약 200여 종의 조류가 사는데, 이 중에 벌새가 13종이 서식한다. 미국 전역을 통틀어 17종의 벌새가 기록되어 있다는 점을 고려하면, 단일 지역으로는 벌새가 가장 밀집한 지역이라고 할 수 있다. 그래서 치리카후아산은 탐조가들 사이에서 '벌새의 천국'이라고 불린다.

그해 야외 조사를 마치고 한국으로 돌아가는 길에 지도교수의 제안으로 미국 애리조나주 투손에 있는 유명한 조류 보호 단체인 오듀본협회Audubon Society에 들렀다. 그곳에는 쌍안경이 모델별로 전시되어 있었다. 가격은 천차만별이었으나 쓸만한 쌍안경은 우리 돈으로 60만 원가량이었다. 사고 싶은 마음이 굴뚝 같았지만, 대학원생으로선 꽤 비싼 가격이라 망설였다. 그때 나를 지켜보던 지도교수가 돈을 선뜻 빌려줬다. 아마 어릴 적 자신의 모습을 보는 것 같았으리라. 나는 벅찬 마음으로 쌍안경을 집어 들었다. 쌍안경 옆에는 조류 도감 하나가 놓여 있었다. 책 제목은 『The Sibley Guide to Birds』. 우리말로 '시블리의 조류 가이드'였다. 두툼한 도감 속엔 시블리가 직접 그린 새 그림이 종별로 자세히 묘사되어 있었다. 나는 제일 먼저 벌새가 있는 페이지를 펼쳤다. 내가 노부부를 따라 처음 본 보랏빛 벌새가 나왔다. 이름은 '루시퍼벌새'. 금성을 뜻하는 루시퍼라는 이름처럼, 밝게 빛을 발하는 깃털이 머릿속에 떠올랐다. '이 새 이름이 루시퍼벌새였구나!' 옛 친구를 다시 만난 것 같은 반가움과 동시에 그동안 답답했던 가슴이 뻥 뚫리는 듯한 시원함이 느껴졌다. 파랗게 반짝이는 목덜미를 가진 녀석은 '푸른목벌새'라는 것도 확인했다. 그렇게 나는 시블리의 안내서와 쌍안경을 들고 아마추어 탐조가의 길로 접어들었다.

새를 관찰하는 활동을 영어권에선 'birdwatching' 혹은 'birding'이라고 부른다. 'bird'는 새를 뜻하는 명사이기도 하지만, 그 자체로 새를 관찰한다는 뜻의 동사로도 쓰인다. 중국에선 새를 본다는 뜻으로 '관조觀鳥'라는 단어를 쓴다. 반면에 우리는 이를 '탐조探鳥'라 부른다. 탐조는 일본어에서 유래한 표현인데, 뜻을 풀어본다면 '새를 찾아서 유심히 엿본다'는 의미다. 나는 다른 어떤 단어보다 '탐조'에 담긴 뜻을 좋아한다. 그 단어를 떠올리면 하염없이 새를 쫓는 사람들의 모습과 귀한 새를 만났을 때의 쾌감이 떠오른다.

도대체 우리는 왜 이토록 새에 이끌리는 걸까? 불과 백여 년 전만 하더라도 사람들은 새를 관찰하기 위해 쌍안경 대신 총을 사용했다. 아마 그보다 더 예전엔 활을 사용했을 것이다. 사람들은 새를 잡아서 박제로 만들어 보관하거나 깃털을 뽑아 장식품을 만들고, 식량으로 사용했다. 지금은 공장식 축산 시설에서 닭을 키우면서 먹기 위해 야생 조류를 사냥하는 일이 줄었지만, 여전히 많은 사람이 새에 열광하고 이내 그 뒤를 쫓는다. 이러한 맥락에서 탐조는 어쩌면 수렵 채집인의 본능이 만들어낸 부산물인지도 모른다.

하지만 나는 새에게 끌리는 데에는 그보다 더 본질적인 이유가 있다고 생각한다. 바로 새들의 다양성과 우아한 몸동작, 즉 '아름다움' 그 자체다. 여러분도 산책하다 한 번쯤은 정말 열성적으로 새를 관찰하는 사람들을 만나봤을 것이다. 사람들은 우리나라에 아주 드물게 나타나는 희귀한 종을 기록하고 그 일을 자랑스럽게 주변에 자랑한다. 물론 희귀한 새를 멋진 사진으로 남기는 것도 의미가 있지만, 이 과정엔 정작 새를 들여다보는 단계가 빠져 있다. 관조라고 할 수는 있지만, 결코 탐조는 아니다.

　세계적으로 희귀종인 저어새의 사진을 찍고 그 학명을 기억한다고 해서 저어새를 안다고 말할 수 있을까? 절대 그렇지 않다. 이는 마치 사람의 얼굴과 이름만으로 그 사람에 대해 아는 것처럼 말하는 일과 같다. 생각해보자. 누군가 내 얼굴과 이름 석 자를 안다고 해도, 그 사람은 나에 대해 아는 것이 전혀 없다. 평소 어떤 음식을 좋아하고, 어떤 노래를 듣고, 어떤 책을 읽는지 등을 알아야 비로소 나를 안다고 할 수 있다. 새를 관찰하는 것도 마찬가지다. 저어새가 이주하는 시기는 언제인지, 어떤 먹이를 좋아하는지, 그리고 몇 개의 알을 낳아 몇 마리의 새끼를 키우는지 알아야 비로소 저어새에 가까워질 수 있다. 그렇게 알게 된 사실을 바탕으로 더 많은 질문을 던지고 스스로 답을 구해야만 진정으로 저어새의 생태를 이해하고 그 새의 진정한 아름다움에 대해서도 알 수 있다.

　이 책의 원제는 『What It's Like to Be a Bird』다. 번역하자면, '새가 된다는 것'이다. 이 책은 원제에 맞게 관찰자인 인간의 눈으로 생각하는 것이 아니라 책의 주인공인 새가 되어서 새로서 살아가는 과정에 관해 이야기한다. 하늘을 날고, 먹이를 찾고, 짝을 찾아 노래하고, 둥지를 지어 새끼를 키우는 과정을 새의 시선에서 생생하게 담았다. 또 조류의 생태를 과학적으로 설명하지만, 어려운 학술 용어나 수식이 없어서 부담 없이 읽을 수 있다. 탐조에 입문하는 사람들, 혹은 새에 관심은 있지만 어떻게 접근해야 할지 고민인 이들의 눈높이를 맞췄다. 예를 들어, 저어새가 커다란 부리를 저어서 수면을 걸어 다니며 그 끝에서 느껴지는 감각을 통해 먹이를 찾는 과정이 담겨 있다. 이뿐만이 아니다. 새가 외다리로 서 있는 동안 어떻게 균형을 잡는지, 어떻게 빙판 위에 서 있으면서도 추위를 느끼지 못하는지 등 누구나 한 번쯤 궁금해했을 모든 것을 쉽고 재미있게 설명해준다.

　나는 지금도 매년 남극과 북극으로 현장 조사를 떠날 때 가장 먼저 도감과 쌍안경을 챙긴다. 해마다 같은 장소에서 같은 동물을 관찰하지만, 늘 새롭다. 그동안 미처 알아차리지 못했던 새들의 행동이 갑자기 눈에 들어올 때가 있기 때문이다. '펭귄은 늘 깨어 있는 것 같은데 대체 언제 잠을 잘까?',

'도둑갈매기는 나 같은 연구자가 다가가면 공격적으로 반응하는데, '사람'을 어떻게 알아보는 걸까?' 이러한 궁금증은 과학 연구로 이어지고, 그렇게 조금씩 새를 더욱더 이해하게 되면서 나 역시 계속해서 그들의 아름다움에 빠져들고 있다. 이제 여러분도 시블리가 안내하는 새의 세계에 들어가길 권한다. 장담하건대, 새의 아름다움에 흠뻑 취하게 될 것이다.

동물 행동학자
이원영

차례

추천의 글 | 삶에 새가 들어오는 순간 · 4

시작하며 · 15
이 책을 사용하는 방법 · 18
이 책에 등장하는 새들 · 21

새의 모습과 생활

캐나다기러기 66	흰기러기 69	고니류 72	가축화된 오리와 거위 75
수면성 오리 78	아메리카원앙 84	잠수성 오리 87	물닭 90
아비 92	논병아리 95	바다쇠오리 98	가마우지 101
사다새 104	왜가리 108	백로 110	저어새와 따오기 114

두루미
117

물떼새
120

큰 도요새들
123

작은 도요새들
125

꺅도요와 멧도요
128

갈매기
131

제비갈매기
134

말똥가리
137

새매
142

독수리
145

독수리류
148

매
151

올빼미
154

올빼미에 대해
더 알고 싶다면
157

칠면조
160

뇌조와 꿩
163

메추라기
166

비둘기
169

비둘기에 대해
더 알고 싶다면
172

벌새
175

벌새에 대해
더 알고 싶다면
178

길달리기새
181

물총새
184

앵무새와 잉꼬
187

딱따구리
190

딱따구리에 대해
더 알고 싶다면
193

도가머리딱따구리
196

쇠부리딱따구리류
199

산적딱새
201

아메리카산적
딱새류에 대해
더 알고 싶다면
204

칼새
207

제비
210

제비에 대해
더 알고 싶다면
213

까마귀
216

큰까마귀
219

어치
222

덤불어치
225

아메리카박새류
228

작은박새
231

긴꼬리북미쇠박새
234

동고비
237

비레오
240

굴뚝새
243

상모솔새
246

아메리카
붉은가슴울새
249

지빠귀류
254

파랑지빠귀
257

미국북부
흉내지빠귀
260

흰점찌르레기
263

여새
266

아메리카솔새류
269

아메리카
솔새에 대해
더 알고 싶다면
272

풍금새
275

홍관조
278

밀화부리
281

멧새
284

발풍금새
287

검은방울새
290

참새
293

참새에 대해
더 알고 싶다면
296

유럽, 아시아,
아프리카의
참새들
299

되새
302

금방울새
305

쌀먹이새와
들종다리
308

꾀꼬리
311

찌르레기사촌류
315

큰검은찌르레기
318

검은꾀꼬리류
321

부록 01 공존 가이드: 길 위의 새들과 함께 살아가는 법 · 326

　　　02 버드 노트: 새에 관한 거의 모든 과학적 사실들 · 334

참고 문헌 · 386

일러두기

새의 이름을 우리말로 옮길 때 다음 몇 가지를 기준으로 삼았다.

1. 새의 영문명과 기존에 우리나라에 소개된 이름이 다를 경우, 우리나라 명칭에 따랐다.
2. 우리말로 번역된 명칭이 없는 경우 영문명을 그대로 옮기거나 새의 서식지와 상위 분류명을 조합해 가칭을 붙였다.
3. 서로 다른 새지만 우리나라에서는 구분 없이 부르는 경우, 개별적인 특징을 수식어로 넣어 명칭에 포함하였다.
4. 학술적 명칭 외에 흔히 불리는 이름이 따로 있는 경우 그에 따라 표기하였다.

이 책은 지난 15년간 우여곡절을 거듭한 끝에 완성되었다. 2000년대 초반에 세웠던 나의 원래 계획은 아동용 조류 도감을 제작하는 것이었다. 그러다가 나이를 불문하고 초보자들이 읽을 만한 조류 도감을 만들자는 생각이 들었고, 결국 더 많은 사람에게 새를 더욱더 폭넓게 소개하는 책을 쓰기로 했다. 나는 이 책을 조류 식별용 도감 이상으로 만들기로 했다. 이는 곧 새의 행동 중에서 특히 흥미롭고 놀라운 부분을 다루는 짧은 설명 글을 덧붙여 독자들이 각각의 새를 더 깊이 이해할 수 있게 해주자는 생각으로 이어졌다. 집필할수록 나 역시 새에 관해 더 많은 것을 배웠고, 이를 발판으로 원고도 더욱더 흥미로운 내용으로 채워졌다. 그리고 그 글들은 이제 여러분의 손에 들려 있는, 하나의 온전한 책이 되었다.

　저자로서 한 가지 바라는 점이 있다면, 이 책을 통해 여러분이 새의 생활을 조금 더 잘 이해하게 되는 것이다. 이 책에 적힌 각각의 설명 글은 새의 생활상 중 한 가지 특정 주제를 집중적으로 다룬다. 원하는 페이지 아무 곳이나 펼쳐 읽어도 이해할 수 있도록 썼으므로 반드시 순서대로 읽어나갈 필요는 없다. 각 설명 글은 하나의 주제만을 다루지만, 나는 이 책이 전체적으로는 더 넓고 깊은 이야기를 전하기를, 여러분이 이 책을 통해 새의 진화와 본능, 그리고 생존의 더 광범위한 개념을 제대로 이해할 수 있기를 바란다.

　이 책을 만드는 동안 줄곧 감동했던 사실은 '새의 경험'이 내 상상보다 훨씬 풍부하고 복잡하다는 점이었다. 새는 생각보다 훨씬 사려 깊은 존재다. 그 사실이 평생 새를 관찰해온 나에게도 새롭게 느껴졌으니, 분명 여러분에게도 놀라움을 선사할 것임을 장담한다.

　새들은 순간순간 다양한 결정을 내린다. 예를 들어 둥지를 짓는 것은 새의 본능적인 행동이다. 1년생 새는 배우지 않고도 알맞은 재료를 골라 같은 종에 속한 새들이 사는 둥지와 모양과 기능이 똑같은 둥지를 짓는다. 놀라운 일이다. 또한 그 새는 현지 조건에 따라 다른 재료를 활용하여 둥지를 더 빨리 짓거나, 추운 날씨에 대비해 단열재를 추가하는 등 방법을 바꾸기도 한다. 그뿐만 아니라 환경이나 상황 등 여러 다양한 요인을 고려하여 언제 어디에 둥지를 틀지 의사 결정 과정을 거친다.

우리가 만든 새 모이통으로 날아와 씨앗을 잡아채는 박새는 어떤 씨앗을 고를지는 물론, 그것을 숨길지 아니면 바로 먹을지 판단한다. 어치는 먹이를 숨긴 장소를 다른 어치가 눈치챌 것으로 생각되면 몇 분 뒤에 돌아와 더 안전한 장소로 옮긴다. 수컷 아메리카원앙의 외양은 암컷들이 매력적으로 여기는 모습에 맞춰 진화해왔다. 이처럼 새들의 생활은 다채롭고 복잡하다.

대부분이 생각하는 '본능'이라는 단어에는 일종의 '맹목적인 복종'이라는 뜻이 담겨 있는 듯하다. 우리는 본능이 DNA에 새겨진 명령과도 같으며, 이것이 대대손손 전해지면서 동물의 행동을 통제한다고 생각한다. 이런 관점을 가장 극단적으로 해석한 이들은 새를 그저 좀비처럼 기계적으로 행동하는 무리로 여긴다. 단지 낮이 길어졌으니 둥지를 틀고 생식 본능에 따라 가족을 이룰 뿐이라고 생각하는 것이다. 물론 어느 정도는 그렇게 진행되기도 하지만, 이는 지나치게 단순화된 시각이다. 새는 가족을 이뤄야겠다는 욕구가 생겼을 때 수많은 요인을 근거로 짝, 그리고 그와 살아갈 영역을 선택하고, 둥지를 지을 장소를 엄선하며, 현지의 조건에 걸맞은 둥지를 짓는다.

나는 이 책을 만들면서 새가 만족감, 불안, 자부심 등의 감정을 통해 자기 자신에게 동기부여를 하고, 저마다의 목표를 이뤄나간다는 사실을 깨달았다. 지나친 의인화라는 것은 알지만, 새들이 자신의 여러 욕구를 저울질하며 매일 복잡한 결정을 내린다는 사실을 달리 어찌 설명할 수 있을까?

새들이 스스로 완성한 둥지를 바라볼 때 느끼는 감정은 부모가 된 인간이 태어날 아기를 위해 새로 페인트를 칠하고 단장한 아기방을 바라볼 때 느끼는 감정과 비슷할 것이다. 새는 마음에 드는 짝을 만나면 서로에게 '매력'을 느끼고, 새끼들에게 질 좋은 먹이를 가져올 수 있을 때면 부모로서 '만족감'을 느끼며, 자신의 영역과 가족에 대해 '자부심'을 느낄 것이다. 본능이 제안하면, 새는 자신이 이용할 수 있는 모든 정보를 바탕으로 결정을 내린다.

생각해보자. 우리는 감정을 말로 묘사하지만, 언어를 걷어내면 남는 것은 감정뿐이다. 우리는 종종 감정을 수식할 때 '마음속을 뒤흔드는' 같은 묘사를 이용한다. 새들이 만족감과 성취감에 대해 서로 이야기를 나눈다는 뜻이 아니다. 우리와 마찬가지로 새 역시 자기 마음속의 감정이 본능을 뒤흔들 수 있다고 말하는 것이다.

이 책은 꾸준히 출간 중인 과학 연구 분야의 방대한 출판물에 큰 신세를 지고 있다. 새와 자연계에 대한 지식을 향상하려 애쓰는 그 모든 이의 호기심과 헌신이 없었다면, 이 책은 결코 탄생하지 못했을 것이다. 그 사람 중 일부는 '참고 문헌' 부분의 논문 저자로 이름이 실려 있다. 이 책에 실린 사람들뿐 아니라 수없이 많은 다른 이도 무수한 노력을 통해 새에 관한 소중한 정보를 남겼다. 그 모든 이에게 감사를 전한다.

새가 살아가는 모습을 가장 잘 설명하는 방법은 인간의 삶과 비교해보는 것이다. 나는 연구하고 글을 쓰는 동안 우리와 새의 수많은 공통점을 발견하고 여러 번 경이로움을 느꼈다. 또 우리가 얼마나 다른지를 깨닫고 놀랄 때도 많았다. 내가 집필하면서 느꼈던 이런 다양한 감정이 이 책을 읽는 여러분에게도 전달되기를 바란다. 그래서 이 책이 여러분의 생활에 영감을 불어넣기를, 그래서 여러분이 더 큰 관심을 가지고 적극적으로 자연을 관찰하기를, 그리고 우리가 새들과 공유하는 이 지구를 제대로 알고 더 깊이 이해하는 데 도움이 되기를 바란다.

매사추세츠주 디어필드에서
데이비드 앨런 시블리

이 책에서 다루는 범위

이 책은 전체적으로 조류학을 다루고 있지만, 새의 세계에 발도 채 담그지 못한 불완전한 입문서라는 점을 미리 알린다. 꼭 순서대로 읽도록 계획된 책은 아니니 마음 내키는 대로 훑어봐도 좋다. 다양한 주제가 서로 연결되다가 결국에는 새로운 사실을 깨달을 수 있도록 만들었으니, 읽어나가는 데 참고하기를 바란다. 미국과 캐나다에서 가장 흔히 보이거나 친숙한 종을 선별했지만, 이 책에서 설명하는 과학 지식의 상당 부분은 세계 모든 곳에 있는 새들에게 적용된다.

책의 구성

이 책의 핵심은 '새의 모습과 생활' 부분이다. 각 새를 소개할 때마다 한쪽 면에 새 96종의 모습을 담은 삽화 84점을 실었다. 그다음에는 해당 새에 관한 다양하고 흥미로운 주제를 다루면서 다른 새들의 특징도 함께 설명한 짧은 글을 실었다. 각 설명 글에는 그 꼭지에서 다루는 새 또는 그 새와 가까운 친척 새를 나타내는 그림이나 스케치, 도표 등이 딸려 있다. 기러기로 시작해 찌르레기로 끝나되, 물새가 육지 새보다 먼저 나오도록 약간의 예외를 두었다. 주제는 기본적으로 특별한 원칙 없이 배치했고, 새의 시력이나 깃털 구조 등 광범위한 생물학적 특성을 다루었다. 이 내용은 책 곳곳의 여러 설명 글에서 찾아볼 수 있다. 또 각 페이지의 주제로 선택한 내용은 삽화 속의 새와 관련이 있지만, 다른 새들에게도 적용할 수 있는 내용이 많다(예를 들어 새들의 호흡기는 모두 비슷하다).

'이 책에 등장하는 새들'에서는 이 책에 나오는 새들을 간단히 소개했다. 주로 새와 그 새의 습관, 그리고 관련이 있는 다른 새들에 대해 더 자세한 정보를 제공한다. 그 새의 행동과 연관된 다른 주제로 이야기가 흘러가기도 한다. 부록의 '버드 노트: 새에 관한 거의 모든 과학적 사실들'은 '새의 모습과 생활'에서 나온 설명을 간략하게 추린 것으로, 앞서 살펴본 내용을 복습할 수 있다. 이 책에 적힌 글의 많은 부분은 구체적인 연구 내용을 바탕으로 쓰였으며, 참고 문헌 목록은 책의 마지막에 실려 있다.

이 책의 한계(면책 조항)

이 책은 조류학에 대한 매우 선별적이고 불완전한 보고서로서, 내가 지난 몇 년 동안 연구하며 가장 흥미롭게 느낀 주제를 다루고 있다. 최근 발견된 내용과 가능성은 있지만 확실하지 않은 내용이 다수 포함되었으며, 이는 전문가들이 여전히 활발하게 연구하고 논쟁하는 주제들이다. 확실하지 않은 부분에 대해서는 그 사실을 밝히면서 이 책에 담긴 모든 내용의 정확성을 검증하려 했지만, 이렇게 간단한 요약문을 쓸 때는 문장을 단순화할 필요가 있고 또 미묘한 차이를 살릴 기회가 거의 없다. 이런 까닭에 의도하지 않은 오류나 오해를 불러일으킬 만한 표현이 나타날 수 있으며 이는 모두 나의 책임이다. 이 책은 조류 전반에 대한 전문 서적이라기보다는 입문서로 사용하고, 추가 정보가 필요하면 책 마지막에 수록된 참고 문헌을 살펴보길 바란다.

이 책에
등장하는
새들

캐나다기러기　　　　　　　　　　　　　　　　Canada Goose ··· 66

말쑥하고 흰 턱과 낭랑한 울음소리가 특징인 캐나다기러기는
북아메리카 전역의 연못과 들판에서 흔히 볼 수 있는
새다. 과거에 기러기는 희귀한 존재였다. 1900년대 초에는
기러기의 수가 사냥과 지각 변동으로 감소한 탓에 미국
동부에서 둥지를 트는 기러기가 전혀 없었고, 간혹 번식지부터
캐나다 북부까지 멀리 왕복하는 모습만이 관찰되었다. 그러나 지난 반세기
동안 기러기의 수는 상당히 증가했으며, 이제는 많은 지역에서 유해 동물로
여겨진다.

흰기러기　　　　　　　　　　　　　　　　　Snow Goose ··· 69

흰기러기는 장거리를 이동하는 철새로, 캐나다의 북극권
지역에 둥지를 틀고 미국 남부의 몇몇 지역에서 큰 무리를
이루어 함께 겨울을 난다. 새가 무리를 지어 거주지를
이동하는 이유는 계절에 맞춰 함께 움직여서 자원이 풍족한
지역에 머물기 위해서다. 이때 어떤 새들은 엄격한 일정에
따라 이동한다. 기러기의 이동은 좀 더 느슨해서 본능이 통제하는 대로
결정된다. 사실 기러기는 조건만 보장되면 연중 어느 때건 이동할 수 있다.
쉬지 않고 장거리를 날아가거나 갑자기 이동을 중단하기도 하고, 심지어는
다른 지역에서 먹이를 구할 가능성이 있으면 그 기회를 잡으려 경로를 변경할
수도 있다. 흰기러기는 넉넉한 먹이와 온화한 기후가 받쳐준다면 북쪽으로
더 멀리 이동하고, 먹이 공급이 감소하거나 추위가 심각하면 즉시 남쪽으로
후퇴한다. '선택적 이동'으로 알려진 이 전략은 새로운 임시 식량원을 최대한
이용하고 혹독한 날씨에 대처하기 위한 방법이다. 한편 많은 기러기는 기후가
온난해짐에 따라 불과 수십 년 만에 월동지를 북쪽으로 멀리 옮겼다.

혹고니

고니류는 온통 하얀 깃털과 긴 목, 귀족적인 태도 덕분에 수백
년 동안 많은 사람의 칭송을 받았다. 혹고니는 영국과 유럽
대륙의 자생종으로, 1100년대부터 '왕족의 새'라 불리며 저택의
연못에서 관상용으로 길러졌다. 미국은 1800년대 중반부터
고니류 몇 마리를 들여와 공원에 풀었고, 현재는 뉴잉글랜드에서부터
오대호에 이르기까지 많은 호수에서 이 새를 흔히 볼 수 있다. 고니류 중에서
고니Tundra Swan와 울음고니Trumpeter Swan 2종은 북아메리카의 자생종이다.
생물학자들은 외래종인 혹고니가 자생종 물새류에 미치는 영향을 염려한다.
혹고니는 영역을 방어하려는 성향이 강해 혹고니 부부가 연못에 정착하면
수많은 오리와 기러기를 쫓아낼 것이기 때문이다. 또 혹고니는 수생식물을
다량 섭취하며, 자생종과의 먹이경쟁에서 이길 가능성도 크다.

머스코비오리(위)와 청둥오리(아래)

인간이 길들인 새는 단 몇 종에 불과하다. 그중 가장
대표적인 2종의 오리는 청둥오리(동남아시아)와
머스코비오리(중앙아메리카)다. 여기에 그려진 두 오리는 전
세계의 공원과 농가 마당에서 볼 수 있는 수많은 잡종과
변종의 일부일 뿐이다. 인간에게 길든 다른 새들로는 유럽과
아시아의 기러기 2종, 멕시코의 야생칠면조, 아프리카의 뿔닭Guineafowl, 유럽의
양비둘기, 그리고 동남아시아의 닭이 있다.

청둥오리

청둥오리는 북아메리카에서 가장 널리 퍼진 들오리로,
대륙 곳곳의 도시공원이나 농가 마당에서 흔히 볼 수
있다. 오리와 같은 물새는 진화 과정에서 수중 생활양식에
적응하도록 많은 변화를 거쳤다. 청둥오리를 포함해 같은
과인 몇몇 종의 오리들은 물속의 먹이를 잡기 위해 '뒤집기'

또는 '물장구질'이라고 불리는 기술을 이용한다. 이 새들은 몸을 앞쪽으로 빼 헤엄을 치며 원하는 먹이에 닿도록 목을 물속으로 쭉 뻗는다. 이 방법은 먹이가 오리의 목이 미치는 거리에 있고 움직이지 않을 때만 유용하므로, 이 새들은 얕은 물에서 먹이를 찾으며 주로 식물을 먹는다.

아메리카원앙 Wood Duck ⋯ 84

무척 화려한 장식을 뽐내는 수컷 아메리카원앙의 외모는 수백만 년에 걸친 진화와 암컷의 선택이 낳은 결과물이다. 이 새는 조숙성 조류로, 둥지를 짓고 새끼를 기르는 과정을 암컷이 혼자 감당할 수 있다. 이는 암컷이 화려한 깃털과 정교한 구애 행위(외모와 춤 동작) 등 생활력이 아닌 아름다움만을 근거로 수컷을 고를 수 있다는 뜻이다. 식물 육종가들이 꽃의 일부 특질을 선택할 때와 마찬가지로, 암컷이 수컷을 선택하기만 해도 그 이유에 해당하는 특징이 자연스럽게 진화한다. 진화론의 논리로 설명하자면 암컷이 아름답고 매력적인 짝을 선택할 경우 후손들이 아름답고 매력적일 가능성이 커지며, 그들끼리 짝을 지을 가능성도 증가한다. 이런 방식으로 암컷은 미래의 자손에게 우수한 유전자를 널리 퍼뜨릴 수 있다. 후손 중 수컷이 아버지의 외모를 물려받고 암컷이 어머니의 기호를 물려받으면서 이 과정은 무한 반복된다. 이처럼 수백만 세대에 걸쳐 암컷은 무리 중에서 돋보이는 수컷을 계속 선택했기 때문에, 아메리카원앙은 현재의 모습처럼 눈에 띄는 아름다움을 갖게 되었다.

북미검둥오리사촌 Surf Scoter ⋯ 87

북미검둥오리사촌은 북아메리카에 서식하는 20종 이상의 잠수성 오리 중 하나로, 먼 북쪽의 민물 호수에 둥지를 틀고 바다에서 겨울을 난다. 검둥오리들은 물장구치는 오리와는 달리 먹이를 구하기 위해 물속 깊이 들어가며 바닥까지 잠수해 조개 등의 갑각류를 찾아낸다. 새는 이빨이 없으므로 이 새 역시 조개를 통째로 삼키는데, 강한 모래주머니 근육이 껍데기를 포함한 조개 전체를 조각내 소화관을 통과할 만큼 작게 분쇄한다. 또 껍데기 조각이 작은 돌처럼 작용해 먹이를 으깨는 데 도움을 주므로, 검둥오리는 거위 및 다른 새들과는 달리 먹이를 짓눌러 갈아줄 돌멩이를 삼킬 필요가 없다.

두루미목 뜸부깃과

아메리카물닭   American Coot ··· 90

물닭은 오리처럼 헤엄치고 크기도 비슷하지만, 오리와 관련은 없다. 물닭은 '뜸부기'라고 불리는 습지 새 무리와 관련이 있으며, 두루미의 먼 친척이다. 사실 물닭은 부리 모양뿐 아니라, 발에 물갈퀴가 달리지 않고 잎사귀처럼 갈라진 발가락이 있다는 점에서 오리와 다르다. 물닭의 '꼬꼬' 하는 날카로운 울음소리와 끽끽거리는 콧소리는 오리들이 흔히 내는 꽥꽥 소리나 휘파람 소리와는 아주 다르다. 또 둥지에서 새끼를 돌보는 습성도 무척 다르다. 일례로 어른 물닭은 새끼들에게 먹이를 가져다준다.

아비목 아비과

검은부리아비   Common Loon ··· 92

검은부리아비는 으스스하고 구슬픈 울음소리와 카리스마 넘치는 외모 덕분에 많은 이에게 사랑받는 존재다. 또 북부의 야생과 오염되지 않은 호수를 상징하는 새이기도 하다. 한 쌍의 아비가 둥지를 꾸리려면 직경 500미터 이상의 맑은 호수가 필요하다. 아비는 먹잇감을 눈으로 보고 사냥하기 때문에 맑은 물에서만 서식한다. 또한 길이가 7센티미터에서 15센티미터 정도인 작고 건강한 물고기들이 호수에 살아야 하는데, 다 자란 아비는 매일 체중의 20퍼센트에 해당하는 물고기를 먹는다. 산성비, 공해, 녹조, 토양 침식으로 인한 유사가 있으면 그 호수는 아비에게 알맞은 곳이 될 수 없다. 한편 호수에 버려진 납 낚시 추는 현재 인간 때문에 아비가 사망하는 가장 큰 원인이다. 이를 아비가 삼키면 심각한 납 중독이 일어날 수 있기 때문이다.

논병아리목 논병아릿과

검은목논병아리 Eared Grebe ⋯ 95

논병아리는 물새이며, 일반적으로 오리보다 작다. 아비, 가마우지 및 다른 물새류와 비슷하지만, 최근 시행한 DNA 연구에서 밝혀낸 사실에 따르면 논병아리의 가장 가까운 친척은 홍학Flamingo이라고 한다. 검은목논병아리는 미국 서부 전역에서 흔히 볼 수 있는 작은 새. 가을에는 수십만 마리가 알칼리성 호수 몇 군데에 모여 브라인슈림프아르테미아속Artemia 무갑류의 총칭-옮긴이를 먹는다. 그중에서도 유타주의 그레이트솔트호, 캘리포니아주의 모노호에 각각 어마어마한 수의 논병아리가 모여든다. 춥고 화창한 날 아침이면 검은목논병아리는 해를 등지고 엉덩이 깃털을 들어 올려 밑에 숨겨두었던 어두운 피부를 따뜻한 햇볕에 노출한 채로 일광욕을 즐긴다.

도요목 바다오릿과

대서양퍼핀(코뿔바다오리) Atlantic Puffin ⋯ 98

퍼핀은 바다오릿과에 속한 새로, 주로 바다에서 살다가 작은 섬이나 바위투성이 바다 절벽에 집단으로 둥지를 틀 때만 육지를 찾아온다. 바다오릿과의 새들은 세계에서 가장 차가운 바닷물에 살면서 육지를 찾지 않고 겨우내 바다에서 지낸다. 북반구의 펭귄이라고 할 수 있지만, 펭귄과의 유사성은 수렴진화계통적으로 서로 다른 생물이 유사한 환경에 적응하느라 유사하게 진화하는 현상-

옮긴이의 결과일 뿐이다. 이 두 집단의 새들은 냉랭한 바다에서 먹이를 찾아야

하는 어려움을 독자적으로, 그러나 비슷하게 해결하며 진화했다.

사다새목 가마우짓과

쌍뿔가마우지   Double-crested Cormorant ··· 101

가마우지는 전 세계의 넓은 수역에서 흔히 볼 수 있다.

민물가마우지Great Cormorant는 세계에서 가장 유능한 바다

포식자로 일컬어지는데, 같은 노력을 기울였을 때 평균적으로

다른 동물들보다 더 많은 물고기를 잡는다고 한다. 가마우지는

인간과 오래전부터 유대 관계를 형성해왔으며, 아시아의 일부 지역에서는

포획한 가마우지를 조련해 어부 대신 가마우지가 물고기를 잡게 하는 수백 년

된 관행이 있다. 최근 몇십 년 동안 미국과 캐나다에서는 쌍뿔가마우지의 개체

수가 증가하며 새와 어부들이 갈등을 겪고 있다.

사다새목 사다샛과

갈색사다새   Brown Pelican ··· 104

북아메리카에서는 세계에 존재하는 8종의 사다새 중 2종이

발견된다. 바로 해안가에 사는 갈색사다새와 주로 민물과

서부에 서식하는 아메리카흰사다새American White Pelican다.

둘 다 몸집이 아주 크고 사다새 특유의 부리 주머니가 있어

곧바로 알아볼 수 있다. 이 새들은 북아메리카에서도 가장

큰 새들에 속한다. 아메리카흰사다새는 벌새보다 2000배 이상 무겁다. 이는

인간과 대왕고래Blue Whale의 차이와 맞먹는 수치다.

푸른가슴왜가리   Great Blue Heron ⋯ 108

푸른가슴왜가리는 멀리에서는 우아하고 고상해
보이지만, 가까이에서 보면 큰 몸집과 단도처럼 생긴
부리 때문에 무서운 포식자로 느껴진다. 그 부리로
대개 물고기를 사냥하는데, 타격 범위에 들어온다면
개구리와 가재, 쥐, 심지어는 작은 새들까지도 식사 메뉴로 삼는다. 키는
120센티미터에 가까우며, 물가에서 가만히 어딘가를 지켜보며 쉬거나 끈기
있게 서 있는 모습이 자주 눈에 띈다. 방해꾼이 생기면 날개를 천천히 힘차게
몇 번 퍼덕인 다음 목을 뒤로 구부려 어깨에 얹고는 언짢은 듯 낮은 소리로
꺽꺽 울며 날아오른다.

흰백로   Snowy Egret ⋯ 110

백로와 왜가리는 이름만 다를 뿐 모두 같은 황새목 왜가릿과에
속한다. 대부분의 백로는 흰색이며, 몇몇 종의 경우에는
레이스와 아주 비슷한 깃털이 있다. 백로의 섬세한 깃털은
1800년대 후반에 여성용 모자의 장식으로 대유행했다. 깃털
사냥꾼들은 집단 서식지를 파괴하고 매년 무수히 많은 새를
죽여 그 깃털을 배에 실어 미국과 유럽의 주요 도시로 보냈다. 결국 많은 새의
개체 수가 위험할 정도로 줄어들었다. 오직 패션을 목적으로 새를 죽이는
악의적인 행위에 대중이 격렬히 항의한 결과, 최초의 오듀본협회가 결성되고
들새를 보호하는 첫 법안이 제정되었다. 또 미국 국립야생동물보호구역이
지정되었다. 보호를 받은 대부분의 종은 빠르게 회복되었다.

황새목 저어샛과

진홍저어새
Roseate Spoonbill ··· 114

진홍저어새는 북아메리카에서도 몹시 눈길을 끄는 새 중

하나다. 텍사스주에서 조지아주에 이르는 남동부 해안에

서식하며, 분홍빛 몸과 숟가락 모양 부리 덕분에 쉽게 눈에

띈다. 이 새는 부리를 진흙물에 담가 앞뒤로 흔들다가

물이 빠져나가도록 부리를 살짝 벌린 뒤 새우나 자그마한

물고기처럼 크기가 작은 먹이를 감지하고 잡아채서 삼킨다. 따오기Ibise는 같은

과의 새지만 부리 끝이 아래로 굽어 있다.

두루미목 두루밋과

캐나다두루미
Sandhill Crane ··· 117

세계에는 15종의 두루미가 있는데, 이 중 3종만이 안정적인

개체 수를 유지하고 있다. 그중 하나가 캐나다두루미로,

북아메리카의 거의 전 지역에서 발견되며 수가 계속해서

증가하는 중이다. 북아메리카 대륙의 자생종인 다른

두루미는 아메리카흰두루미Whooping Crane다. 흔히 볼 수

없고 널리 확산하지도 않은 아메리카흰두루미는 1941년에 특히 개체 수가

감소해 모두 합쳐 20여 마리 정도였는데, 대부분 캐나다 북부와 텍사스주에서

이동해온 것이었다. 캐나다의 둥지터는 1954년에서야 발견되었다. 이후 여러

세대에 걸친 생물학자들의 헌신적인 연구 덕분에 이 두루미의 수는 서서히

증가했고, 현재는 몇백 마리 정도가 야생에서 살고 있다.

도요목 물떼샛과

쌍띠물떼새   Killdeer ··· 120

쌍띠물떼새가 인근에 집을 지었음을 가장 먼저 알려주는
징후는 높은 하늘에서 반복해서 들려오는 카랑카랑한
'킬-디어' 소리다. 이 소리의 주인공은 경쟁자와 짝에게
자신을 알리고 자기 영역에 대한 권리를 주장하는 수컷이다.
보통 그 영역은 자갈이 약간 깔린 개방된 땅인데, 주차장
가장자리, 자갈길 그리고 자갈이 깔린 옥상까지도 둥지터로 이용할 수 있다.
이 새들은 개방된 땅에 둥지를 짓기 때문에 포식자로부터 알과 새끼를 보호할
때 심각한 어려움에 직면하는데, 이에 대비하고자 인상적일 만큼 수많은
속임수와 전략을 개발해 자기 자신과 알을 안전하게 지켜왔다.

도요목 도욧과

긴부리마도요   Long-billed Curlew ··· 123

긴부리마도요는 세계적으로 무척 큰 도요새에 해당하며, 몸에
비해 부리가 상대적으로 매우 길다. 이 새들은 미국 서부의 짧은
풀이 자라는 건조한 초원에 둥지를 짓고, 부리 끝으로 풀 속에서
잡아 올린 메뚜기나 다른 곤충을 주로 먹는다. 일부는 바다
벌레와 농게 및 다른 먹이를 찾아 진흙 속을 살피며 해안 수로에서 겨울을
보낸다. 그러나 다른 많은 마도요는 메뚜기를 꾸준히 먹을 수 있는 멕시코
북부의 건조한 초원에서 겨울을 난다.

세가락도요   Sanderling ··· 125

세가락도요는 북아메리카 대륙의 양쪽 해안, 즉 파도가 밀려오는
모래사장에서 가장 흔히 발견된다. 이 새는 모래사장에 가장 잘 적응한
도요새이므로, 해변을 찾은 사람들이 가장 자주 마주치는 새이기도 하다. 이

새들에게서 발달한 먹이 채집 전략은 파도가 해변을 휩쓸어 모래 위에 드러난 먹이를 잡는 것이다. 밀려드는 파도가 해변으로 돌진해 모래사장을 휘저으면 새들은 불어난 물을 피하려 재빠르게 비탈 위로 날아간다. 파도가 물러나기 시작하면 새들은 파도를 뒤쫓듯이 비탈 아래로 달려와서 물과 모래의 움직임으로 제자리를 이탈한 무척추동물이 있는지 주시하며 먹이를 찾아 먹는다. 잠시 후 다시 파도가 밀려들면 새들은 또 한 번 언덕 위로 황급히 달아난다. 해안가에는 세가락도요 외에도 여러 종의 도요새가 있으며, 대부분은 개펄에서 볼 수 있다.

아메리카멧도요   American Woodcock ··· 128

아메리카멧도요는 숲에 살면서 냄새로 흙 속의 무척추동물을 사냥하는 아주 특이한 도요새다. 대부분의 다른 도요새와는 달리 혼자 지내기를 좋아한다. 이 새를 만나는 가장 확실한 방법은 봄에 야외로 나가 수컷이 과시 행위 차원에서 내는 울음소리를 듣는 것이다. 일몰 후 수컷 멧도요는 숲에서 나와 가까운 풀밭으로 들어가 암컷 앞에서 자신을 과시한다. 먼저 땅에서 윙윙거리는 콧소리를 내다가 황혼에 물든 하늘로 100미터쯤 날아올라 원을 그린 다음 빠르게 하강하는데, 그러는 내내 복잡하고도 높은 소리로 지저귀며 노래를 부른다. 전부는 아니더라도 그 소리의 대부분은 날개의 좁다란 깃이 공기를 빠르게 스치며 내는 소리다.

도요목 갈매깃과

북미갈매기   Ring-billed Gull ··· 131

갈매기는 세계에서 가장 다재다능한 새다. 새의 철인 3종 경기, 즉 헤엄치고 달리고 날아다니는 경기를 하면 갈매기가 우승 후보에 오를 것이다. 다른 새가 각각 더 빨리 헤엄치거나, 더 빨리 달리거나, 더 빨리 날지도 모르지만,

이 세 가지를 전부 잘 해내는 새는 갈매기밖에 없다. 이런 재능 덕분에 갈매기는 먹이를 구할 때 더 많은 기회를 잡을 수 있다. 북미갈매기는 북아메리카 대륙의 모든 물가에서 흔히 보이는 갈매기로, 먹이를 찾으려고 식당이나 쇼핑몰 주차장을 자주 기웃거린다. 다른 종의 많은 갈매기는 주로 해안에서 볼 수 있다.

제비갈매기 Common Tern ··· 134

제비갈매기는 갈매기와 가까운 친척이지만, 훨씬 우아한 자태를 갖추고 있다. 기품이 넘치는 비행을 선보이며 늘씬한 날개와 길고 뾰족한 부리를 자랑한다. 대부분의 제비갈매기는 작은 물고기만 먹으며, 공중을 맴돌다가 물속으로 머리부터 잠수해 물고기를 낚아챈다. 집단으로 둥지를 트는 습성이 있으며 선호하는 먹이를 찾으러 먼 남쪽으로 이동하기도 한다.

매목 수릿과

붉은꼬리말똥가리 Red-tailed Hawk ··· 137

북아메리카 어느 곳에서건, 길가나 들판 가장자리에 앉아 있는 커다란 매가 보인다면 아마도 이 새일 것이다. 붉은꼬리말똥가리는 길고 넓은 날개가 달린 커다란 매인 '말똥가리'속이며, 인간이 교외에 조성한 넓은 숲과 작은 들판에서 주로 다람쥐 등 작은 설치류 동물을 먹으며 번성한다. 붉은꼬리말똥가리를 생각할 때 연상되는 날카로운 울음소리는 수많은 사람에게 친숙한데, 영화와 텔레비전 드라마의 황량한 서부 장면에서 배경 음악으로 사용되었기 때문이다. 유감스럽게도 그 소리와 함께 나오는 장면에는 보통 흰머리수리나 칠면조독수리가 등장한다.

쿠퍼매 Cooper's Hawk ··· 142

'새매' 속의 매들은 작은 새를 잡는 데 전문가다. 긴 꽁지와
상대적으로 짧고 강한 날개가 있는 이 매는 마치 곡예비행을
하듯이 나뭇가지와 장애물을 쉽게 피하거나 통과한다. 새매가
나타나면 작은 새들은 두려워서 경보를 울리고 피신하는데,
새 모이통이 갑자기 한산해진다면 이 때문일 경우가 많다. 매가 작은 새를
잡아채는 장면이 충격적으로 느껴질 수 있지만, 우리는 포식자가 생태계에서
하는 중요한 역할을 기억해야 한다. 최근 시행한 연구에 따르면 작은 새들은
포식자의 기척이 아주 조금만 느껴져도 평소와 다르게 행동하며 피신한다.
그러면 작은 새들의 먹이인 곤충, 씨앗 등은 그 새들이 몸을 피한 지역에서
살아남을 기회를 얻게 된다. 또 포식자는 먹이 동물의 개체 수를 제어하며
살아남은 먹이 동물의 행동도 바꾼다. 이 모든 것은 생태계 전체에 지대한
영향을 미친다.

흰머리수리 Bald Eagle ··· 145

미국을 대표하는 새인 흰머리수리는 1970년대에 DDT
중독으로 개체 수가 격감하며 멸종 위기에 처했다. 이후에는
다행히도 보호를 받아 다시 확산하였으며, 현재는 수가 상당히
많아졌다. 이제는 미국의 모든 주에서 흰머리수리를 볼 수
있지만, 여전히 흰머리수리는 납 중독을 포함한 수많은 위험에 직면해 있다.
독수리의 부리는 생김새가 무시무시하지만, 공격 또는 방어용 무기로 쓰이지
않는다. 그런 목적으로 쓰는 것은 발톱이며, 부리는 먹이를 찢는 데만 쓰인다.
흰머리수리는 기본적으로 죽은 동물을 먹는데, 주로 죽은 물고기처럼 만만한
먹이를 먹고 겨울에는 먹이를 찾아 댐과 개방 수역에 모여든다.

칠면조독수리 Turkey Vulture ··· 148

칠면조독수리, 그리고 그 가까운 친척인 검은대머리수리Black Vulture와
캘리포니아콘도르California Condor는 자연의 청소 부대다. 이 새들은 공중에서

땅을 순찰하며 죽은 동물을 찾아낸 뒤 식사를 하러 아래로 내려온다. 이들은 힘을 거의 들이지 않고 상승 온난 기류를 타는 능력 덕분에 몇 시간 동안 하늘 높이 떠 있을 수 있으며, 후각이 뛰어나 공중에서도 먹잇감을 찾아낼 수 있다. 또 쉽게 씻을 수 있는 깃털 없는 머리와 대부분의 다른 동물에게는 유독하게 작용하는 '장내 세균'을 보유하고 있다. 수리류 새를 '말똥가리'라고 부를 때도 많지만미국 일부 지역에서는 Turkey Vulture를 Turkey Buzzard라고 부른다-감수자, 영국에서는 그 명칭을 붉은꼬리말똥가리와 관련된 매들에게만 쓴다.

매목 맷과

아메리카황조롱이
American Kestrel ··· 151

아메리카황조롱이는 세계에서 가장 작은 매 중 하나다. 이 새는 입맛이 까다로워 주로 메뚜기와 쥐만 먹는다. 이 새는 수십 년 동안 개체 수가 감소해, 이제는 그 신경질적인 '삐익 삐익' 소리를 친숙하게 들을 수 없게 되었다. 하지만 사방이 트인 북아메리카 시골 지역에서는 여전히 이 새를 볼 수 있으며, 주로 길가의 전선이나 울타리 기둥에 걸터앉아 있거나 메뚜기와 쥐를 사냥하느라 들판 위를 맴돈다. 하지만 그 모습을 주기적으로 볼 수 있는 사람은 거의 없다. 개체 수 감소의 원인은 여전히 밝혀지지 않았지만, 서식지인 농지가 줄고 농장과 풀밭에 살충제 사용이 늘어난 현상과 벌목으로 커다란 고목이 적어지면서 둥지터를 잃어버린 상황 등이 관련이 있는 것으로 보인다.

올빼미목 올빼밋과

아메리카수리부엉이
Great Horned Owl ··· 154

미국 어디에서건, 당신이 머무는 지역에서 몇 미터 이내에 아메리카수리부엉이가 살고 있을 것이다. 이 새는 적응력이 아주 뛰어나며,

몹시 기회주의적인 사냥꾼이다. 주로 교외에 풍부한 작은
포유동물을 먹이로 삼는데, 반드시 낮에 붉은꼬리말똥가리가
사냥하는 장소에서 야간 사냥을 한다. 평균적으로 식단의
90퍼센트가 포유동물이지만, 일부 아메리카수리부엉이의

경우에는 새가 식단의 최대 90퍼센트를 차지하기도 한다. 주로 물새나 중간
크기의 새끼, 맹금류의 어린 새끼, 심지어는 몸집이 더 작은 올빼미까지도
먹는다.

북아메리카귀신소쩍새 Eastern Screech-Owl ··· 157

북아메리카귀신소쩍새는 북아메리카 대륙 삼림지
가장자리에서 흔히 볼 수 있다. 대부분의 올빼미는 밤에
활동하기 때문에 낮 동안에 휴식을 취할 한적하고 안전한
거처를 마련해두는데, 보통 매일 같은 장소를 이용한다.
이런 특성 탓에, 올빼미는 낮의 피신처에 생기는 소동에 특히
민감하다. 보호색과 텁수룩한 귀로 위장한 덕분에 대개는 모습을 들키지
않지만, 가끔은 다른 새들이나 다람쥐들이 쉬고 있는 올빼미를 발견하고
집단으로 공격하기도 한다. 만약 탐조 시 쉬고 있는 올빼미를 발견한다면
되도록 방해하지 않아야 한다. 먼 곳에서 지켜보되, 그 장소에 너무 오래
머무르지 않도록 하자. 한편 표면이 아주 부드럽고 가장자리가 유연한
올빼미의 깃털은 일반적인 깃털처럼 방수 기능이 없어 비를 맞으면 쉽게
젖는다. 이는 그토록 많은 올빼미가 낮 동안 쉴 장소로 속이 빈 나무나 울창한
초목을 찾는 이유 중 하나일 것이다.

닭목 꿩과

야생칠면조 Wild Turkey ··· 160

북아메리카에서 야생칠면조처럼 인간과 복잡한 역사로 얽힌 새는 없을 것이다.
야생칠면조는 길들지 않은 숲의 상징이자 세계에서 가장 널리 사육되는

새이기도 하다. 야생칠면조와 북아메리카의 역사는 다음과
같다. 1621년에 청교도가 영국에서 가축 칠면조를 데려왔다.
그러나 불과 50년 뒤인 1672년에는 야생칠면조를 만나기란
아주 드문 일이 되었고, 1850년 무렵에는 매사추세츠주뿐만이
아니라 미국 동부의 많은 지역에서 완전히 사라져버렸다.
야생칠면조는 야생동물 관리자들의 오랜 노력 덕분에, 그리고 숲이 재건되고
사냥이 줄어든 덕분에 100년이 지나 다시 나타났다. 결국 야생칠면조는
1900년대 후반에 제자리로 돌아왔으며, 이제는 도시 근교의 뒷마당에서도
흔히 볼 수 있다.

큰초원뇌조   Greater Prairie-Chicken ··· 163

닭목 꿩과의 조류 중 닭을 닮은 새들은 수천 년 동안
사냥꾼들에게 인기가 많았다. 현재는 야생에서 볼 수 있는
뇌조가 거의 없으며, 몇몇 종은 멸종했다. 북아메리카에서는
한 개체군이 멸종했는데, 바로 뉴잉글랜드초원뇌조Heath
Hen다. 이 새는 보스턴에서 워싱턴 D.C.에 이르는 대서양 연안에서
발견되었는데, 그곳은 유럽의 첫 식민지 이주자들이 살았던 지역이기도 하다.
1830년 무렵에 뉴잉글랜드초원뇌조는 거의 멸종했다. 마지막으로 생존한
무리는 매사추세츠주에 속한 섬인 마서스비니어드에 있었고, 그곳에서 마지막
개체를 볼 수 있었던 때는 1932년이다.

상투메추라기   California Quail ··· 166

몇몇 종의 메추라기는 텍사스주에서부터 캘리포니아주에
이르는 미국 남서부에서 흔히 볼 수 있다. 덤불이 무성한 지역
가장자리의 땅에서 어른 새와 아기 새들로 구성된 작은 무리가
먹이를 찾거나 오솔길을 일렬로 빠르게 횡단하는 모습이
자주 눈에 띈다. 동부에서는 단 한 종, 밥화이트메추라기Northern Bobwhite만
발견되는데, 이 새는 50년 전에 비해 현재는 아주 보기 드문 새가 되었다.

집비둘기   Rock Pigeon ··· 169

비둘기는 분명 북아메리카에서 가장 친숙한 새지만,
자생종은 아니다. 수천 년 전에는 중동에서 사육되었다.
현재는 도시에서 흔하게 볼 수 있는 이 새는 수가 아주
많으며 전 세계 도시에서 사랑과 미움을 동시에 받는다.
야생에서 절벽 바위에 앉아 둥지를 틀었던 습성 덕분에,
건물이나 다리 같은 인공 건축물의 돌출 부위에 쉽게 적응했다.

우는비둘기   Mourning Dove ··· 172

'피죤Pigeon'과 '도브Dove'는 비둘깃과에 속한 가까운
친척이다. 우는비둘기는 북아메리카에서 널리 확산한
종이며, 캐나다의 브리티시컬럼비아주에서부터 미국
애리조나주와 메인주에 이르기까지 뒷마당에서 흔히
발견된다. 이 새의 애절한 울음소리는 종종 올빼미의
울음소리로 오인되기도 한다. 이 비둘기가 번성하는 데 이바지한 요소
중 하나는 거의 1년 내내 둥지를 트는 능력인데, 이는 북부의 기후에서도
가능하다. 북아메리카 북부 지역에 사는 비둘기들은 대부분 번식기가 두 달
이하로 매우 제한적이지만, 우는비둘기의 번식기는 3월에서 10월까지 여섯 달
이상 이어지며 남부에서는 훨씬 길다.

루퍼스벌새   Rufous Hummingbird ··· 175

루퍼스벌새를 포함한 몇몇 종의 벌새는 북아메리카 서부에서 흔히 눈에 띈다.
동부에서는 붉은목벌새Ruby-throated Hummingbird만 볼 수 있을 것이다. 벌새와
꽃은 함께 진화해왔으며, 벌새를 통해 수분되는 꽃들은 대개 다년생에다

붉은색이고 관 모양이며 향기가 강하지 않다. 벌새는 냄새를
맡을 수 있지만, 냄새보다는 눈으로 꽃을 찾아내며, 꽃의
위치를 기억해두었다가 매년 다시 찾아간다. 꽃의 관이 좁은
덕분에 벌새만이 꿀이 있는 곳에 닿을 수 있다. 꽃들은 꿀
함량을 조절해 벌새가 여러 번 되돌아오도록 유혹하여 수분이
이루어질 가능성을 높인다.

푸른목벌새와 칼리오페벌새

Blue-throated Mountain-Gem, Calliope Hummingbird ··· 178

칼리오페벌새는 미국 서부 산맥에서 발견되는 반면,
푸른목벌새는 멕시코 국경 북쪽에서 미국 남서부까지 퍼진
몇몇 벌새 중 하나다. 벌새의 특징은 극단적이다. 몸집에 비해
가장 긴 부리와 가장 짧은 다리를 지녔으며 걷거나 뛰지 못한다.
움직이려면 반드시 날아야 한다. 이 그림은 멕시코 북부에서 발견되는 가장 큰
벌새와 가장 작은 벌새를 보여준다. 루퍼스벌새를 포함한 더 작은 벌새들은
초당 70회 이상 날개를 파닥인다. 이는 시간당 25만 회 이상인 셈이며, 네
시간만 날아도 100만 번 이상 날갯짓을 해야 한다는 뜻이다. 1년 동안 벌새 한
마리가 날개를 파닥인 횟수는 5억 회를 훨씬 초과한다.

뻐꾸기목 뻐꾸깃과 다른 말로 '두견이목 두견이과'라고도 한다-옮긴이

큰길달리기새

Greater Roadrunner ··· 181

큰길달리기새는 미국 남서부 사막을 상징하는 대표적인 새 중
하나다. 뻐꾸깃과에 속하는 이 새들은 대부분의 시간을 땅에서
보내며 어쩔 수 없을 때만 날아다닌다. 이 새는 딱정벌레와
도마뱀부터 뱀과 새에 이르기까지 잡을 수 있는 거의 모든 것을
먹는다.

아메리카뿔호반새   Belted Kingfisher ··· 184

물총샛과에 속하는 새는 300종 이상이지만, 아메리카
대륙에서 발견되는 새는 6종뿐이다. 물총새라는 이름은
영국에서 유래했는데, 그곳에 사는 물총새는 한 종이다. 그 한
종과 서반구에서 발견되는 6종은 주로 물고기를 먹고 산다.
다른 300종 이상의 물총새는 아시아, 오스트레일리아, 아프리카에서 발견되며
대부분은 물고기를 먹지 않는다. 이 지역의 새들은 숲과 덤불이 울창한
지역에서 볼 수 있으며, 곤충과 다른 작은 동물들을 잡아먹는다. 독특한
울음소리로 유명한 쿠카부라Kookaburra오스트레일리아 동부의 자생종으로 우는 소리가
사람의 웃음소리를 닮아 웃음물총새라고도 불린다-옮긴이도 물총샛과에 속한다.

쿼이커앵무   Monk Parakeet ··· 187

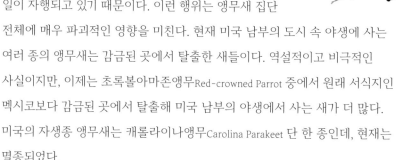

쿼이커앵무는 기후가 온화한 남아메리카 태생으로,
보스턴과 시카고처럼 먼 북쪽에서도 살아남는다. 한편 현재
세계 곳곳에서 많은 종의 앵무새가 멸종 위기에 처했다. 어린
앵무새들을 애완용으로 팔기 위해 둥지를 찾아 습격하는
일이 자행되고 있기 때문이다. 이런 행위는 앵무새 집단
전체에 매우 파괴적인 영향을 미친다. 현재 미국 남부의 도시 속 야생에 사는
여러 종의 앵무새는 감금된 곳에서 탈출한 새들이다. 역설적이고 비극적인
사실이지만, 이제는 초록볼아마존앵무Red-crowned Parrot 중에서 원래 서식지인
멕시코보다 감금된 곳에서 탈출해 미국 남부의 야생에서 사는 새가 더 많다.
미국의 자생종 앵무새는 캐롤라이나앵무Carolina Parakeet 단 한 종인데, 현재는
멸종되었다.

솜털딱따구리와 큰솜털딱따구리

Downy Woodpecker, Hairy Woodpecker ··· 190

이 2종의 딱따구리는 미국과 캐나다 거의 모든 지역의
삼림지에서 흔히 볼 수 있다. 이 새들은 새 모이통을 자주
찾아오는데, 뒷마당에서 새를 관찰하는 사람들은 이 2종을
구별하는 데 어려움을 겪을 때가 많을 것이다. 이유는
솜털딱따구리의 외모가 큰솜털딱따구리와 비슷해지도록
진화하고 있기 때문이다. 최근에 시행된 연구에서는 몸집이 더 작은 종(이
경우에는 솜털딱따구리)은 다른 새들이 그 새를 더 큰 종(큰솜털딱따구리)과
구별하지 못할 때 이득을 볼 수 있다는 주장을 뒷받침한다. 다시 말해,
솜털딱따구리는 큰솜털딱따구리 행세를 하며 다른 새들을 속이고 더 높은
서열을 차지한다.

노란배수액빨이딱따구리

Yellow-bellied Sapsucker ··· 193

세계에 존재하는 수액빨이딱따구리는 총 4종으로,
모두 북아메리카에 산다. 이 새의 명칭은 나무에 얕은
구멍을 여러 줄 뚫어두고 주기적으로 되돌아와 수액을
빨아먹으며 그 수액에 이끌려온 곤충을 잡아먹는 독특한
습성에서 비롯되었다. 수액빨이딱따구리는 두 종류의 수액
샘을 뚫는다. 얕은 직사각형 구멍과 더 깊고 작으며 둥근 구멍이다. 이런
구멍으로 나무 조직의 다양한 층에서 나오는 수액을 이용할 수 있는데,
거의 언제나 영양가 높은 수액이 흐른다. 이 샘 덕분에 그 지역에 사는 다른
새들과 동물들도 그 수액을 이용할 수 있으며, 그런 이유로 생태학자들은
수액빨이딱따구리를 '핵심종keystone species'이라고 부른다. 아치형 장식
꼭대기에 박힌 쐐기돌처럼, 수액빨이딱따구리를 없애면 생태계 전체가
무너진다.

까마귀와 크기가 비슷한 이 딱따구리는 미국의 여러 주에서
숲이 대규모로 회복됨에 따라 최근에 개체 수가 급증했지만,
최상의 서식지에서도 2.5제곱킬로미터당 여섯 쌍만 살
정도로 개체 수의 밀도가 낮다. 따라서 탐조가들은 이 새를
한 마리만 봐도 반드시 흥분한다. 이 새는 대개 새 모이통을 찾지 않지만,
몇몇 지역에서는 개별적으로나 가족 단위로 찾아와 공중에 매달아둔 단단한
쇠기름을 먹기도 한다. 북아메리카에 사는 딱따구리 중에서 이만큼 큰
종류는 찾아보기 어렵다. 진홍색 도가머리와 번뜩이는 흰색 날개 부분으로
이 새를 알아볼 수 있다. 몸집이 더 큰 딱따구리는 흰부리딱따구리Ivory-billed
Woodpecker뿐인데, 현재는 멸종된 것으로 추정된다.

가장 딱따구리 같지 않은 딱따구리인 쇠부리딱따구리는 주로
풀밭이나 정원에서 좋아하는 먹이인 개미를 찾아 폴짝거리며
돌아다닌다. 특이한 습성과 굵은 반점 때문에 많은 사람은 이
새가 딱따구리일 것으로 생각하지 못한다. 봄여름에는 크고
선명하게 '큐' 소리를 내거나 '윅, 윅, 윅, 윅' 하고 오랫동안 지저귀며 시끄럽게
군다. 쇠부리딱따구리는 수십 년 전에 비하면 훨씬 희귀한 존재가 되었는데,
정확한 이유는 알 수 없지만 아마 둥지를 지을 큰 고목이 줄어들고 살충제
사용이 늘어나 개미가 적어진 탓이라 생각된다. 한편 쇠부리딱따구리는 큰
고목 속에 둥지용 구멍을 파두는데, 이 구멍은 다른 많은 종의 새가 나중에
둥지를 틀 장소가 된다. 따라서 쇠부리딱따구리가 감소하면 다른 새들의 개체
수에도 영향이 생길 수 있다.

검은산적딱새 · Black Phoebe ··· 201

이 새들은 대부분 숲과 습지, 빽빽한 덤불에 숨어 이목을
끌지 않는 생물로 살아간다. 몇몇 종만이 사방이 트인 공간과
건물 주위에서 발견되는데, 그중 하나가 산적딱새다. 3종의
산적딱새는 집의 문간이나 헛간 같은 인공 구조물에 둥지를
짓는다. 3종 모두 어딘가에 앉아 쉴 때는 꽁지를 조용히 내리는 습성이 있으며,
부드러운 휘파람 소리로 그 이름처럼 '피-비' 하고 울거나 이와 비슷한 여러
소리를 낸다.

서부왕산적딱새 · Western Kingbird ··· 204

왕산적딱새는 드넓은 공터에서 발견되는, 크고 색깔이
화려한 새다. 이 새는 침입자에 맞서 용맹스럽고도 공격적인
태도로 자신의 영역과 둥지를 수호하는 것으로 유명하다.
왕산적딱새는 몸집이 더 큰 새들보다 빠르고 민첩하게 날 수
있다. 또 매를 발견하면 위쪽과 뒤쪽에서 공격하는데, 주로
그림에서 보이듯이 매의 머리 뒤를 쪼아댄다. 왕산적딱새는 주로 사방이
트인 장소에서 눈에 두드러지는 자리, 즉 울타리와 전선 같은 곳에 앉아 큰
날벌레를 기다려 잡아먹는다.

굴뚝칼새 · Chimney Swift ··· 207

굴뚝칼새의 높고 날카로운 지저귐은 봄여름에 미국 동부의
여러 마을에서 흔히 들려오는 소리지만, 그 새가 앉아 있는
모습은 눈에 보이지 않을 것이다. 이 놀라운 새는 온종일 높은
공중에 머무르다가 밤이 되면 굴뚝 안쪽 벽에 달라붙는다.

굴뚝이 출현하기 전에는 속이 빈 커다란 나무 안, 또는 길게 뻗은 가지가 보호막 역할을 하는 커다란 나무 껍데기에 앉아 둥지를 틀었다. 이 새가 정확히 어떻게 겨울을 나는지는 알려지지 않았다. 9월에 남아메리카에 위치한 월동지로 이동하기 시작하면 쉬지 않고 공중을 날아가고 이듬해 4월에는 둥지를 틀었던 굴뚝으로 돌아온다. 최근의 연구 결과에 따르면, 몇몇 종의 다른 칼새는 최대 10개월 동안 쉬지 않고 날면서 공중에 머무를 수 있다고 한다. 언제, 어떤 방식으로 잠을 자는지는 여전히 밝혀지지 않았다. 하지만 군함새Frigatebird를 대상으로 시행한 연구를 참조하면 그 새들은 한 번에 몇 주씩 쉬지 않고 날아가며, 비행을 계속할 때의 하루 수면 시간은 비행하지 않을 때의 6퍼센트에 불과했다. 군함새는 다른 새들처럼 한쪽 뇌는 깨어 있고 다른 쪽 뇌만 잠재운 채 지낼 수 있지만, 사실상 하늘을 날아가는 동안의 수면 시간 중 4분의 1 정도는 양쪽 뇌가 모두 잠든 상태로 보낸다.

참새목 제빗과

제비 Barn Swallow ··· 210

여름의 목초밭은 떠들썩하고 활기차다. 제비들이 곤충을 잡기 위해 풀 끄트머리를 스치며 밭의 한쪽 끝에서 다른 쪽 끝까지 날아다니기 때문이다. 사실상 북아메리카의 거의 모든 헛간에는 그곳에 둥지를 튼 제비들이 있으며, 건물 속에 있지 '않은' 제비의 둥지는 거의 찾을 수 없다. 이 제비들은 미국에 건물이 처음 세워지던 즈음부터 헛간에 둥지를 트는 데 적응했으며, 아마 1800년대에 인구가 빠르게 늘어난 덕분에 보금자리를 널리 확장할 수 있었을 것이다.

녹색제비 Tree Swallow ··· 213

녹색제비는 다른 종의 제비들과 마찬가지로 주로 날아다니며 곤충을 잡아먹는다. 공기가 너무 차가운 이른 아침이나 폭풍이 쳐서 곤충들이 날아다닐 수 없을 때는 많은 제비가 모여 갈대숲이나 덤불 속에서 함께 쉰다.

이 새들은 휴면 상태를 이용해 에너지를 보존한다. 먹이 섭취 없이 며칠 동안 생존할 수 있지만, 춥고 눅눅한 날씨가 더 길어지면 심각한 어려움을 겪을 수도 있다.

참새목 까마귓과

아메리카까마귀 American Crow ··· 216

까마귀는 모든 새 중에서도 굉장히 영리한 새에 속한다. 지능을 평가하는 간접적인 기준은 다양한 환경에 적응하고 번성하는 능력, 즉 혁신하는 능력이다. 이 기준에 비추어봤을 때, 까마귀들은 무척 똑똑한 새에 속한다. 또한 이 새들은 거래의 개념을 이해하며 공정 거래에 대한 감각이 있다. 한 연구를 예로 들어보겠다. 실험자인 인간이 까마귀들과 거래를 했다. 어떤 사람들은 '공정하게' 같은 가치의 물건을 거래한 반면, 어떤 사람들은 '불공정하게' 품질이 더 낮은 물건을 주었다. 까마귀들은 각 인간의 성향을 파악하고는 공정한 사람들과 거래하는 쪽을 선호했다.

큰까마귀 Common Raven ··· 219

큰까마귀는 일반 까마귀와 아주 가까운 친척이며, 일반 까마귀와 마찬가지로 영리하고 사교성이 매우 좋다. 새들은 깃털이 가지런하고 깨끗해지도록 주기적으로 깃털을 고르고 부리로 깃털을 관리하는데, 머리 깃털을 단장할 때는 부리를 쓸 수가 없다. 그때는 발로 머리에 있는 부스러기를 긁어내고 깃털을 다시 정돈한다. 어떤 새들은 발톱에 빗처럼 생긴 특수 조직이 달려 있어 깃털 관리를 수월하게 할 수 있다. 큰까마귀와 일부 다른 새들은 서로 깃털 고르기를 해주는데, 아마 이것이 머리 깃털을 깨끗하고 단정하게 유지하는 최상의 방법일 것이다.

색이 화려하고 무늬가 선명한 이 새는 교외와 도시공원을 포함한 삼림지에서 흔히 볼 수 있으며, 미국 동부 전역에서 새 모이통을 자주 찾아오는 손님이다. 가까운 친척인 스텔러어치Steller's Jay 역시 서부에서 흔히 눈에 띈다. 보호색 이론에 대한 논의가 처음 시작되던 1900년 무렵, 큰어치 같은 새들은 수수께끼였다. 이렇게 현란한 빛깔이 몸을 숨기는 데 어떻게 도움이 되는지 짐작하기 어려웠던 것이다. 하지만 시간이 흐른 뒤 연구자들은 새의 색과 무늬가 위장뿐 아니라 다른 여러 목적을 위해 진화해왔음을 알게 되었다. 우선 큰어치의 머리 무늬는 머리 모양을 애매하게 만들어 포식자로 하여금 이 새가 어느 쪽을 보고 있는지를 파악하기 어렵게 만든다. 또 날개와 꽁지의 새하얀 섬광은 막 공격하려던 포식자를 깜짝 놀라게 만든다. 어느 실험에서 밝혀진 내용에 따르면, 먹잇감의 빠른 움직임은 포식자를 망설이게 하며 그 빠른 움직임에 갑자기 번쩍이는 색까지 동반되면 망설임이 더욱더 커진다고 한다. 겁에 질린 큰어치가 흰빛을 번득이며 갑작스레 날아오르면 포식자는 움찔할 것이며, 어치는 그 틈에 달아날 수 있을 것이다.

캘리포니아덤불어치   California Scrub-Jay ··· 225

미국 서부와 남부에서는 가까운 친척인 덤불어치 여러 종을 볼 수 있는데, 이 새들은 새 모이통을 찾는 가장 뻔뻔하고도 용감한 손님들이다. 특히 땅콩을 좋아하는 덤불어치는 다른 어치들처럼 '웨스트나일바이러스West Nile Virus'에 특히 민감하다. 이 바이러스는 1999년에 북아메리카에

유입되어 대륙 전역에 빠르게 퍼져 인간의 건강에 큰 문제를 일으켰을 뿐 아니라 새들에게도 심각한 위협이 되었다. 새들은 바이러스의 숙주이며, 모기를 통해 전염된다. 바이러스 유입 초기에 어치와 다른 새들의 개체 수가 급격히 감소했다. 일부는 금세 회복했으나 다른 종의 새들은 여전히 개체 수가 감소하고 있는 상태다.

아메리카쇠박새, 산박새, 밤색등박새
Black-capped Chickadee, Mountain Chickadee, Chestnut-backed Chickadee ··· 228

호기심 많고 사교성 좋은 아메리카박새류는 어느 곳에서나 무척 인기가 많다. 아메리카박새류의 영문명 'chickadee'는 '치-카-디-디-디' 하는 울음소리를 본뜬 것인데, '디-디-디' 하고 우는 소리는 포식자가 나타났거나 널리 알릴 만한 일이 발생했다는 뜻이다. 다른 많은 새처럼 박새 역시 자외선을 볼 수 있는데, 자외선은 빛의 스펙트럼에서 가시광선의 범위를 벗어난 광선으로 인간의 눈에는 보이지 않는다. 한편 수컷과 암컷은 우리 눈에는 비슷해 보이지만, 사실 서로 생김새가 매우 다르다. 수컷과 암컷 박새 둘 다 뺨이 흰색이지만 수컷의 뺨에 자외선이 훨씬 강하게 반사된다.

오크박새
Oak Titmouse ··· 231

작은박새Titmouse는 아메리카박새류의 가까운 친척이다. 북아메리카에 사는 4종의 박새는 모두 단조로운 회색이며 볏이 짧다. 일찍이 1300년대부터 영국에서 '티트tit'('작다'는 뜻)와 '모스mos'('작은 새'라는 뜻)라는 중세 영어 단어를 결합한 '티트모스titmose'라는 용어를 사용했는데, 이는 문자 그대로 '작고 작은 새'라는 뜻이다. 한두 세기가 지난 뒤 이 용어는 'titmouse'가 되었고 다시 한두 세기가 지나자 'tit'로 축약되어 오늘날의 푸른박새Blue Tit와 같은 유라시아 새들의 이름에 쓰인다. 아메리카박새류의 영명인 'chickadee'는 미국에서만 쓰는 명칭이며, 그 새의 독특한 울음소리를 나타낸다. 초기 북아메리카에 살았던 유럽인들은 아메리카박새류를 작은박새titmous라고 불렀다. 예를 들어, 1840년에 미국의 유명 조류학자인 존 제임스 오듀본이 남긴 기록 중에는 검은머리쇠박새Black-capt Titmouse에 대한 내용이 있다.

긴꼬리북미쇠박새   Bushtit ··· 234

긴꼬리북미쇠박새는 북아메리카에서 벌새가 아닌 새 중 가장
작은 종으로, 노랑관상모솔새Golden-crowned Kinglet보다 조금
더 작으며 다섯 마리를 합쳐도 무게가 28그램 정도다. 미국
서부에 있는 여러 주의 넓은 덤불과 정원에서 볼 수 있으며,
거의 언제나 최대 수십 마리까지 무리 지어 돌아다니고, 관목과 나뭇잎 사이를
포르르 날아다니며 재잘거린다. 미국의 박새와 비슷해 보이지만 같은 과는
아니다. 긴꼬리북미쇠박새와 가장 가까운 친척은 유럽과 아시아에 서식한다.

참새목 동고빗과

흰가슴동고비와 붉은가슴동고비
White-breasted Nuthatch, Red-breasted Nuthatch ··· 237

동고비는 딱따구리처럼 나무껍질에 매달려 많은 시간을
보내지만, 비슷한 점은 그것뿐이다. 동고비는 오직 발만으로
나무껍질에 매달리며 나무줄기를 따라 어느 방향으로든 움직일
수 있다. 동고비는 새 모이통을 찾으면 씨앗 하나를 재빨리
움켜쥐고 나무로 되돌아온 뒤, 그 씨앗을 나무껍질 틈에 쑤셔
넣고 부리로 두드려 쪼갠다. 이 새의 이름인 'Nuthatch'는 이런 행동에서
비롯된 것이 분명하다. 말 그대로 나무 열매nut를 마구 자르는 존재hacker인
것이다. 흰가슴동고비는 1년 내내 자신의 영역에서 지내며 그곳을 방어하지만,
붉은가슴동고비는 대부분 먼 북쪽에 둥지를 튼다. 수년 간 붉은가슴동고비는
북부의 숲에서 가문비나무와 소나무의 씨앗이 줄어듦과 동시에 대규모로
남하해왔다.

참새목 비레오과

붉은눈비레오 Red-eyed Vireo ⋯ 240

비레오는 작고 눈에 잘 띄지 않는 명금류로, 대개 울창한
초목에서 발견되며 울음소리가 특히 두드러진다. 비레오는
투칸Toucan왕부리새라고도 불린다-옮긴이과 아무 관련이 없지만,
미국과 캐나다 남부에서 여름을 보낸 뒤 남아메리카의
아마존강 유역으로 남하해 겨울을 보내며 그곳에서 언제나
투칸을 만난다.

참새목 굴뚝샛과

캐롤라이나굴뚝새 Carolina Wren ⋯ 243

굴뚝새는 신열대구남아메리카와 멕시코 남부, 중앙아메리카, 서인도
제도에 속하는 동물지리구-옮긴이에 서식하는 새로 유럽, 아시아,
아프리카에는 단 한 종이 있으며 멕시코 북부에는 몇 종만
존재한다. 대부분의 굴뚝새는 서식지를 이동하지 않으며 주로
곤충을 잡아먹기 때문에 온화한 기후에서만 활동한다. 굴뚝새의
가장 놀라운 특징 중 하나는 우렁차고 낭랑하며 다채로운 노랫소리다. 수컷
캐롤라이나굴뚝새는 최대 50가지의 다양한 악구로 구성된 노래 목록을
보유하고 있으며, 짝짓기 상대나 경쟁자에게 깊은 인상을 주기 위해 그 노래를
이용해 다양한 공연을 선보인다. 서부에 사는 흰등굴뚝새Marsh Wren 수컷은
훨씬 다양한 목록을 보유하고 있어 최대 220가지 노래를 부를 수 있다!

참새목 상모솔샛과

노랑관상모솔새 Golden-crowned Kinglet ⋯ 246

노랑관상모솔새는 북아메리카에서 가장 작은 새에 속하며, 일부 벌새보다

더 작다. 무게가 미국의 5센트짜리 동전과 비슷하지만,
캐나다처럼 먼 북방에서도 겨울을 그럭저럭 무사히 보낸다.
낮의 대부분 시간은 먹이를 찾는 데 할애한다. 밤에는
비바람이 들지 않는 장소를 찾아 최대 열 마리 정도씩 모여
서로 몸을 꼭 붙이고 에너지를 보존하기 위한 휴면 상태에 들어간다. 다른
새들처럼 겨울에는 열이 더 많이 발생하도록 엔진의 회전속도를 높일 수밖에
없으니 신진대사가 더 활발해진다. 따라서 이 새에게는 더 많은 연료가
필요하다. 주로 곤충을 먹고 사는 이 새는 겨울에는 나뭇가지나 나무껍질에서
찾은 곤충의 알과 유충을 먹는다. 겨울이면 하루에 적어도 8칼로리 정도가
필요하다. 많은 양처럼 느껴지지 않겠지만 우리가 같은 비율로 음식을
섭취한다고 가정하면, 체중이 45킬로그램인 사람이 하루에 6만 7000칼로리를
섭취해야 한다는 뜻이다. 이는 땅콩 12킬로그램이나 큰 피자 스물일곱 개에
해당하는 양이다. 그동안 '새 모이만큼 먹는다'라는 말을 어떻게 썼는지 한번
생각해보자.

참새목 지빠귓과

아메리카붉은가슴울새   American Robin ··· 249

아메리카붉은가슴울새는 북아메리카에서 매우
사랑받는 새로, 주로 캘리포니아주의 작은 언덕이나
네브래스카주의 방풍림, 또는 보스턴 근교 등에서
만날 수 있다. 이 지역의 풀이 무성한 잔디밭을
찾아가면 그곳에서 지렁이를 사냥하는 이 새를 흔히 볼 수 있을 것이다.
아메리카붉은가슴울새 한 마리가 하루에 먹는 지렁이를 모두 합치면 4미터쯤
된다고 한다. 초기의 식민지 이주자인 영국인들은 이 새의 붉은 가슴을
눈여겨보며 영국 정원에서 보았던 유럽 울새European Robin를 떠올리고는
같은 이름을 지어주었다. 그러나 그 2종은 아주 먼 친척에 불과하며, 크기도
아메리카붉은가슴울새가 훨씬 더 크다.

숲지빠귀   Wood Thrush ··· 254

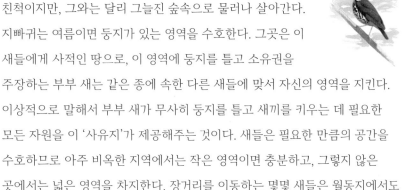

지빠귀류와 몇몇 유사 종은 아메리카붉은가슴울새의
친척이지만, 그와는 달리 그늘진 숲속으로 물러나 살아간다.
지빠귀는 여름이면 둥지가 있는 영역을 수호한다. 그곳은 이
새들에게 사적인 땅으로, 이 영역에 둥지를 틀고 소유권을
주장하는 부부 새는 같은 종에 속한 다른 새들에 맞서 자신의 영역을 지킨다.
이상적으로 말해서 부부 새가 무사히 둥지를 틀고 새끼를 키우는 데 필요한
모든 자원을 이 '사유지'가 제공해주는 것이다. 새들은 필요한 만큼의 공간을
수호하므로 아주 비옥한 지역에서는 작은 영역이면 충분하고, 그렇지 않은
곳에서는 넓은 영역을 차지한다. 장거리를 이동하는 몇몇 새들은 월동지에서도
자기 영역을 방어하지만, 이때는 부부가 함께하는 것이 아니라 개별적으로
활동한다. 겨울에도 여름에도 새들은 아주 성실하게 매년 자신의 영역으로
되돌아온다. 지빠귀는 매년 여름과 겨울에 1만에서 2만 제곱미터 넓이의
동일한 장소에서 평생을 보내며, 그 두 장소 간의 거리는 약 2500킬로미터다.

동부파랑지빠귀   Eastern Bluebird ··· 257

파랑지빠귀는 온순한 태도와 어여쁜 빛깔로 북아메리카에서
큰 사랑을 받는다. 이 새는 아메리카붉은가슴울새 및
숲지빠귀와 친척이다. 하지만 색깔 외에도 개방된 들판과
과수원을 서식지로 삼는다는 점, 빈 구멍 속에 둥지를 튼다는
점, 다섯 마리에서 열 마리 정도의 작은 무리로 이동한다는 점
등에서 숲지빠귀와는 다르다. 주로 곤충과 나무 열매를 먹지만, 최근에는
일부 파랑지빠귀들이 새 모이통을 자주 찾기 시작했으며, 그곳에서 쇠기름과
해바라기 씨앗, 거저리딱정벌레의 유충으로 조류의 먹이로 쓰임-옮긴이처럼 더
부드러운 먹이를 먹는다.

미국북부흉내지빠귀   Northern Mockingbird ··· 260

'흉내지빠귀Mockingbird'는 다른 새들의 소리를 흉내 내며 노래하는 습성

때문에 붙여진 이름이다. 물론 다른 새들을 '놀리는영어로
'mock'은 '흉내 내며 놀리다, 조롱하다'라는 뜻-옮긴이' 것은 아니다.
흉내지빠귀가 그 소리의 원천을 인식하고 있다는 증거는
있지만, 단지 다양한 소리로 자신의 뛰어난 목소리를 뽐내는
것뿐 다른 새를 놀리려는 뜻은 없을 것이다. 남의 소리를 따라 하면 자신이
부를 노래의 목록을 쉽게 늘릴 수 있으며, 얼마나 잘 따라 했는지 다른
흉내지빠귀들에게 들려줄 수도 있다. 평균적으로 수컷 흉내지빠귀는 한
마리당 150가지의 다양한 소리를 알고 있으며, 한번 노래할 때마다 그 소리를
섞어서 들려준다.

참새목 찌르레깃과

흰점찌르레기   European Starling ··· 263

유럽의 자생종인 찌르레기는 1890년에 뉴욕에 이입되었고,
이후 빠르게 증식해 1950년대에 태평양 연안까지 퍼지면서
북아메리카 대륙에서도 가장 많은 새 중 하나가 되었다. 이
새는 동부파랑지빠귀 같은 자생종의 둥지 구멍을 빼앗았고,
결국 그 새들의 감소를 재촉했다. 북아메리카에서 찌르레기는 경제적, 환경적
손실을 유발하고 퍼뜨린 '침입종'으로 여겨진다. 그러나 찌르레기에게 악의는
없다. 그저 인간이 조성한 환경에 적응하고 번성했을 뿐이다. 북아메리카
대륙은 찌르레기가 이입되기 전부터 이미 다른 침입종들로 인해 많이
달라졌다. 지렁이 역시 외래종이며 흙의 화학적 성질과 구조를 바꿔 식물
군집에 근본적인 변화를 일으켰다. 뒷마당과 길가에서 보이는 식물 대부분도
다른 곳에서 이입되었다. 민들레, 갈매나무, 대부분의 인동덩굴, 칡, 수레국화
등 여러 식물뿐만 아니라 배추흰나비를 포함한 수백 종의 곤충도 마찬가지다.
그리고 당연히 인간이야말로 궁극적인 침입종이다. 한편 미국의 찌르레기
수는 1960년대부터 극적으로 감소했는데, 농사법이 변화한 탓으로 짐작된다.
따라서 현재는 찌르레기의 영향력이 대폭 줄었다.

여새Waxwing의 이름은 안쪽 날개 깃털의 작고 붉은 끝부분 때문에 붙은 것으로, 초기의 동식물 연구가들은 그 부위를 보고 중요한 편지 위에 찍는 붉은 밀랍인 'wax'를 떠올렸다. 물론 여새의 붉은 무늬는 밀랍이 아니라 케라틴(깃털의 나머지 부분과 성분이 같은 단백질)이 단단하고 평평한 끄트머리를 형성하고 붉은 색소가 그 부위를 장식한 것이다. 여새는 주로 나무 열매를 먹고, 겨우내 끊임없이 이동하며 떠돌이 생활을 한다. 작은 무리가 연중 대부분 열매를 찾아 여기저기 돌아다니며 열매가 있는 지역을 찾는다. 먹이를 구하면 한동안 머물다 다음 먹잇감을 찾아 다시 떠돈다. 캐나다 서스캐처원주에서 꼬리표를 붙인 여새들이 나중에 미국의 캘리포니아주, 루이지애나주, 일리노이주에서 발견된 예도 있다. 어느 새는 캐나다 온타리오주에서 미국 오리건주까지 돌아다녔고, 또 다른 새는 미국 중부 아이오와주에서 캐나다 브리티시컬럼비아주까지 이동했다.

참새목 아메리카솔샛과   '신대륙개개비과'라고도 부른다-옮긴이

검은목푸른아메리카솔새   Black-throated Blue Warbler ··· 269

아메리카솔새류Wood warbler는 신열대구 철새 중 가장 수가 많고 눈에 띄며, 종류가 다양하다. 신열대구 철새란 둥지는 북아메리카에 틀고 아열대와 열대지방에서 겨울을 나는 새들을 뜻한다. 북아메리카의 탐조가들은 봄마다 이 새들이 북부에 도착하기를, 특히 북아메리카 대륙의 동쪽 지역에 도착하기를 손꼽아 기다린다. 그곳에서 기다리고 있으면 '낙오된' 철새 중에서 색이 선명한 아메리카솔새 20종 이상을 볼 수 있을 것이다. 대다수 아메리카솔새의 체중이 10그램 이하라는 사실(3분의 1온스)을 생각하면 이 새들의 대륙 간 이동이 더욱 놀라울 뿐이다. 검은목푸른아메리카솔새는 일반적으로 습하고 잎이 우거진 하층 식생, 즉 칼미아나 철쭉 같은 상록

관목으로 조성된 환경에서 발견된다. 또 대부분의 아메리카솔새는 선호하는 서식지가 제한되어 있어 생존에 취약해질 수밖에 없는데, 기후가 조금만 달라져도 식물 군집에 변화가 일어나기 때문이다.

검은머리솔새, 타운센드솔새, 두건솔새

Blackpoll Warbler, Townsend's Warbler, Hooded Warbler ··· 272

북아메리카에 사는 50종 이상의 아메리카솔새는 색깔과 무늬가 놀랍도록 다양하다. 이 비결은 바로 멜라닌 색소다. 아메리카솔새는 강렬한 빛깔과 넘치는 활력으로 유명하다. 작고한 조류학자 프랭크 채프먼은 이 새를 '나무 꼭대기의 우아하고 매력적인 영혼'이라고 일컬었다. 사람들은 샛노란 색부터 빨간색까지의 카로티노이드 색소에 주목하는 경향이 있는데, 이 밝은 색깔들은 새의 건강함을 나타내는 지표일 것으로 추측된다. 검은색 깃털도 대다수 아메리카솔새의 겉모습에 영향을 미친다. 짙은 검은색 부분은 눈에 잘 띄고, 샛노란 색과 주황색은 검은색과 대비되어 훨씬 더 밝게 보인다. 최근 시행한 연구에 따르면 더 건강한 새일수록 깃털의 검은색이 더 짙은데, 이는 색소가 더 많기 때문이 아니라 깃털 자체의 미세구조 때문이다. 작은깃가지가 더 많고 깃털 구조가 질서 정연할수록 검은색이 더 짙게 나타난다. 이처럼 멜라닌 색소에서 비롯된 무늬의 차이는 새의 건강을 알려주는 중요한 신호가 된다.

참새목 되샛과

붉은풍금새

Scarlet Tanager ··· 275

밝은 색깔의 풍금새는 주로 숲의 지붕 부분에 산다. 아메리카솔새보다 몸집이 크고 부리가 단단한 풍금새는 사실 홍관조의 친척이다. 붉은풍금새처럼 이동성이 강한 새의 생활은 엄격한 스케줄에 따라 진행되어야 한다. 봄 이동이 끝나면 곧바로 둥지를 틀고, 둥지 건축과 가을 이동 사이에는 모든 깃털을 완전히 갈아야 한다. 새는 시간 감각이 뛰어나며 시간과 복잡한 관계를 맺고 있다. 시간 주기와 관련된 유전자가 있다고 알려졌으며, 빛을 감지하는 기관이 낮의 길이에 맞춰 연간, 일간 생활 주기를 조정한다. 따라서 새들은 제때 거주지 이동을 시작하고 끝낼 수 있으며, 이동 방향과 그 긴급성도 날짜와 지역에 맞춰 조절할 수 있다. 시간 감각은 노래 등 다른 일상적인 활동에도 무척 중요하다.

참새목 홍관조과

북부홍관조
Northern Cardinal ··· 278

로마가톨릭교회 추기경의 예복처럼 선명한 붉은빛으로 유명한 이 새는 북아메리카에서 가장 쉽게 알아볼 수 있는 새에 속한다. 번식기인 봄여름에는 수컷 홍관조가 암컷에게 먹이를 먹여주는 모습을 흔히 볼 수 있다. 수컷은 암컷에게 짝과 나눠 먹을 정도로 먹이를 구하는 능력이 충분함을 어필한다. 홍관조는 지난 세기 동안 인간의 주거지가 도시 주변으로 확산하며 무척 큰 혜택을 받은 새 중 하나다. 이 새는 도시 근교 곳곳에 흩어진 관목과 나무에서, 그리고 새 모이통이 많이 설치된 탁 트인 풀밭에서 잘 살아가고 있다. 1950년에는 미국 일리노이주 남부와 뉴저지주 정도에서만 발견되었지만, 지금은 캐나다 남부처럼 먼 북쪽에서도 1년 내내 새 모이통을 눈에 띄게 찾아오는 손님이다.

붉은가슴밀화부리
Rose-breasted Grosbeak ··· 281

홍관조의 친척인 밀화부리는 이동성이 강한 철새로, 미국 전역과 캐나다 남부에 둥지를 틀고 중앙아메리카에서 겨울을 난다. 이러한 거주지 이동에는 단점이 많다. 에너지를 집중적으로 쏟아야 하며 극단적인 적응이 필요하다. 이동 습성은 뇌 크기에도 영향을 미친다. 뇌가 크면 에너지가 많이 필요해 장거리 비행에는 알맞지 않으므로, 철새들은 평균적으로 뇌가 더 작다. 그러나 전 세계에 존재하는 새의 종류 중 19퍼센트, 즉 엄청나게 많은 새가 매년 거주지를 이동한다. 그 이유는 경쟁이 덜하고 먹이가 풍부한 지역에 둥지를 틀 수 있기 때문이다. 다시 말해 먹이와 숙소를 저렴하게 얻기 위해 멀리 이동하는 것이다. 쉬운 여행은 아니지만, 여러 조건을 고려해보면 새의 입장에서는 좀 더 먼 거리를 이동할 가치가 있다. 이동 중에 쓰인 에너지는 북쪽에서 여름을 보내며 에너지를 채우는 것으로 보상한다.

푸른멧새와 유리멧새 Lazuli Bunting, Indigo Bunting ··· 284

홍관조, 밀화부리와 친척인 멧새는 생울타리와 덤불 가장자리에 사는 작은 새다. 멧새의 특징은 성적 이형성이 강하다는 것이다. 다시 말해 수컷과 암컷이 매우 다르게 생겼다. 최근의 연구에 따르면, 이는 거주지 이동과 관련이 있다. 철새의 4분의 3 이상이 성적 이형성을 보이며, 텃새의 4분의 3 이상은 그렇지 않다. 텃새의 경우에는 부부가 1년 내내 작은 영역에서 함께 머물며 대개는 함께 영역을 방어하며 새끼를 키운다. 거주지를 이동하는 새는 암수의 역할이 나뉜다. 수컷들은 번식지에 먼저 도착해 영역을 확보하며 암컷들은 며칠 뒤에 도착해 짝을 고른다. 가장 매력적인 수컷이 제일 먼저 선택되므로, 수컷은 더 화려한 깃털을 갖도록 진화한다. 암컷의 역할은 영역 방어에서 가족을 꾸리는 것으로 바뀌므로 어두운색 깃털이 유리하다. 색이 어두운 깃털은 위장할 때 더 유용하기 때문에 거주지를 이동하고 알을 낳는 일을 병행하는 암컷에게 더 유용한 자산이 되어준다.

갈색발풍금새 Canyon Towhee ··· 287

발풍금새Towhee(기본적으로는 크기가 큰 참새다) 몇몇 종이 북아메리카의 여러 지역에서 발견된다. 민무늬에 갈색이 도는 2종은 남서부와 캘리포니아주의 교외 마당에서 자주 눈에 띈다. 사막에 사는 새들은 열기를 방출하고 수분을 보존하도록 진화하고 적응해왔다. 물이 거의 없어도 버틸 수 있지만, 물이 어느 정도 필요한 건 사실이다. 낮 중 가장 더울 때에, 새들은 활동을 줄이고 그늘에서 휴식을 취하려 한다. 먹이를 찾거나 물가로 이동하는 활동은 주로 하루 중 이른 시간과 늦은 시간에 이루어진다. 많은 발풍금새는 힘든 구애를 할 필요가 없도록 암수 한 쌍이 오랜 기간 관계를 유지하고, 1년 내내 자신의 영역을 지킨다. 영역 다툼은 비교적 드물다. 또 이 새들은 다양한 방법으로 알과 새끼를 더위로부터 보호하고 물을 공급한다. 이렇게 온갖 노력을 기울여도 사막에서 살기란 어려운 일이다. 미래 기후에 대한 최근 연구 결과에 따르면, 앞으로 많은 명금류가 사막에서 살아남지 못할 것이다.

검은눈방울새   Dark-eyed Junco ··· 290

거의 매년 겨울마다 검은눈방울새들이 미국과 캐나다 남부의 새 모이통을 찾아오지만, 지역에 따라 검은방울새는 아주 다르게 보일 수도 있다. 여기에 그린 새들은 모두 같은 종인 수컷 검은눈방울새로, 뚜렷이 다른 지역적 변종 또는 아종에 해당한다. 잿빛방울새Slate-colored Junco(위)는 주로 미국 북부와 동부에서 발견된다. 오리건방울새Oregon Junco(가운데)는 서부에서, 회색머리방울새Gray-headed Junco(아래)는 로키산맥 남부에서 발견된다. 진화는 언제나 진행 중인 과정이며, 다양한 지역에 사는 새들은 다양한 선택압력서식지의 여러 조건이 개체가 살아남도록 작용하는 압력-옮긴이 때문에 각각 다른 특징을 발달시킨다. 시간이 충분히 지나고 차이가 충분히 나타나면 다른 종이 될 수도 있다. 검은눈방울새의 경우, 우리에게 보이는 차이점은 모두 약 1만 5000년 전인 마지막 빙하기 이후부터 진화한 것이다. 이 새들은 매우 다르게 보이지만 울음소리와 행동이 같다. 또 서로를 같은 종으로 인식하는 모양인지 활동 범위가 겹치기만 한다면 이종 교배를 한다. 어떤 지역의 새들이 사람의 눈에는 달라 보이지만, 새들끼리는 그 차이를 알아보지 못하면 '아종'으로 분류된다.

미국 서부에서 가장 친숙하게 보이는 참새로, 잡초가 무성한
지역에서 대규모로 무리 지어 겨울을 보내는 모습을 볼 수
있다. 참새로 분류되는 새들은 대부분 갈색을 띠고 줄무늬가
있으며 땅 위나 땅 근처에서 볼 수 있다. 한편 대부분의
작은 명금류는 밤에 거주지를 이동한다. 밤에 이동할 때의
잠재적 장점은 다음과 같다. 첫 번째로 난기류가 더 적게 발생하고 기온이
더 낮아 숨을 헐떡일 때 생기는 수분 손실도 줄어든다. 또 포식자가 더 적고,
별이 더 잘 보여 방향을 잡기 좋다. 또한 낮 동안 연료를 재충전하며 보낼 수
있다. 비행은 해가 진 뒤에 시작되며, 새들은 수천 미터 상공으로 올라가 몇
시간 동안 날아간다. 어느 날 밤에 출발할지 결정하는 것은 복잡한 일이다.
전체적으로 보자면 낮 길이의 변화가 호르몬 분비를 유발하고, 이는 생리학적
변화로 이어져 거주지를 이동해야겠다는 충동과 이동하는 데 필요한 능력이
강화된다. 새장에 갇힌 새들도 봄가을에는 이동 습성 때문에 이런 동요를
드러내며 안절부절못하고 야간에 활동하는 등 여러 행동을 보인다. 밤마다
새들은 몸 상태와 체지방량, 현재 기온과 그 추이, 바람의 방향과 속도, 기압
변화, 닥쳐오는 날씨, 시기, 현재 위치 등 많은 것을 점검할 것이다. 미지의
목적지를 향해 밤하늘로 날아오르는 것은 위험한 일이지만, 가만히 있으면
훨씬 더 위험해질지 모른다.

북미산멧종다리   Song Sparrow ··· 296

이 새는 특히 미국 동부의 뜰과 생울타리에서 보이는 친숙한
참새다. 봄과 초여름에 이 새가 집 창문을 공격하는 모습을
목격하는 사람이 많다. 그 새는 무작정 유리로 날아들거나
집 안으로 들어오려고 하는 것이 아니다. 유리에 비친 자신의
모습을 공격하고 있는 것이다. 이 새는 반사 속성이 있는

표면에 비친 자신의 모습을 볼 수 있는데(자동차 사이드미러도 흔한 표적이다),
번식기에는 호르몬 때문에 공격성과 영역 독점욕이 강해진다. 따라서

잠재적인 경쟁자의 모습을 보면 자신의 영역을 수호하려는 욕구가 발동해 침입자를 내쫓으려고 끈질기게, 그러나 헛되이 노력한다. 바깥쪽에서 천으로 유리를 가려 새의 모습이 비치지 않게 할 수 있지만, 새는 대개 다른 창문으로 이동해 공격을 지속할 것이다. 새가 침실 창문을 공격해 잠을 깨우는 행동을 그만두기를 바란다면, 창문 한두 개를 가리는 정도로 충분할 것이다. 번식기가 끝나고 영역 방어 욕구가 약해지면 이 행동은 몇 주 이내에 점점 줄어든다.

참새목 참샛과

집참새 House Sparrow ··· 299

유라시아 자생종인 집참새는 북아메리카의 자생종 참새와 밀접한 관련이 없다. 이 참새는 새 중에서도 세계에서 가장 번성한 종으로 손꼽히며, 남극 대륙을 제외한 모든 대륙의 도시에 대량 서식한다. 이 새는 1년 내내 작은 무리로 지내는데, 문제를 해결하는 데는 개인보다 집단이 낫다는 사실이 그들이 살아남은 비결 중 하나일 것이다. 그 효과는 인간에서부터 새에 이르기까지 많은 동물에게 나타났다. 사냥이 어려운 먹잇감을 발견하는 등 곤란한 문제에 직면하면, 무리에 속한 새들이 각각 약간 다른 방식으로 접근해본다. 어떤 새가 문제를 해결하면 무리의 나머지 새들은 그 방법을 배우고, 결국 모두 먹이에 다가갈 수 있다. 어느 연구에 따르면, 참새 일곱 마리로 구성된 집단은 두 마리만 있는 집단보다 일곱 배 빨리 문제를 해결한다고 한다. 또 시골 참새보다는 도시 참새가 문제 해결에 능숙하다. 그러나 (이런 성공을 거두고도) 집참새의 개체 수는 수십 년 동안 세계적으로 감소 중이다. 교통수단이 말에서 자동차로 변하고, 작은 농장과 가축이 감소한 현상과 관련이 있을 것이다.

멕시코양진이 House Finch ··· 302

줄무늬가 있는 이 작은 새는 새 모이통을 주기적으로 찾아오며, 집 주위에서 자주 눈에 띈다. 북아메리카에서 창턱이나 현관 선반, 또는 크리스마스 화환에 둥지를 튼 작은 되새가 있다면 멕시코양진이일 확률이 높다. 다 자란 수컷은 머리와 가슴이 진홍색이지만, 암컷은 붉은 부분 없이 갈색이며 줄무늬가 있다. 멕시코양진이는 미국 서부의 자생종으로 최근에야 동부에 대량으로 서식하게 되었다. 1939년에 뉴욕주 롱아일랜드에 있는 애완동물 가게 주인이 자생종 조류를 소유하는 것이 불법임을 알고 멕시코양진이 몇 마리를 풀어 놓았다고 한다. 그 작은 무리에게서 나온 새들은 미국 동부 전역으로 퍼졌고, 서부의 멕시코양진이들과 만나 어우러졌다.

쇠금방울새　　　　　　　　　　　　　　　Lesser Goldfinch ··· 305

많은 사람이 '야생 카나리아'라는 별명으로 부르는 쇠금방울새는 눈에 아주 잘 띄는 샛노란 새 중 하나다. 아메리카황금방울새American Goldfinch는 북아메리카대륙 전반에서 발견되며, 쇠금방울새는 서부에서만 발견된다. 이 새들은 모두 새 모이통을 자주 찾는 손님으로, 대개 모이통에 설치된 홰를 모두 차지한 채 몇 분 정도 조용히 앉아 씨앗을 야금야금 먹을 것이다. 대부분의 철새는 개별적으로 이동하지만, 황금방울새는 비번식기 동안 무리 지어 이동하며, 무리가 수년 간 함께 지내기도 한다는 증거도 있다. 유럽에서 황금방울새의 가까운 친척인 검은머리방울새Siskin에게 꼬리표를 달아 연구를 진행했는데, 한 달 뒤에 다시 새들을 한꺼번에 붙잡아 기록을 확인했을 때 여전히 함께 있는 새들의 최대 기록은 기간으로는 3년 이상, 거리로는 1200킬로미터 이상이었다.

참새목 찌르레기사촌과

쌀먹이새　　　　　　　　　　　　　　　　Bobolink ··· 308

쌀먹이새와 들종다리Meadowlark는 모두 찌르레기와 꾀꼬리의 친척이다. 주로 넓은 초원과 목초지에서 발견되며, 이들의 울음소리는 여름날의 목초밭을

상징한다. 이 새들이 둥지를 틀려면 풀이 높게 자란 넓고
개방된 들판, 그리고 방해가 거의 없는 환경이 필요하다. 많은
지역에서 이런 조건을 충족하는 들판이 매우 드물어짐에 따라
쌀먹이새와 들종다리도 희귀해졌다. 대초원 지대와 넓은
목초밭이 있는 다른 지역에서는 여전히 흔히 볼 수 있는 새들이다. 번식지를
떠날 때 쌀먹이새는 무리를 지어 남아메리카 남부의 초원으로 이동한다.
명금류 중에서도 아주 긴 거리를 이동하는 셈이다.

아메리카꾀꼬리 Baltimore Oriole ··· 311

몇몇 종의 꾀꼬리 우리나라에서 볼 수 있는 꾀꼬리는 참새목 꾀꼬릿과로
분류되지만, 여기에서 언급하는 꾀꼬리는 이른바 '신세계 꾀꼬리'로 참새목
찌르레기사촌과로 분류된다. 여기에서 언급하는 꾀꼬리는 남북아메리카
대륙에 서식하는 참새목 찌르레기사촌과의 새들을 가리킨다-옮긴이들은
북아메리카에서 번식하려고 북쪽으로 이동하지만, 대부분의
꾀꼬리들은 중앙아메리카와 남아메리카에서 지내는 텃새다. 이동 습성은
쉽게 적응할 수 있는 것으로, 같은 종 내에서도 철새와 텃새 어느 쪽으로든지
다양한 변종이 생길 수 있다. 최근의 연구에 따르면, 다양한 종이 진화하면서
이동 습성이 여러 차례 나타났다 사라지기를 반복했으며, 현재 미국
열대지방에 사는 많은 명금류가 철새였던 종에서 진화한 것이라고 한다. 이
시나리오에 따르면, 북아메리카에서 둥지를 틀고 열대지방에서 겨울을 나는
새 중 일부는 북쪽을 향해 개별적으로 다시 이동하는 것이 아니라 가까운
열대지방이나 그 인근에 남아 번식한다. 다시 말해, 철새들로부터 떨어져
열대지방에 거주하게 된 새로운 무리가 별개의 종으로 진화한 것이다.

찌르레기사촌 Brown-headed Cowbird ··· 315

찌르레기사촌은 '탁란'이라는 전략으로 둥지를 튼다. 다른 새의 둥지에 알을
낳으면, 양부모가 자신도 모르게 알을 품고 어린 찌르레기사촌을 먹이는
일을 도맡는다. 양부모는 아기 찌르레기사촌이 자신보다 몸집이 훨씬 커져도

계속 그 새를 돌본다. 찌르레기사촌을 비난하고 싶겠지만,
그리고 찌르레기사촌의 몇몇 행동이 잔인하고 철저한 범죄처럼
보이겠지만 우리는 인간의 가치를 자연계에 투영하려는 경향을
경계해야 한다. 암컷 찌르레기사촌이 계획적으로 다른 새의
둥지에 알을 낳기로 선택하는 게 아니다. 그저 그런 식으로
진화했기 때문이다. 암컷 찌르레기사촌은 자신의 후손을 위해 유리한 기회를
얻으려고 애쓰는 것뿐임을 상기하자.

큰검은찌르레기   Common Grackle ··· 318

큰검은찌르레기는 미국 동부 3분의 2에 해당하는 지역의
교외와 시골 서식지에서 아주 흔히 볼 수 있는 새다. 까마귀와
찌르레기사촌 같은 다른 새들처럼 옥수수와 여러 곡물을 먹고
살지만, 자기보다 작은 명금류의 알과 새끼를 잡아먹기도 한다.
따라서 이 새의 존재는 주위의 다른 새들에게 큰 영향을 미친다.

붉은날개검은새   Red-winged Blackbird ··· 321

북아메리카에서 물과 빽빽한 갈대숲 또는 덤불이 있는
곳이라면 어디에서든 붉은날개검은새를 볼 수 있다. 도로 옆
배수구 주변에 부들이나 버드나무가 자라는 작은 땅은 이
새의 둥지터가 되기에 아주 걸맞다. 넓은 습지에서는 수백
마리가 빽빽하게 둥지를 짓는다. 겨울이 지나 포근해지기
시작하는 2월 어느 날부터 수컷들이 돌아와 자신의 영역에 귀환을 알리는데,
이는 봄의 첫 징조 중 하나다. 뉴잉글랜드 지역처럼 추운 곳에서도 같은 광경을
볼 수 있다.

새의
모습과
생활

캐나다기러기 | Canada Goose

50년 전만 해도, 캐나다기러기는 많은 이에게 사랑받았다.
하지만 개체 수가 대대적으로 증가한 뒤 북아메리카의 많은
사람은 이제 이 새를 도시 근교에 사는 유해 동물로 여긴다.

생후 며칠 무렵의
새끼 캐나다기러기

● 기러기는 오리와 도요새, 닭과 마찬가지로 조숙성 조류에 속한다. 조숙성
조류는 눈을 뜨고 깃털이 모두 자란 채로 부화하며, 부화 후 몇 시간 이내에 걷고
헤엄치는 것은 물론 먹이를 먹고 체온을 유지하는 것까지 스스로 할 수 있다. 새끼
기러기는 본능에 따라 이 모든 것을 자연스럽게 해낸다. 어른 기러기는 포식자 등
여러 위험으로부터 새끼를 보호하고 먹이가 충분한 곳으로 데려가지만, 먹이를
먹여주지는 않는다. 이처럼 기러기는 부모가 돌보지 않아도 자기 자신을 돌보며
건강한 어른으로 자라난다. 반대로 명금류는 만숙성 조류로, 조숙성 조류와는
달리 깃털이 없고 눈을 뜨지 못한 채 무력한 모습으로 태어난다. 또한 부모 새가
2주 이상 꾸준히 돌보며 먹이를 먹여야만 생존할 수 있다.

캐나다기러기 가족

● 새끼 기러기는 본능적으로 태어나서 가장 먼저 본 존재에게 애착을 느끼고,
그를 부모로 각인한다. 기러기에게 가장 중요한 시기는 부화 후 열세 시간에서
열여섯 시간이다. 갓 태어난 기러기는 식별 능력이 뛰어나지 않으므로 인간은
물론이고 장난감 기차 같은 무생물마저도 부모로 각인한다. 이 본능적인 행위는
기러기 같은 새들에게 분명히 큰 의미가 있는데, 조숙한 새끼는 부화 후 얼마 되지
않아 둥지를 떠나므로 어떻게든 살아남기 위해 부모에게 강한 애착을 갖는 것이
틀림없다.

캐나다기러기 한 쌍.
왼쪽이 수컷,
오른쪽이 암컷이다.

● 수컷 기러기와 암컷 기러기는 겉모습이 비슷하며, 새들이 으레 그러듯이 암수가
함께 둥지와 새끼를 돌본다. 수컷 기러기와 암컷 기러기를 구별하려면 크기와
행동을 자세히 관찰하면 된다. 기러기 가족 안에서 수컷은 대개 가장 몸집이 크며,
파수꾼 겸 방어자 역할을 하느라 몸을 더 꼿꼿이 세우는 경향이 있다. 대부분의
새와 달리, 기러기 가족은 가을과 겨울을 함께 지낸다. 한편 영어로 수컷 기러기는
'갠더Gander', 암컷은 '구스Goose'라고 부른다.

흰기러기 | Snow Goose

기러기들은 종종
날씨와 먹이에 따라
이동 시기와 방향을 바꾼다.

| 계절에 따라 이주하는
흰기러기 떼

| 브이(V) 자 대형으로
| 날아가는 기러기들

● 브이 자 대형으로 날면 어떤 이점이 있을까? 바로 힘을 덜 쓰면서도 오래 날 수 있다는 점이다. 또한 무리 속의 모든 새와 시각적으로 꾸준히 교신할 수 있어 무리 내부의 의사소통이 더 원활해지며, 뒤에 있는 새는 앞에 있는 새가 남긴 상승기류를 따라 날며 힘을 아낄 수 있다. 브이 자 대형의 원리를 자세히 살펴보자. 우선 공중을 나는 새들은 모두 소용돌이치는 공기의 '흔적'을 뒤에 남긴다. 구부러진 유선형 날개를 타고 흐르는 공기는 날개 밑으로는 더 높은 압력을, 날개 위로는 더 낮은 압력을 형성한다. 이 압력 차이 덕분에 새는 높은 고도를 유지할 수 있다. 또 날개의 대부분은 공기를 아래로 밀어내므로 하강기류가 생성되지만, 날개 아래쪽의 높은 압력이 날개 끝을 빠르게 휘감고 돌면서 상승기류를 만들어낸다. 뒤따라가는 새들은 하강기류를 피하고자 옆으로 이동하되, 자신의 한쪽 날개가 앞에 있는 새가 남긴 상승기류를 통과하도록 위치를 조절하며 또 앞에 있는 새와 같은 박자로 날갯짓한다. 또 그 상승기류 속에 머물기 위해 앞 새의 날개 끝이 지나간 자리에 자신의 날개 끝을 그대로 맞추며 이동한다. 이처럼 공중에서 가장 효율적인 경로를 찾아내려면 공기의 움직임과 양력고체가 움직일 때 수직 방향으로 작용하는 힘으로, 높은 압력에서 낮은 압력 쪽으로 생긴다-옮긴이 및 항력운동에 저항하여 반대쪽으로 작용하는 힘-옮긴이을 놀라울 만큼 섬세하게 감지해야 한다.

● 깃털은 마모되기 마련이다. 따라서 모든 새는 주기적으로 '깃갈이'라는 과정을 통해 깃털을 교체한다. 커다란 날개 깃털을 서서히 갈면서 비행 능력을 유지하는 대부분의 새와 달리, 기러기와 오리의 깃털은 한꺼번에 빠지며 이후 완전히

깃갈이 중인
흰기러기들

새로운 깃털이 돋는다. 이런 까닭에 이 새들은 늦여름에는 40일가량 비행을 하지
않는다. 이때 안전하게 깃갈이를 하기 위해 포식자가 거의 없는 외딴 습지대로
이동하는데, 오직 깃갈이할 목적으로 북쪽으로 1000킬로미터 이상을 날아가기도
한다. 새들이 즐겨 찾는 깃갈이 장소에는 빠진 깃털이 여기저기 흩어져 있다.
기러기들은 그곳에 머물며 날개 깃털을 새로 기른 뒤, 가을이 되면 남쪽으로
이동을 시작한다.

● 새는 이빨이 없다. 먹이를 부수는 데는 부리도 쓰이지만, 먹이 분쇄의 대부분은
아주 강한 근육이 발달한 모래주머니에서 이루어진다. 새에게는 몸 앞쪽에
늘어나는 주머니 형태의 '모이주머니'가 있는데, 먹이는 그곳에 저장되었다가
전위를 지나 모래주머니로 이동한다. 모래주머니는 강한 근육을 이용하여 먹이를
압착하고 분쇄한다. 모래주머니는 놀라울 정도로 강력하다. 예를 들어, 뒤이어
나올 야생칠면조는 모래주머니
속에서 호두를 통째로 부술 수 있으며,
바다검둥오리사촌은 작은 조개를
분쇄할 수 있다. 흰기러기는 대개
식물을 먹기 때문에 작은 돌멩이도
함께 삼키게 되는데, 돌멩이 표면이
먹이를 짓누르고 갈아주며 모래주머니
속에서 먹이를 분쇄하는 데 도움이
된다.

전위

모래주머니

모이주머니

창자

고니류 | Swans

사실 말 없는 새가 아닌, 이 혹고니영문명은
큰 소리를 내지 않는 '조용한 고니'라는 뜻인 'Mute
Swan'이지만 우리나라에서는 눈알과 부리에 있는 혹
때문에 혹고니라고 부른다-옮긴이는 브리튼섬과
유럽의 자생종이다.

| 깃털을 고르는 혹고니Mute Swan

● 새는 몸집을 더 크게 보이게 만들어 공격적인 과시 행위를 한다. 위 그림의
혹고니의 위협적인 행위가 아주 적절한 예다. 혹고니는 과시를 위해 날개를
등 위로 들어 올리고 목에 달린 작은 깃털들을 부풀린 채 물을 가르고 재빨리
돌진한다. 이때 무섭게 쉭쉭거리는 소리도 곁들인다. 대부분의 경우에 이런 식으로
인간을 위협하는 새들의 행동은 허세에 불과하지만, 9킬로그램이 넘는 혹고니가
뼈로 된 날개의 앞이나 부리로 강한 일격을 가하면 위험할 수 있으므로 이런
행동을 목격하면 멀찍이 떨어지도록 하자.

● 길고 가느다란 목을 가진 고니류와 기러기는 어떤 날씨에서건 목을 따뜻하게
유지해야 한다. 차가운 바람에 노출되거나 여러 차례 잠수한 경우라면 더욱더
그렇다. 목이 긴 새들은 노출을 줄이고 온기를 유지하기 위해 목을 감아 몸에
단단히 붙인다. 뒤이어 살펴볼, 새들의
다리에서 일어나는 '역류 순환'은 목에는
영향을 미치지 못하는데, 산소가 든
따뜻한 혈액을 뇌에 꾸준히 공급해야
하기 때문이다. 따라서 이 새들의
목에는 목 전체를 촘촘히 감싸는 솜털
같은 깃털이 발달했다. 실제로 고니류의
고니는 새 한 마리당 가장 많은 깃털을
가진 새로, 세계 최고 기록을 보유하고
있다. 깃털은 모두 합쳐 2만 5000개가
조금 넘는데, 그중 80퍼센트인 약 2만
개가 머리와 목에 있다.

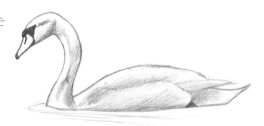

● 혹고니의 특징은 무엇보다도 아름다운 부리다. 새의 부리는 두 종류의 뼈로 구성된 아주 가벼운 구조물이다. 물렁물렁한 뼈인 해면뼈의 중심부를 더 단단한 뼈로 이루어진 얇은 껍질이 감싸 부리를 강하고도 가볍게 만든다. 뼈를 감싸고 있는 것은 케라틴이라는 더 단단한 외피인데, 우리의 손톱과 비슷하다. 부리는 생체 조직이기 때문에 아주 느리게나마 색이 달라질 수 있다. 또 케라틴 막은 꾸준히 자라면서 베이거나 긁힌 자국을 치료해주고, 쓸수록 마모되는 날카로운 가장자리와 구부러진 끝부분을 보완하며 부리 전체의 형태를 유지해준다.

혹고니의 부리 구조.
회색은 뼈, 주황색과 검은색은
얇은 케라틴 막이다.

가축화된 오리와 거위

| Domestic Duck/Geese

야생 기러기를 가축으로 길들인 경우, 이를 거위라고 부른다. 가금류 오리의 품종과 잡종은 매우 다양하며 그림의 새들은 그중 두 가지 예시일 뿐이다.

가축화된 다양한 오리 가운데 머스코비오리Muscovy Duck(위)와 청둥오리Mallard(아래)

| 펜으로 쓰기 위해 다듬은 회색기러기Graylag Goose의 커다란 날개 깃털

● 600년대부터 1800년대까지, 1000년이 넘도록 깃털은 최고의 필기도구였다. 속이 빈 깃대의 구조와 빳빳하면서도 유연한 특징은 펜으로 쓰기에 안성맞춤이었다. 깃대를 비스듬히 자르기만 해도 잉크를 머금을 수 있는 속 빈 대롱과 섬세하고 뾰족한 끄트머리가 나타나고, 깃털 옆면의 깃가지를 다듬으면 손으로 편히 쥘 수 있는 자리가 생긴다. 특히 기러기와 까마귀 같은 새들의 커다란 날개 깃털은 펜으로 쓰기에 크기가 적당했고, 특히 식용으로 거위를 키우는 지역에서는 깃털을 쉽게 얻을 수 있었다. 실제로 러시아의 상트페테르부르크에서는 1800년대 초에 매년 2700만 개의 거위 깃펜을 수출했다. 화가들은 아직도 섬세한 '까마귀 깃펜'을 쓰는데, 사실 현재 쓰이는 깃펜은 새의 깃으로 만든 것은 아니다. 한편 '펜pen'이라는 현대어의 어원은 '깃털'이라는 뜻의 라틴어 '페나penna'다. 또 '펜나이프pen knife'라고 불리는 주머니에 넣고 다니는 작은 접이식 칼은 본디 깃펜을 만들고 관리하는 데 쓰였다.

● 날개 깃털을 펜으로 쓴 인류는 이외에도 거위의 깃털을 활용할 방법을 두 가지 더 찾아냈다. 바로 충전재와 단열재다. 몸통 깃털은 베개 등의 충전 재료로

솜털

몸통 깃털

쓰인다. 또 몸통 근처의 솜털은 가장 효율적인 단열재로 알려져 있으며 특히 외투와 침낭처럼 여러 기능성 제품의 재료로 인기가 높다. 솜털은 보온 효과가 매우 뛰어나면서도 가벼우므로, 천연 물질이든 합성 물질이든 솜털만큼 훌륭한 재료는 없을 것이다. 인간이 사용할 때 불편한 점이 있다면 이 솜털이 젖으면 단열 능력을 상당 부분 잃어버린다는 점이다. 새들은 깃털 관리에 많은 시간과 노력을 기울여 솜털을 반드시 마른 상태로 유지하며 이 문제에 대처한다.

● 지난 수 세기 동안, 거위는 인간에게 매우 중요한 존재였다. 유럽의 회색기러기는 고기와 계란을 얻기 위해 사육되었으며, 솜털을 얻고 깃털로 펜을 만들기도 했다. 거위는 경계심이 많고 큰 소리로 울어대며 마치 '감시견'처럼 인간을 지켜주기도 한다.

가축으로 기르는
회색기러기

수면성 오리 | Dabbling Ducks

청둥오리와 일부 다른
오리들은 물속에 있는 먹이를
잡기 위해 몸을 앞으로 뒤집고
원하는 먹이를 향해 목을 쭉
뻗은 채로 헤엄친다.

| 먹이를 잡으려 물장구치는
수컷 청둥오리Mallard

| 수면에서 날아오르는 청둥오리

● 수면에서 날아오르는 것은 특히 어려운 일이다. 수면은 단단한 표면이 아니기 때문에 날아오르기 적합하지 않다. 대부분의 새는 이륙 속도에 도달하기 위해 지면을 달려야 하지만, 청둥오리 같은 수면성 오리들은 특이하게도 수면에서 공중으로 곧장 날아오른다. 날개로 수면을 밀칠 수 있기 때문이다. 이 새들은 공중이 아니라 물속에서 첫 날갯짓을 한다. 공중에서 힘차게 날개를 몇 번 퍼덕거리며 물을 벗어난 뒤에는 하늘로 날아올라 평소의 비행 속도에 이를 때까지 가속한다.

● 오른쪽의 첫 번째 그림은 몸통과 등 깃털 뒤로 날개를 숨긴, 오리의 평소 자세다. 두 번째 그림에서는 날개가 보인다. 마지막 그림은 몸통 깃털이 몸 양측을 감싸 완벽한 방수 덮개가 만들어진 상태를 보여준다. 헤엄을 치는 동안 오리의 날개에는 무슨 일이 벌어질까? 우선 접힌 날개를 몸 옆에 딱 붙이면 몸통 깃털이 배부터 날개까지 감싸준다. 이때 가슴, 배, 몸통에 있는 깃털들이 완벽한 방수용 덮개가 되어 작은 배처럼 몸과 날개를 물에 계속 띄워준다. 등 깃털을 펼쳐 접힌 날개를 덮으면 그 깃털들은 몸통 깃털 밑으로 딱 맞게 들어가는데, 이런 식으로 몸 전체를 물에서 보호하는 밀폐된 방수 덮개가 형성된다.

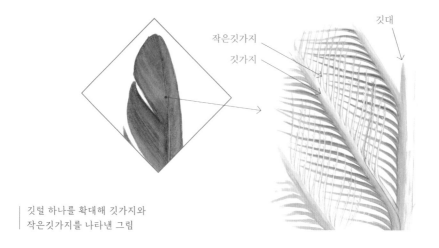

깃털 하나를 확대해 깃가지와
작은깃가지를 나타낸 그림

● 새의 깃털은 다른 생물에게는 없는 고유한 것이다. 일반적인 깃털에는
중심 깃대 하나가 있고, 깃대 양쪽으로 비스듬히 뻗은 깃가지가 있다. 그리고
깃가지마다 작은깃가지들이 촘촘히 달려 있다. 깃가지 한쪽에 달린 이
작은깃가지에는 작은갈고리라고 부르는 자그마한 고리가 있는데, 옆에 있는
깃가지에서 뻗어 나온 작은깃가지의 홈에 그 작은갈고리가 걸리면 깃가지들이
벨크로처럼 맞물린다. 이런 식으로 깃털에 가볍고 단단하며 또 유연하고 평평한
발수성 표면이 형성된다. 깃털의 파손 저항성이 놀랍도록 뛰어난 이유 중 하나는
섬유질이 깃털 뿌리에서부터 깃대를 타고 깃가지와 작은갈고리의 끝부분까지 쭉
이어지기 때문이다(위 그림의 주황색 선은 섬유질 한 개를 나타낸다).

청둥오리의 번식 주기

청둥오리의 구애는 11월 즈음부터 시작되어 겨우내 이어진다. 수컷들이 암컷의
관심을 차지하려 계속해서 경쟁하기 때문이다. 짝이 된 수컷과 암컷은 둥지를
짓고 알을 낳는 시기에는 함께 지낸다. 하지만 포란이 시작되면 수컷은 둥지를
떠난다.

| 암컷에게 구애 중인 수컷 청둥오리 두 마리

❶ 암컷은 홀로 땅에 둥지를 짓는데,
대개는 물에서 멀리 떨어진 곳이다. 우선
마른 풀과 다른 재료로 테두리를 엮어 컵과
비슷한 모양을 만든다. 둥지는 주로 작은
관목이나 풀숲 아래에 있으며, 때로는 풀로
차양을 만들기도 한다. 둥지를 만들 때는 위장할 수 있도록 장소와 재료를 주의
깊게 선택한다. 암컷은 산란이 시작되어도 대부분의 시간을 가까운 연못이나
습지에서 수컷과 함께 보내다가 알을 낳기 위해 하루에 한 번 정도 재빨리 그리고
조용히 둥지로 돌아온다. 이 시기에 암컷은 대부분의 시간 동안 둥지를 방치하고,
거의 방어하지 않는다. 포란이 시작된 뒤에는 자신의 가슴에서 뽑아낸 솜털을
둥지 안에 깔고 포란 기간 내내 식물과 솜털을 계속 둥지 안에 집어넣어 보충한다.

❷ 알을 모두(평균 열 개 정도다) 낳으면 암컷은 알이 따뜻해지도록 대략 28일
동안, 매일 거의 23시간씩 그 위에 앉아 알을 품는다. 이처럼 암컷은 포란이
시작되면 모든 시간을 둥지에서 보낸다. 이 시기,
수컷의 임무는 끝이 난다. 수컷은
먹이가 풍부한 습지를 향해 수백
킬로미터쯤 이동해 그곳에서
여름을 보낼 것이다.

❸ 모든 배아는 알을 따뜻하게 품어주면 그때부터 발달하기 시작한다. 따라서 알을 모두 낳기까지 여러 날이 걸렸더라도, 부화에 걸리는 시간은 비슷해서 몇 시간 이내에 모두 부화한다. 새끼 오리는 부화하기 약 24시간 전부터 알 속에서 삐악거리고 딸깍거리기 시작하는데, 이 점이 동시 부화에 도움을 주는 것일지도 모른다. 첫 알이 부화한 순간부터 온 가족이 풍부한 먹이를 찾아 함께 둥지를 떠날 준비를 마치기까지 걸리는 시간은 대개 몇 시간에 불과하다.

한번 둥지를 틀었을 때, 모든 새끼가 어른으로 자라나 독립할 수 있는 확률은 15퍼센트에 불과하다. 부화한 뒤 첫 2주 동안 살아남는 새끼 오리의 수는 부화한 수의 절반에 못 미치며, 3분의 1만이 이후 6주 동안 살아남아 어른이 된다. 특히 포란기는 어른 암컷에게 가장 위험한 때인데, 알만 품으며 거의 모든 시간을 보내기 때문이다. 몇몇 연구에 따르면 최대 30퍼센트 정도의 어른 암컷이 알을 품는 4주 동안 살아남지 못했다.

❹ 조숙성 조류의 새끼들은 부화 후 금세 걷고 헤엄치고 스스로 먹이를 찾는 등 거의 자립이 가능하다. 암컷은 새끼가 부화하고 나면 새끼들을 둥지에서 떨어진 곳으로 이끈다. 새끼 오리들은 대부분의 일을 혼자 할 수 있지만, 온기를 유지하기 위해서는 여전히 어른 암컷에게 의존해야 하며 추운 기후에서는 최대 3주 동안 주기적으로 어미가 품어줘야 한다. 어미는 포식자를 피하고자 철저하게

경계하며 새끼들을 먹이가 풍부한 곳으로 지도한다. 이 시기의 새끼 오리들은
매우 취약하므로, 많은 새끼가 포식자에게 잡아먹힌다. 포식자로는 여우, 고양이,
매, 갈매기, 까마귀, 큰입우럭과 강꼬치고기 같은 포식 어류, 악어거북, 심지어는
황소개구리도 있다.

❺ 아래 그림 속 어린 청둥오리들은 생후 30일가량으로, 가장 취약한 시기는
지났지만 앞으로 몇 주가 지나야 완벽하게 날 수 있다. 포식자들의 공격과 다른
위험에서 살아남는다면, 새끼 오리들은 생후 60일쯤 되면 날개 깃털이 완전히
발달한다. 몇 달이 지나면 나이가 더 많은 오리와 전혀 구별되지 않을 것이며,
이듬해 봄에는 새끼를 낳을 수도 있다.

아메리카원앙 | Wood Duck

현재 수컷 아메리카원앙의
모습은 암컷의 선택이 낳은
결과다. 수컷은 새끼를 키울 때
아무런 역할을 하지 않으므로,
암컷은 대개 수컷이 가진
외양적인 매력으로만 짝을
고른다. 수백만 세대가 넘도록
암컷은 무리 중 외모가 가장
돋보이는 수컷을 선택해왔고,
수컷은 그 과정에서 놀랍도록
아름다운 새로 진화했다.

아름다운 외모를 뽐내는
수컷 아메리카원앙

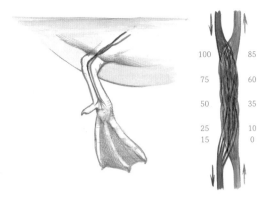

새의 다리를 보자. 빨간색 선은 몸의 중앙에서 말단으로 내려온 동맥을 뜻한다. 이 동맥은 심장으로 되돌아가는 정맥, 즉 그림의 파란색 선과 뒤엉킨다. 동맥의 모든 지점이 정맥의 모든 지점보다 더 따뜻하기 때문에 다리 부위의 혈관 전체에 열이 전달된다. 오른쪽 그림에 표기된 숫자는 이용할 수 있는 온기의 백분율을 뜻한다.

● 새의 몸은 보온이 잘 되지만, 발과 다리는 그렇지 않아서 극심한 추위에 노출될 때가 많다. 사실 새의 발은 냉기가 스며드는 정도를 조절할 수 있으며, 근육 조직이 거의 없기 때문에 혈류가 많지 않아도 된다. 문제는 발에 닿은 혈액이 차가운 상태로 몸속으로 되돌아간다는 점이다. 새의 몸은 이를 해결하기 위해 '역류 순환'이라고 불리는 과정을 통해 열을 전달하고, 몸속으로 되돌아가는 혈액을 따뜻하게 데운다. 다리의 주요 동맥과 정맥은 다리 끝에서 더 작은 무수한 혈관으로 나뉘는데, 이 혈관들이 얽히며 심장에서 나온 따뜻한 동맥이 다시 심장으로 되돌아가는 차가운 정맥에 열을 전달하는 것이다. 이것은 매우 효율적인 체계로, 동맥의 온기 중 85퍼센트가 정맥으로 옮겨진다. 이런 역류성 열 교환은 동물계 곳곳에서 볼 수 있다. 새의 날개 속에도 이 체계가 있으며 우리 인간의 팔에도 퇴화한 형태로 존재한다. 이 원리는 화학적 전이에도 중요한데, 염류샘이 한 가지 예시다.

● 수컷의 외모는 암컷의 선택에 영향을 받아 달라졌을지 모르지만, 암컷의 외모는 주로 포식자를 피하기 위한 위장용 은폐색처럼 전형적인 자연선택의 결과다. 어떤 동물에게 이는 극단적인 성적 이형성으로 나타난다. 한편 암컷이 수컷을 선택할 때 외모를 기준으로 삼는 행위는 암컷의 후손에게 영향을 미친다. 성의 분화는 배아가 일주일쯤 자란 뒤에야 시작된다.

| 암컷 아메리카원앙

따라서 그전에 발달한 특징, 즉 골격과 깃털이 없는 피부는 암수가 동일하며 깃털 하나하나의 길이도 비슷하다. 다 자란 암컷 아메리카원앙은 수컷과 완전히 다른 색과 무늬를 보이지만, 부리 모양과 눈 주변 고리 모양 맨살, 그리고 작은 볏은 수컷의 것과 같다.

● 새의 깃털은 정말 놀랍게도 다양하고 복잡한 색깔과 무늬를 지닌다. 이와 동시에 한 동물군 내에서는 각 깃털의 무늬가 놀라울 만큼 일관적이다. 어떻게 그토록 정확하게 무늬가 통제되는 것일까? 깃털은 인간 등 포유류의 털과 마찬가지로, 모낭에서 벗어난 뒤에는 죽은 기관이라고 할 수 있다. 따라서 무늬가 형성될 기회는 깃털이 자랄 때뿐이다. 정확한 비유는 아니지만, 잉크젯프린터에서 종이가 출력되는 방식과 비슷하다. 깃털은 끄트머리부터 나타나는데, 그 색은 이미 깃털에 내재해 있다. 평평한 상태로 프린터를 통과하는 종이와 달리, 깃털은 중심 깃대에 원통형으로 말려 있다가 돋아나면서 펼쳐진다. 이렇게 깃털이 자라나는 동안 다양한 부분에 검은색과 갈색 색소가 간단히 '나타나기'만 해도, 검은 반점과 줄무늬, 띠 같은 무늬가 생성된다. 깃털 모낭 하나에서 나올 수 있는 깃털의 무늬와 형태는 무수히 다양하다. 때문에 새가 성숙하거나 계절이 바뀌었을 때 호르몬의 변화로 깃털에도 변화가 일어나는 것이다.

수컷 아메리카원앙의 몸통 깃털 하나가
긴 원통형 덮개에서 나와 점점 커지면서
펼쳐지고(왼쪽) 결국 완전히 자란 모습(오른쪽)

잠수성 오리 | Diving Ducks

검둥오리Scoter는 먹이를 찾을 때 깊은 물속으로
완전히 잠수한다. 그리고 물속에서 조개를 잡으면
통째로 삼켜버린다.

바다에서 조개를 찾는
북미검둥오리사촌Surf Scoter

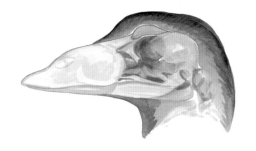

북미검둥오리사촌의 머리.
파란색 부분이 염류샘이다.

● 인간의 경우, 신장이 체내의 과잉 염분과 다른 오염물질을 제거하는 일을
전담한다. 새들은 신장 외에도 눈 위쪽, 두개골 꼭대기에 염류샘이 있는데, 이
기관은 혈액 속의 염분을 농축해 염수의 형태로 콧구멍을 통해 배설한다. 사실
이는 인간의 방식보다 훨씬 효율적이다. 어느 실험에서 갈매기에게 체중의
10퍼센트에 이르는 소금물을 먹였는데, 과잉 염분이 부작용 없이 세 시간 이내에
모두 몸에서 빠져나왔다(따라 하지 말 것!). 검둥오리처럼 조개와 바다에 사는
무척추동물을 먹는 새들에게는 염분을 제거하는 일이 특히나 중요하다. 바다에
사는 동물들은 체액이 바닷물만큼이나 짜기 때문이다(이와 달리 물고기는 체내
염분 농도를 바닷물보다 낮게 유지한다). 염류샘은 검둥오리가 민물 호수에서 여름을
보낼 때는 축소되고 겨울에 바다로 이동하면 더 커진다.

● 깃털이 방수성을 띠는 이유는 대개 구조 덕분이다. 우선 물은 표면 장력이라는
특성이 있어 작은 물방울은 모양이 그대로 유지된다. 또 물이 깃털에 닿으면
깃가지가 서로 겹치고 맞물려져 있는 까닭에 그 사이의 구멍이 너무 좁아
통과하지 못한다. 고어텍스 소재와 같은 개념이라고 생각하면 쉽다. 한편
갈고리가 달린 작은깃가지들은 깃가지를 연결해주기도 하지만, 동시에 깃가지들이
서로 너무 가까이 달라붙지 않고 알맞은
간격을 유지하기 위해서도 필요하다.
깃가지의 간격은 새들의 습성에 따라
다양하게 발달했다. 잠수하는 새들은
잠수하며 압력을 받을 때 물이 그 사이로
밀려 들어오지 않도록 깃가지들이 아주
가까이 붙어 있다. 그러나 깃가지의 간격이

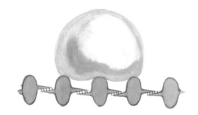

오리의 등에 물이 미끄러질 때의 모습.
깃가지 위에 물방울이 맺혀 있다.

너무 좁으면 물이 깃털 속으로 밀려 들어오지는 않더라도 깃가지 여기저기에
닿아 깃털 표면이 축축해진다. 육지 새들의 깃가지는 간격이 더 멀어서, 발수성을
극대화하고 깃털 표면이 적셔지지 않도록 해준다. 그러나 명금류 등이 잠수하면서
압력을 받으면 그 간격으로 물이 침투한다. 검둥오리 같은 오리들의 깃털은
양쪽을 절충해, 깃가지 사이의 간격이 중간쯤 된다. 이 새들은 치장용 기름으로
발수성을 강화하고 많은 깃털을 겹쳐 여러 겹의 보호막을 형성해 물의 침투를
막는다.

● 북미검둥오리사촌 같은 물새들의 깃털은 매우 빳빳하면서도 단단히
휘어진 형태다. 따라서 깃털 끄트머리가 뒤에 있는 깃털에 짓눌리게 된다. 서로
가깝게 자란 깃털들이 겹쳐지면서 여러 겹의 방수층이 형성되고, 전체적으로
단단하면서도 유연한 덮개가 만들어져 물의 유입을 막는다. 그 밑에는 마른
솜털로 단열층을 확보한다. 까마귀 같은 육지 새들은 깃털이 더 적고 곧으며 또
더 유연해서, 발수성이 매우 뛰어난 덮개가 생기는 한편 헤엄치기에 적합하지는
않다.

검둥오리(왼쪽)와
까마귀Crow(오른쪽)의
깃털을 보여주는
몸의 단면도

물닭 | Coots

물닭은 오리와 닮았지만,
두루미Crane와 훨씬 밀접한 관련이 있다.

수생식물을 먹는
아메리카물닭American Coot

● 헤엄치는 새들은 발로 물살을 가르며 나아간다. 대부분의 물새는 발가락 사이에 물갈퀴가 발달했는데, 그 넓은 표면 덕분에 효율적으로 물을 저을 수 있다. 그러나 물닭을 비롯한 몇 종의 새들은 발가락 양옆으로 피부 조직이 발달한 넓은 발가락의 형태를 보인다. 넓은 발가락을 사용하면 물을 밀어낼 표면도 더 넓어지므로

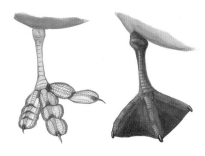

물닭의 잎 모양 발가락(왼쪽)과 오리의 물갈퀴(오른쪽)

헤엄치기가 수월하다. 이것을 '잎 모양 발가락'이라고 부르는데, 논병아리류와 도욧과의 지느러미발도요Phalarope, 열대 조류 중 지느러미발새Finfoot의 발가락도 이렇게 발달했다.

● 새는 미각이 잘 발달했다. 인간보다 미뢰의 수는 훨씬 적지만, 주요한 네 가지 맛인 단맛, 신맛, 짠맛, 쓴맛을 모두 느낀다. 그림에서 물닭은 부리로 식물을 맛보고 있다. 새의 미뢰는 대개 혀가 아니라 입천장과 바닥에 있다. 그리고 부리 끝과 가까운 곳에도 미뢰가 몇 개 정도 있어 먹잇감을 집는 순간 어떤 맛인지 빠른 판단을 내릴 수 있다.

녹색 점은 부리 내부에 있는 미뢰의 대략적인 위치를 나타낸다.

● 새끼 물닭은 온몸이 솜털로 뒤덮이고 눈을 뜬 채로 부화하며, 부화 후 여섯 시간쯤 지나면 부모를 따라다니고 스스로 헤엄칠 수 있다. 그러나 완전히 조숙한 상태인 기러기나 오리의 새끼와는 달리, 스스로 먹이를 찾지는 못한다. 새끼 물닭은 생후 몇 주까지 부모에게 먹이를 얻는다. 뒤이어 등장할 아비와 논병아리도 마찬가지다.

새끼에게 먹이를 주는 아메리카물닭

아비 | Loons

카리스마 넘치는 검은부리아비는 깨끗한 북쪽 호수의 상징이다. 깨끗한 호수는 아비가 둥지를 틀기 위해서 꼭 필요한 곳이기도 하다.

등에 새끼를 태운 어른
검은부리아비 Common Loon

● 아비가 날아오르려면 널찍하고 사방이
탁 트인 수면이 필요하다. 아비는 수면에서
공중으로 떠오를 만큼 빠른 속도를 내기
위해 두 날개와
두 다리로 긴
도움닫기를 한다. 또 아비는 바람 속으로

| 날아오르는 검은부리아비

날아오르기를 좋아하는데, 이는 맞바람이
날개를 가로지르는 공기의 속도를 높여 나는 데 도움을 주기 때문이다. 하지만
너무 작은 연못에 내려앉으면 그곳에 갇힐 수도 있다. 아비의 다리는 헤엄을
치도록 적응된 것으로, 몸 뒤쪽에 치우쳐 있어 걷기는 어려우며 땅에서 날아오르는
것 역시 불가능하다.

| 물속을 살피다가 잠수하는 검은부리아비

● 아비는 먹이를 찾을 때 물속에 완전히 잠수해서 물고기를 뒤쫓는다.
잠수하기 전에는 머리를 물속에 집어넣고 먹잇감을 찾는다. 잠수를 시작할
때는 두 발을 뻗고 머리를 먼저 물속에 밀어 넣는다. 그다음에는 다리를 움직여
물고기를 공격할 수 있을 만큼 가까이 다가가서 단검 모양의 부리로 먹이를
(찌르지 않고) 붙잡고, 수면으로 되돌아온 다음에 삼킨다. 아비는 최대 15분
동안, 그리고 60미터 이상 잠수할 수 있지만, 평균적으로는 45초를 넘기지 않고
수면에서 12미터 이내로 잠수한다.
● 새끼 아비는 부화 후 몇 시간이 지나면 헤엄을 칠 수 있지만, 어릴 때는 주로
부모의 등을 타고 다닌다. 또 부화 이후 석 달 동안 부모에게 먹이를 의존한다.
생후 3주경이면 수면에서 최대 100미터 밑에 있는 물고기를 뒤쫓을 수 있지만,
솜털 때문에 속도가 느려 물고기를 잡는 데 성공할 확률은 3퍼센트에 불과하다.

생후 8주가 되면 어른 새처럼 깃털이
자라 뒤쫓는 먹이 중 50퍼센트는
잡을 수 있으며, 12주에는 독립해 날
수 있고 먹이를 모두 잡을 수 있다.
● 모든 새는 적어도 1년에 한 번씩
몸의 모든 깃털을 교체하기 위해
깃갈이를 한다. 아비는 1년에 두 차례

등에 새끼를 태운
검은부리아비

깃갈이를 하는데, 번식기 때 이목을 끌던 검은색과 흰색 깃털을 겨울이면 밋밋한
회갈색과 흰색으로 바꾼다. 다 자라지 않은 아비도 생후 1년이 지날 때까지는
겨울의 어른 새와 매우 비슷하게 단조로운 회갈색의 깃털을 가진다.

깃털이 다 자라지 않은
검은부리아비

논병아리 | Grebes

논병아리의 겉모습은 아비 및 다른
물새들과 비슷해 보인다. 하지만 최근
발표된 DNA 연구 결과에 따르면,
논병아리의 가장 가까운 친척은 바로
홍학Flamingo이라고 한다!

번식기의 검은목논병아리Eared Grebe.
깃털을 뽐내고 있다.

● 검은목논병아리는 1년 중 대부분의
시간 동안 전혀 날지 않지만,
봄가을마다 수백 킬로미터가
넘는 고된 비행을 한다.
초가을이면 미국 전역의
검은목논병아리 중
99퍼센트 이상이 두 곳에 모여든다.
그 장소는 캘리포니아주의 모노호와

수면에서 날아오르기 위해
달리는 검은목논병아리

유타주의 그레이트솔트호다. 각각 백만 마리가 넘는 새들은 이 두 호수에 모여
수중 절지동물인 브라인슈림프를 실컷 먹으며 체중을 늘린다. 이때 새들의
모든 관심은 먹이 섭취에 집중되는데, 소화기관이 커지고 비행 근육이 줄어들어
날 수 없기 때문에 특별히 유의해야 하기 때문이다. 이 시기, 새들은 저장된
지방으로 인해 체중이 두 배로 늘며, 호수의 식량 공급이 줄어들면 더는 먹지
않는다. 새들의 소화기관은 부리 크기의 4분의 1로 줄어들고 기능을 상실하게
된다. 먹이 섭취를 마치고 나면, 논병아리는 또 한 번의 장거리 비행을 대비해
날개를 퍼덕이며 비행 근육을 단련한다. 비행 근육은 비행에 쓰일 지방을 충분히
저장하고 있어야 하며, 또한 아주 강해야 한다. 이제는 먹이를 먹을 수 없기
때문에 몸에 비축된 연료로 비행을 시도할 기회도 단 한 번뿐이다. 10월 중 가장
적당한 날 저녁이 오면 논병아리는 다 함께 날아올라 사막을 건너 밤새도록 쉬지
않고 태평양으로 이동한 뒤, 그곳에서 겨울을 날 것이다.

● 잠수하는 새들에게는 부력을 조절하는 능력이 있는데, 논병아리는 대개

깃털과 공기주머니를 압축해
물속으로 몸을 가라앉힌
검은목논병아리

머리만 드러낸 채 수면 아래로 몸을 가라앉혀 물속에 숨는 방법을 이용한다.
이때 깃털을 몸통에 딱 붙여 그 속에 갇힌 공기를 조금 내보내고 몸속
공기주머니에서도 공기를 빼낸다. 공기가 가득 찬 공기주머니는 몸속의 빈 곳을
상당 부분 차지하며, 그것을 압축하면 부력을 줄일 수 있다. 잠수하는 새들을
대상으로 한 어느 연구에서는 깃털과 공기주머니가 부력 감소에 똑같이 중요한
역할을 한다는 사실이 밝혀지기도 했다.

● 부화하지 않은 새끼 검은목논병아리와 알을 품고 있는 어른 새는 '돌봄 유인
신호'라는 음성을 통해 독특한 의사소통을 한다. 새끼가 부화하기 전 마지막
며칠 동안 알 속에서 희미하게 삐악삐악 소리가 들려오면, 검은목논병아리들은
부지런하게 알을 더 자주 뒤집고 둥지가 있는 둔덕을 보강한다. 또 둥지에 먹이를
가져다두고 포란에 더 많은 시간을 들인다. 새끼들은 부화하면 7일 동안 부모의
등을 타고 다닌다. 약 열흘 뒤에는 부모가 새끼들을 반씩 나눠 맡고, 가족은
헤어진다.

알을 보살피는
검은목논병아리

바다쇠오리 | Alcids

바다오릿과의 새는 북반구의 펭귄이라고 할
수 있지만, 펭귄과는 관계가 없다. 다만 몹시
추운 바다에서 먹이를 찾아야 하는 어려움을
펭귄과 비슷한 방법으로 해결하는데, 이를
'수렴진화'라고 한다.

보금자리인 굴속에서
새끼에게 먹이를 주는
대서양퍼핀Atlantic Puffin

● 둥지를 짓는 바닷새 집단은 여러 면에서 그 지역의 생태에 대단히 중요한
존재다. 이 새들이 바다에서 물고기들을 잡아 육지로 옮기고 소화해내는 과정을
통해 물고기들이 가진 영양소로 주변 지역을 기름지게 만들기 때문이다. 토양의
질이 좋아져 식물이 더욱 잘 자라면 다른 여러 동물에게도 집이 생긴다. 어느
연구에서 발견한 내용에 따르면, 북극에 있는 바닷새 거주지의 배설물에서 나온
암모니아 입자들은 그 지역 구름 형성의 중요한 성분이 된다고 한다. 그 입자들은
본질적으로 구름의 '씨앗'이 되며, 그 지역을 시원하게 하는 데 도움을 준다는
것이다.

● 퍼핀의 크고 알록달록한 부리는 놀랍고도 신기하다. 이 독특한 부리 덕분에
퍼핀에게는 '바다 앵무새'라는 별명이 생기기도 했다. 그런데 퍼핀에게 왜 그런
부리가 있는 것일까? 화려한 색과 무늬는 아마 다른
퍼핀들에게 멋지게 보이기 위한 과시용이겠지만,
부리의 모양과 크기는 용도를 찾아내기가 어렵다.
투칸처럼 부리가 큰 새 대부분은 더운 기후에서 살며,
그곳에서는 큰 부리가 몸의 열을 내보내는 데 도움이
된다. 그러나 퍼핀은 몹시 차가운 물에서 산다. 도대체
이런 환경에서 큰 부리로 어떻게 살아남는 것일까?
게다가 긴 부리는 유선형이어서 앞으로 나아가기에는
좋지만, 물속에서 옆으로 움직이기에는 좋지 않다.
생각할 수 있는 장점 하나는 부리가 더 높은 만큼 더
단단하고 잘 구부러지지 않기 때문에 많은 물고기를
단단하게 꽉 물 수 있다는 점이다.

| 대서양퍼핀의
| 앞모습과 옆모습

● 퍼핀과 같은 과인 큰부리바다오리는 작은 물고기를 먹고 살며, 바다에서
수심 200미터 이상 잠수하면서 날개로 추진력을 얻는다. 그 정도 수심이면
날씨가 화창하고 맑은 물속이라고 해도 빛의 밝기가 달빛 한 줄기만 드리워진
한밤중의 땅과 비슷한 수준이다. 큰부리바다오리는 좋아하는 먹이가 수면으로
더 가까이 다가오는 밤에 주로 먹이를 찾아다니지만, 그래도 수심 60미터까지
잠수해야 한다. 먹이의 위치를 찾아내고
뒤쫓을 때 시각을 이용하는 것 같지 않지만,

어둠 속으로 뛰어드는
큰부리바다오리 Thick-billed Murre

어떤 감각을 이용하는지는 알 수 없다.
마찬가지로 이 새들이 그 정도 수심에서
어떻게 압력을 견디는지, 즉 어떻게 물이
깃털 속으로 밀려들지 않는지, 또는
어떻게 숨을 쉬지 않고 그토록 빨리
그리고 멀리까지 이동할 수 있는지도
알 수 없다.

가마우지 | Cormorants

가마우지는 세계에서 가장 유능한 바다
포식자이며, 똑같이 노력을 기울여도 다른
동물들보다 더 많은 물고기를 잡는다.

날개를 펼치고 선
쌍뿔가마우지 Double-crested Cormorant

두 마리의 가마우지가
날개를 펼쳐 자신의
깃털을 말리고 있다.

● 연구자들은 종종 가마우지의 깃털이 물에 젖는 이유는
치장용 기름이 없기 때문이라는 의견을 제시한다. 사실
가마우지에게는 치장용 기름이 있지만, 깃털은 물에
젖도록 진화했다. 가마우지의 몸통 깃털 끝부분에
있는 깃가지에는 깃털을 붙들어주는 작은깃가지들이
없다. 따라서 깃털들이 자유롭게 움직이고, 이로
인해 깃가지들은 물에 닿아 서로 달라붙으면서
축축해진다. 물 때문에 늘어난 깃털의 무게가
약 6퍼센트에 이르면 가마우지는 물에서

나와야 한다. 그러나 깃털 중앙에는 작은깃가지가

물이 잘 스미지 않는 중심부와
물에 젖기 쉬운 가장자리를
보여주는 가마우지의 몸통 깃털

있어서 깃가지를 제자리에 단단히 붙잡아두고 물을
막아낸다. 방수 작용을 하는 이 중심점들이 서로 겹쳐지면, 깃털 가장자리가
축축해지더라도 피부에는 물이 닿지 않는다. 한편 깃털이 물에 젖었을 때의
이점도 있다. 바로 부력을 거의 20퍼센트까지 줄일 수 있어 잠수할 때 힘이 덜
든다는 점이다. 또한 깃털의 수분 막이 유지되면 가마우지가 더 쉽게 물살을
헤치고 나갈 수 있다. 하지만 이 가설이 사실인지 알아내려면 실험이 필요할
것이다.

나는 물속에서 시야가 흐릿해지던데,
새들은 어떻게 앞을 보고 물고기를 잡을까?

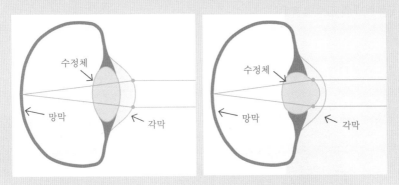

왼쪽 그림은 대기 중에서의 눈 모습이다. 이때 빛은 눈의 바깥쪽 표면에서 휘어지며
수정체에서는 많이 꺾이지 않는다. 오른쪽 그림은 물속에서의 모습이다. 이때 빛은 눈과
만나는 지점에서는 거의 꺾이지 않으며, 수정체가 초점을 맞추는 역할을 맡는다.

다른 렌즈도 마찬가지지만, 우리 눈의 망막에 상이 맺히는 이유는 '굴절' 때문이
다. 굴절이란 빛이 밀도가 다른 물질을 통과하면서 꺾이는 현상을 뜻한다. 이때
밀도 차이가 클수록 빛이 꺾이는 각도가 커진다. 대기 중에서 안구의 굴절력은
대부분 각막의 곡면 때문에 발생한다. 각막은 빛이 기체에서 액체로, 즉 공기를
통과해 안구로 들어가는 경계면이다. 이때는 가까이 또는 멀리 있는 물체에 초
점을 맞추기 위해 수정체를 약간만 조정하면 된다. 우리가 물속에 있을 때는 빛
이 액체에서 액체로, 즉 물에서 안구로 들어가므로 각막에 거의 영향을 미치지
않는다. 또 수정체만으로는 망막에 대상이 맺히지 않으므로 우리의 시야가 흐
릿해지는 것이다. 그러나 가마우지와 몇몇 다른 물새들의 수정체는 훨씬 탄력
적으로 진화했다. 물속에서 뚜렷한 시야를 확보하기 위해 작은 근육들이 수정
체를 압박하면 수정체는 좀 더 단단한 홍채를 뚫고 볼록하게 불거져 나온다. 덕
분에 물속에서 각막을 대체할 수 있는 단단한 곡면이 생기는 것이다.

사다새 | Pelicans

사다새는 하늘을 나는 새 중에서도
굉장히 무거운 새에 속한다.

편안한 자세를 취한
어른 갈색사다새Brown Pelican

● 한때 갈색사다새는 거의 멸종되었다. 이유는 DDT 중독 때문이다. 이
화학물질은 1950년대와 1960년대에 살충제로 광범위하게 살포되었다. 이는
1962년에 출간되어 현재까지도 많은 이의 관심을 받고 있는 세계적인 베스트셀러,
『침묵의 봄』의 주제이기도 하다. 이 물질은 동물의 체지방에 축적되어 오래
잔존한다. 곤충들의 몸에 포함된 DDT는 소량이지만, 그 곤충을 먹는 물고기의
몸에 살충제가 끝없이 축적된다. 또 사다새가 그 물고기를 먹으면 사다새의
몸에 쌓이는 살충제 양도 서서히 증가한다. 이처럼 먹이사슬의 상위 생물일수록
독소의 농도가 높아지는 현상을 '생물축적'이라고 한다. DDT에 오염되면
칼슘을 이용하지 못하기 때문에 새들이 낳은 알은 껍데기가 매우 쉽게 부서진다.

다시 말해, 사다새는 알을
품으려 하다 말 그대로 알을
깨뜨릴 수밖에 없었고, 결국
번식률이 '0'에 이르며 개체
수가 감소했다. 다행히도
1972년에 미국에서 DDT
사용을 금지하면서 몇 년
이내에 추세가 뒤바뀌었고,
갈색사다새는 다시
북아메리카의 남해안에서
흔히 볼 수 있는 새가 되었다.

곤충에서 물고기를 거쳐
사다새에 이르기까지,
먹이사슬을 따라 축적되는
DDT(주황색 점)

| 갈색사다새와 웃는갈매기Laughing Gull

● '절취 기생kleptoparasitism'이라는 말을
들어보았는가? 이는 먹이를 훔치는
전략을 근사하게 표현한 용어다. 물새 중
일부, 특히 갈매기와 그 친척에 해당되는
새들이 이 전략을 전문적으로 활용한다.
그 새들은 먹이를 잡은 다른 새를 보면
무턱대고 훔쳐 먹으려 한다. 웃는갈매기는

언제나 물고기를 낚아챌 기회를 노리며, 먹이를 잡는 사다새의 주변을 자주 기웃거리고 심지어는 사다새의 머리 위에 내려앉기도 한다. 이 갈매기는 사다새의 아랫부리에서 물이 흘러나올 때 함께 빠져나올 물고기를 찾는다. 아마 사다새의 부리 주머니에서 직접 물고기를 꺼낼 수만 있다면 그렇게 하려 할 것이다.

사다새는 부리 주머니로 어떻게 물고기를 잡을까?

일반적인 생각과는 반대로, 사다새의 부리 주머니는 물고기를 나르는 바구니가 아니라 물속에서 물고기를 잡는 거대한 국자로 사용된다.

❶ 갈색사다새는 물고기를 찾으며 물 위를 날아 다니다가, 잡힐 것 같은 물고기 떼를 발견하면 물속으로 곤두박질치듯 뛰어든다.

❷ 사다새가 부리를 벌린 채 머리를 물속으로 밀어 넣으면, 아래턱의 양옆이 바깥쪽으로 휘어지고 부리 주머니가 풍선처럼 늘어나며 주머니에 최대 11리터까지 물이 차오른다. 운이 좋으면 물고기도 많이 채워질 것이다.

❸ 물살을 가르며 앞으로 움직이던 머리가 멈추면 곧바로 아래턱의 양옆이 다시 빠르게 수평 상태로 돌아온다. 이윽고 위턱이 닫히고, 늘어난 주머니 속에 든 물고기를 모조리 가둔다.

❹ 사다새는 수면에 머물면서 머리를 천천히 들어 올려 위턱과 아래턱의 좁은 틈으로 물을 빼는데, 그러는 동안 물고기는 주머니 속에 그대로 남는다.

⑤ 마침내 물이 모두 빠져나가면 사다새는 머리
  를 젖히며 물고기를 삼킨다.

왜가리 | Herons

몸무게가 3킬로그램 정도인 왜가리는
0.4킬로그램짜리 물고기를 삼킬 수 있다.
이는 몸무게가 45킬로그램인 사람이
7킬로그램짜리 물고기를 삼키는 것과
마찬가지다. 통째로 말이다.

| 푸른가슴왜가리 Great Blue Heron

| 푸른가슴왜가리가 먹이를 공격해 잡아먹는 순서

푸른가슴왜가리는 아주 끈기 있는 사냥꾼이다. 먹잇감을 발견하면, 우선 가만히
응시하면서 천천히 한 걸음씩 내디딘다. 먹잇감을 파악한 뒤에는 목을 살짝
굽히며 몸을 앞으로 기울이고 신중하게 강력한 일격을 계획한다. 그리고 순식간에
부리로 그 물고기를 낚아챈다. 그다음에는 다시 물 밖으로 고개를 들고 삼키기
좋게 물고기를 휙 던져 올려 위치를 바꾼다. 머리부터 통째로 삼키기 위해서 말이다.
피라미처럼 작은 먹이는 술술 내려가지만, 더 큰 먹이는 목에 걸려 불룩 튀어나온
채 무려 1분 동안이나 긴 목을 타고 내려가기도 한다. 배불리 식사를 마친 왜가리는
먹이가 '진정되도록' 몇 분 동안 앉아 있다가 다시 사냥을 나설 것이다.

| 푸른가슴왜가리의
정면 모습

● 왜가리의 날카롭고 뾰족한
부리는 먹이를 찌르는 데
쓰이지는 않는다. 번개처럼
빠른 기습 공격 후, 왜가리는
부리를 벌린 지 30분의 1초도
지나지 않아 먹이를 부리 속에
꽉 붙들고야 만다.

● 푸른가슴왜가리는 대개
작은 무리를 이루고 나무
위에 둥지를 튼다. 나무에 둥지를 지으면 육지의
포식자들에게서 알과 새끼를 보호할 수 있기
때문이다. 미국 북부에 다시 나타난 비버들은
왜가리에게 특히 반가운 손님이었는데, 비버들이
고목이 많이 서 있는 습지를 만들어 왜가리가
둥지를 짓기에 완벽한 장소가 형성되었기 때문이다.

| 둥지에 있는
푸른가슴왜가리

백로 | Egrets

1900년 무렵, 깃털을 얻어내려 백로를 죽이는 행위에 대중이 격분하면서 현대의 동물 보호 운동이 시작되었다.

구애의 몸짓을 선보이는
흰백로Snowy Egret

물고기에 반사된 빛(주황색 선)이 수면에서 굴절해, 실제와는 다른 각도로 백로의 눈에 닿는다. 눈에 보이는 대로 따라가면 물고기를 놓치게 될 것이다.

● 누구나 한 번쯤은 굴절을 경험해봤을 것이다. 연필을 물에 담그면 그 연필이 수면에서 휘어지는 것처럼 보인다. 이때 연필 끝을 맞혀야 한다면 어디를 겨냥해야 할까? 이것이 바로 백로 앞에 놓인 문제다. 물고기의 몸에 반사된 빛이 수면에서 굴절한다는 것은 다시 말해 그 물고기가 눈에 보이는 그 자리에 있지 않다는 뜻이다. 백로는 착각에 빠지지 않고 진짜 물고기를 공격해야 한다. 굴절각은 바라보는 위치에 따라 조금씩 변하며, 굴절 때문에 생긴 오차는 수심이 깊을수록 커진다. 수심에 따라 백로의 시야에 있는 물고기는 사실 보이는 곳에서 약 7센티미터까지도 떨어져 있을 수 있다. 진짜 물고기가 있는 자리를 알기 위해서는 각도와 수심을 복잡하게 계산해야 한다. 실험 결과, 백로는 공격하기 전에 각도와 수심이 어떤 수학적 공식에 들어맞도록 위치를 옮기는데, 그렇게 해서 굴절로 인한 착시를 바로잡는 게 분명하다. 원하는 각도에 방해물이 있으면 목표물을 놓치기 일쑤지만, 위치를 선택할 수 있고 정지된 먹이를 겨냥한다면 백로의 사냥 솜씨는 백발백중이다.

● 왜가리와 백로는 물고기에게 가까이 접근하기 위해 수없이 많은 속임수를 개발했다. 백로과의 작은 해오라기인 아메리카검은댕기해오라기Green Heron를 관찰해보면, 수면에 작은 깃털이나 심지어는 공원에서 찾아낸 물고기 밥 알갱이를 놓아둔 다음 미끼를 향해 다가오는 작은 물고기를 기다린다. 가끔 흰백로는 벌레가

수면으로 물고기를 꾀어내는 흰백로

수면에서 버둥거릴 때 생기는 파문을 흉내 내려고 부리 끝을 물속에 담그고 첨벙거린 다음, 가까이 다가온 물고기를 잡는다. 물고기를 수면으로 꾀어내면 굴절로 인한 문제가 거의 사라진다는 또 하나의 이점도 생긴다.

깃털의 진화

깃털은 비늘이 진화한 게 아니라 공룡에게서 발달한 것으로, 기본적으로 속이 빈 관이라고 할 수 있다. 깃털의 진화는 다음 다섯 단계로 설명된다.

❶단계 최초의 '깃털'은 단순히 속이 빈 관으로 털과 비슷했다. 아마 주로 보온용이었겠지만, 이 원시적인 단계에서도 깃털은 과시용이나 위장용 색깔을 띠고 있었을 것이다.

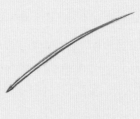

❷단계 단순한 관이 현재 새들에게서 보이는 솜털과 비슷하게, 맨 아랫부분에서 갈라져 나오는 여러 섬유질 가닥으로 변한다. 덕분에 솜털 층이 생겨 1단계의 뻣뻣한 털 같은 관보다 더 효율적인 보온재 역할을 한다.

❸단계 중심 깃대와 깃대 양쪽에 깃가지가 달린 가지 구조가 발달한다. 이로써 더 복잡한 색 무늬가 나타날 수 있다.

❹단계 가지 구조가 한층 더 발전해 각 깃가지에서 작은깃가지가 뻗어 나오고, 작은깃가지에 달린 갈고리 덕분에 깃가지가 서로 가까이 맞물려 더 단단하고 평평한 표면이 생긴다.

❺단계 여러 다양한 기능에 알맞은 다양한 모양
과 구조가 발달한다. 특수 기능이 있는 깃털은 특
히 비행 능력과 관련된 것으로, 공기 역학을 강화
하는 비대칭 깃털이 그중 하나다. 이로써 우리는
비행 능력이 깃털의 원래 기능이 아니라 깃털 진
화의 최근 단계에서 나타났음을 짐작할 수 있다.

저어새와 따오기 | Spoonbills/Ibises

숟가락 모양 부리는
흙탕물 속에서
촉감과 맛으로
먹이를 찾는 데 쓰인다.

| 진홍저어새 Roseate Spoonbill

먹이를 찾기 위해 진흙이나 굴속으로 부리를 찔러 넣고 있는 흰따오기White Ibis들.
먹이를 잡는 데는 시각과 촉각이 모두 동원된다.

● 먹이를 구하는 것은 새들이 직면하는 매우 근원적인 어려움으로, 왜가리와
따오기, 저어새처럼 몸집이 큰 섭금류조류 분류군 중 하나로 황새목, 두루미목, 도요목에
속한 새들을 뜻한다-옮긴이는 저마다 다양한 전략을 펼친다. 왜가리와 백로는 오로지
시각을 이용해 사냥하고, 저어새는 촉각으로만 사냥한다. 따오기는 시각과
촉각을 모두 이용한다. 대개 가재나 굴을 나타내는 단서를 발견하면, 부리를
집어넣고 붙잡을 만한 것을 찾을 때까지 부리 끝의 촉각과 미각으로 주변을
탐색한다.

● 먹이를 게워내는 것은 새들에게 평범하고 흔한 일이다. 모든 새는 식도와
몸이 연결되는 목 아랫부분에 크기가 늘어나는 주머니가 있는데, 이것을
'모이주머니'라고 한다. 여기에서 소화가 일부 시작되기도 하지만, 주로 먹이를
저장하는 기관이다. 먹이를 구하러 나온 어른 새들은 먹이를 많이 모았다가
모이주머니에 담아두고, 둥지로 돌아와 어린

새들을 위해 그것을 게워낸다. 또 새들은 먹이
중에서 씨앗이나 조개껍데기처럼
소화하기 힘든 부분을 게워내서
버리기도 한다. 어떤 먹잇감은 너무
커서 장을 통과할 수 없기 때문에
게워내고, 어떤 경우에는 늘어난
무게와 부피를 몸에서 가능한 한
빨리 줄이는 편이 좋기 때문에
게워낸다.

어른 새(왼쪽)가 게워내는 먹이를
향해 새끼 흰따오기(오른쪽)가
부리를 뻗고 있다.

무게중심

한쪽 다리로 선 흰따오기의
옆모습과 앞모습

● 새들은 왜 한쪽 다리로 설까? 간단히 대답하자면, 그렇게 하는 게 편하기
때문이다. 다리가 긴 새들이 유난히 이런 자세를 잘 취하는 것처럼 보이지만,
사실 모든 새가 하는 행동이다. 새는 진화 과정에 따라 지금의 다리 구조에
적응했고, 그 결과 한쪽 다리로도 안정적인 것은 물론 힘이 거의 들지 않는
자세가 가능해졌다. 새들은 몸의 무게중심이 무릎 아래에 있고(쭈그린 자세와
비슷하다) 골반에 마디가 있어 다리가 더 위쪽으로는 굽혀질 일이 없다. 한쪽
다리로 균형을 잡으려면 발이 몸 바로 밑에 오도록 다리 각도를 맞춰야 하는데,
다리를 그 상태로 유지하고 몸을 다리에 기댄 채 발가락을 미세하게 조절하기만
하면 똑바로 서 있을 수 있다. 또 새들에게는 골반 근처에 균형 감지기가 하나 더
있는데, 한쪽 다리에 의지해 똑바로 서는 데 이 균형 감지기가 도움을 주는 것이
분명하다.

두루미 | Cranes

세계에 존재하는 15종의 두루미는
대부분 멸종 위기에 처했다.
개체 수가 증가한 두루미는
북아메리카의 캐나다두루미뿐이다.

춤을 추는
캐나다두루미Sandhill Crane
한 쌍

● 많은 사람이 몸집이 크고 키가 큰 회색 새를 '두루미'라는 이름으로 부르지만, 북아메리카 대부분의 지역에서 발견되는 것은 사실 거의 대부분 푸른가슴왜가리다. 두루미와 왜가리는 겉보기에 비슷하지만, 서로 관련이 없으며 세부적인 여러 외적 특징과 습성, 소리로 구별할 수 있다. 우선 두루미는 거의 혼자 다니지 않는다.

푸른가슴왜가리(왼쪽)와 캐나다두루미(오른쪽)

그들은 언제나 짝을 지어, 혹은 무리를 지어 돌아다니며 나팔 소리처럼 기분 좋은 울음소리를 낸다. 갑작스럽고 격렬하게 돌진해 물고기를 사냥하는 왜가리와 달리, 이들은 부드럽게 땅을 쪼아 먹이를 찾는다. 외형적인 특징을 살펴보면, 이마에는 붉은색 피부가 조금 드러나 보이고 곡선형 깃털이 불룩하게 부풀린 치마처럼 꽁지를 뒤덮고 있다.

● 새의 다리를 유심히 관찰하면, '무릎' 관절이 잘못된 방향으로 꺾인 것처럼 보인다는 생각이 들 것이다. 그렇게 보이는 이유는 그것이 사실은 무릎이 아니라 발목 관절이기 때문이다. 아래의 새 다리 그림에서 노란색으로 표시된 부분을 보자. 인간의 발 대부분에 해당하는 뼈들이 결합해 다리처럼 보이는 길고 곧은 하나의 구조물을 형성하였음을 알 수 있을 것이다. 우리가 새의 발이라고

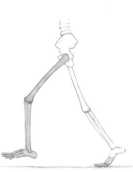

인간의 다리(오른쪽)와 캐나다두루미의 다리(왼쪽)를 비교한 그림. 발가락, 발, 종아리, 허벅지를 각각 다른 색깔로 표시했다.

부르는 부분은 사실 발가락뼈다. 다리 근육은 모두 몸 가까이에 붙어 있고 깃털로 따뜻하게 가려진 상태다. 따라서 우리에게 보이는 부분은 매우 가느다란 뼈대뿐인데, 이는 사실 가죽 같은 피부로 덮인 얇은 뼈와 힘줄이다.

| 캐나다두루미의 춤

● 번식기에 부부 두루미는 자신들만의 영역을 방어하며, 새끼를 키우는 동안에는 다른 두루미들과 어울리지 않는다. 새끼는 대개 한 마리이며 가끔 두 마리일 때도 있다. 여름이 끝날 무렵이면 가족 두루미와 짝짓기를 하지 않은 두루미까지 모든 두루미가 무리를 지어 남쪽으로 이동한다. 가족 두루미들은 대개 3월 즈음까지 함께 지내는데, 가족은 주로 전년도에 태어나 부모 곁에 머무는 새끼 한두 마리와 가장 최근에 태어난 새끼로 구성된다. 이런 겨울 두루미 떼를 관찰하다 보면, 두루미 특유의 화려하고 복잡한 '춤'을 포함한 사교적인 구애 동작을 흔히 볼 수 있다. 수컷이 먼저 춤을 시작해 고개를 숙이고 큰 소리로 울며 날개를 퍼덕이고, 달리거나 공중으로 뛰어오르기도 한다. 구애의 몸짓으로 보이는 이 춤은 겨우내 볼 수 있으며, 두루미 한 쌍이 춤을 추면 가까이에 있던 다른 짝들도 자극을 받아 춤을 추기도 한다.

물떼새 | Plovers

쌍띠물떼새처럼 땅에 둥지를 트는
새들은 알과 새끼들을 포식자들로부터
안전하게 보호하기 위해 위장 등의
여러 속임수를 활용한다.

공원에 둥지를 튼
쌍띠물떼새Killdeer

● 알을 노지에 낳고 그대로 두면 어떻게 될까? 아마 포식자들에게 아주 쉽게 잡아먹힐 것이다. 가장 기본적인 방어 전략은 알이 발견되지 않게 하는 것으로, 새들은 이를 위해 몇 가지 변화를 꾀했다. 우선 알은 위장용으로 보호색을 띠는데, 어른 새는 일부러 알과 색이 비슷한 땅을 둥지로 고른다. 또 포식자의 관심을 끌지 않도록 약간 오목한 땅에 알을 낳고, 구조물은 전혀 만들지 않는다. 어른 새는 '전환 과시distraction display'를 적극적으로 이용해 포식자를 엉뚱한 방향으로 유도하기도 한다. 그러나 이 모든 방법은 시각적 위장일 뿐이다. 가장 큰 위험은 후각으로 사냥하는 포식자들, 특히 밤에 사냥하는 포식자들이다. 쌍띠물떼새 및 땅에 보금자리를 짓는 다른 새들은 이에 대비하여 번식기에는 몸치장용 기름을 냄새가 나지 않는 다른 화합물로 바꾼다. 이로 인해 알을 품고 있는 새의 냄새가 효과적으로 감춰지고, 알이 스컹크나 여우 같은 포식자에게 발견될 가능성도 줄어든다.

위장하기 위해 약간 오목한 땅에 낳은 쌍띠물떼새의 알

● 몇몇 종의 작은 물떼새들은 만조선만조 때 바다와 육지가 맞닿는 경계선-옮긴이 바로 위에 펼쳐진 모래사장에 살면서 그곳에 둥지를 튼다. 미국 동부의 피리물떼새와 서부의 흰물떼새Snowy Plover가 그렇다. 이 새들은 모래사장을 휴양지로 이용하는 무수한 사람들과 직접적인 경쟁을 벌여야 한다. 세계에 존재하는 피리물떼새는 약 1만 2000마리에 불과한데, 그중 많은 새가

피리물떼새Piping Plover

뉴저지주에서부터 매사추세츠주까지 이어지는 미국 동해안의 모래사장을 보금자리로 삼는다. 현재 그중 대부분의 새를 인간의 보호를 받으며 둥지를 짓고 있다. 제대로 보호를 받는 물떼새는 사람이 많은 해변에서도 성공적으로 둥지를 틀 수 있다.

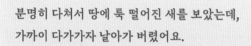

분명히 다쳐서 땅에 툭 떨어진 새를 보았는데,
가까이 다가가자 날아가 버렸어요.

이는 새가 알이나 새끼를 보호하기 위해 하는 행동으로, 전환 과시 또는 '부러진 날개 기법'으로 불린다. 새는 날개가 부러진 척하며 애처롭게 울고 비틀거리고, 한쪽 날개를 땅에 질질 끌며 움직인다. 무척 그럴듯해 보여서 그 새를 따라가면 둥지에서 먼 곳으로 유인된다. 안전이 보장되는 거리까지 우리를 데려왔다고 생각되면, 새는 날아올라 멀리 사라져버린다. 그리고 나중에 둥지로 몰래 돌아간다.

전환 과시 행동을 보이는
쌍띠물떼새

큰 도요새들 | Large Sandpipers

부리가 놀랄 만큼 길고 몸집도 매우
큰 도요새들은 1년 중 꽤 오랜 기간을
건조한 대초원에서 보내며, 풀에서
떼어낸 메뚜기와 여러 곤충을 먹는다.

농게를 잡은 긴부리마도요
Long-billed Curlew

● 물가에 사는 이 4종의 새들은 모두
부리가 길고 가늘지만, 부리 사용 방식은
완전히 다르다. 아메리카긴부리도요는
민물도요Dunlin와 비슷하게 부리로
진흙이나 모래 속을 탐색한다.
아메리카뒷부리장다리물떼새는 위쪽으로 휜
부리를 물속에서 좌우로 넓게 흔들며 촉감을
이용해 사냥하고, 부리에 먹이가 닿기만 하면
붙잡는다(이 방식은 앞서 살펴본 진홍저어새와
비슷하다). 굴을 거의 먹지 않아서 굴을 '잡을'
필요가 없는 아메리카검은물떼새검은물떼새의
영명인 'Oystercatcher'는 '굴을 잡는 사람'이라는
뜻이다-옮긴이는 튼튼한 부리로 달팽이와
홍합 같은 연체동물을 때려 껍데기를
헐겁게 만든 다음 벌려서 내용물을 먹는다.
검은목장다리물떼새는 매우 가느다란
부리로 수면이나 진흙에서 작은 먹잇감을

위에서부터
아메리카긴부리도요Marbled Godwit,
아메리카뒷부리장다리물떼새American Avocet,
아메리카검은물떼새American Oystercatcher,
검은목장다리물떼새Black-necked Stilt

섬세하게 집어 올린다. 이 새들은 먹이 사냥에 있어 각각 방법이 다르며, 또 생태
집단 내에서 각자 자기에게 알맞은 자리를 차지하기 때문에 모두 같은 장소에
있더라도 경쟁하지 않고 먹이를 찾을 수 있다.

● 도요새의 부리 끝은 신경 말단으로 가득해 진흙이나 모래 밑에 있는 먹이를
감지할 수 있으며, 부리 끝 안쪽에는 미뢰가
있어 찾아낸 먹이가 무엇이든 맛을 느낄 수
있다. 부리 끝부분에는 유연한 '관절'이 있고,
두개골의 근육과 연결된 힘줄이 그 관절을
조절한다. 이를 사용하면 먹잇감이 진흙이나
모래밭 깊이 묻혀 있더라도 붙잡아 뽑아낼 수
있다.

부리 끝을 구부린 아메리카긴부리도요.
위의 그림에서 아메리카긴부리도요가
부리를 쓰지 않을 때의 모양과 비교해보자.

작은 도요새들 | Small Sandpipers

이 새들은 온종일 달린다.
파도가 물러나며 드러난
먹이를 찾으려 해변으로 달려갔다가,
다시 밀려드는 파도를 피하고자
해변을 빠져나온다.

해변을 달리는
세가락도요Sanderling

방향 전환 이전과 이후의 도요새 무리.
가장자리의 새(옅은 색)가
방향을 바꾸기 시작하면
이에 대한 반응으로 모든 새가
같은 반경으로 회전한다.
가장자리에 있던 새는 회전 이후
무리의 중앙으로 자리를 옮기게 된다.

● 날아가는 도요새 무리가 방향을 바꾸며 회전하는 모습은 자연에서 볼 수 있는 무척 놀라운 광경이다. 최근 시행된 연구에서는 더욱더 흥미로운 결과가 발표되었다. 바로 그 무리에 지도자가 없다는 사실이다. 무리 중 어떤 새든지 회전을 제안할 수 있으며, 그 새가 방향을 바꾸는 모습을 보고 다른 새들이 따라서 회전하면 그 반응이 일정한 속도로 무리 전체에 퍼져나간다. 스포츠 경기장 관람석에서 흔히 보이는 파도타기 응원을 떠올려보면 이해하기 쉽다. 또한 새 무리의 크기가 축구 경기장과 비슷하더라도, 이런 식으로 방향을 바꾸는 데 3초도 채 걸리지 않는다. 새 한 마리가 새로운 방향으로 몸을 돌리기만 해도 마치 행진하는 악대처럼 무리 중 그 새의 위치가 달라진다. 방향 전환은 보통 무리의 가장자리에 있던 새들이 주도하며, 그 새들은 대개 무리 안쪽으로 방향을 돌린다. 가장자리에 있으면 포식자의 공격에 더 취약하기 때문이다. 방향 전환은 실제 위험에 대한 반응일 때도 있지만, 많은 경우에 그저 가장자리에서 벗어나고 싶은 마음에서 비롯되는 것 같기도 하다. 가장자리에 있던 새가 불안해하며 무리 속으로 방향을 틀면, 무리의 나머지 새들 역시 반응을 보인다. 그 결과 새들은 어지럽게 빙빙 도는 종잡을 수 없는 무리가 되고, 결국 포식자가 공격하기 매우 어려워진다. 대부분의 방향 전환이 가짜 경보라고 하더라도, 갑작스럽고 잦은 방향 전환은 그 무리를 더 안전하게 해준다.

● 도요새의 부리 끝은 촉감에 민감해서 물체를 간접적으로 느낄 수 있다. 부리를 젖은 모래나 진흙 속으로 밀어 넣으면 물이 그 자리를 이탈하며 움직이는데, 모래나 진흙 속에 작은 조개 등이 들어 있다면 이 때문에 물의 흐름이 막히게

된다. 그리고 도요새의 부리와
조개 사이, 진흙물이 짓눌린 부분의
압력이 약간 상승한다. 그 압력을
감지한 도요새는 그쪽이 살펴볼 만한
곳임을 알게 된다.

진흙 속을 탐색하는
민물도요

● 개펄에서 먹이를 찾아다니는
도요새 무리를 관찰하다 보면, 그
새들이 지면을 끊임없이 쪼아대거나
진흙이나 물속을 계속 탐색하느라
고개를 거의 들지 않는다는 사실을 깨닫게 될 것이다. 이 새들은 부리 끝으로
먹이를 집은 뒤 마치 중력을 거스르는 듯 아래쪽을 향한 채로 먹이를 입으로
옮긴다. 이 현상은 물리학적 원리로 설명할 수 있는데, 이들이 물의 표면장력을
이용하고 있기 때문이다. 도요새가 부리 끝으로 먹잇감을 잡으면 먹이와 함께
작은 물방울이 유입된다. 물방울은 서로 결합하려는 경향이 있으므로, 도요새가
부리를 약간 벌렸다 닫기를 반복하면 물은 부리 가장 안쪽까지 이동하며, 물이
움직일 때 먹이도 따라간다. 도요새는 그렇게 입속에 들어온 것 중에서 물은
짜내고 털어버린 뒤 먹이만 삼킨다. 그리고 나서는 다시 먹이를 찾으러 간다.
지느러미발도요Red-necked Phalarope를 고속 촬영한 영상을 보면, 이 새들은
표면장력만으로 부리 끝에서 입까지 0.01초 만에 먹이를 옮길 수 있다. 이는 눈을
한 번 깜빡일 때보다 약 30배 빠른 속도다.

입속으로 먹이를 집어넣는
큰지느러미발도요
Wilson's Phalarope

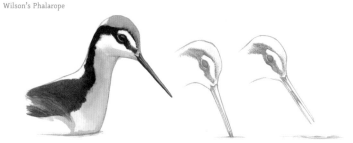

숲 바닥에 숨은
아메리카멧도요
American Woodcock

꺅도요와 멧도요 | Snipe/Woodcock

대부분의 시간을 숲에서 혼자 보내는 멧도요는 봄이면
새벽녘과 황혼 녘에 나타나 화려한 구애 비행을 선보인다.

● 꺅도요는 짝짓기 상대와 경쟁자에게 강한 인상을 주기 위해 목소리로 지저귀는 대신 꽁지로 윙윙거리는 휘파람 소리를 낸다. 이는 누구든 쉽게 볼 수 있는 광경이지만, 꽁지에서 휘파람 소리가

나는 구체적인 물리학적 원리는 최근에야 밝혀졌다. 우선 가장 바깥쪽에 있는 꽁지깃의 뒷전을 살펴보자. 이는 다른 곳보다 밝은색이다. 또 그 부분에는 날개깃을 결합하는 장치인 작은깃가지, 즉 갈고리가 없어서 가장자리가 좀 더 부드럽다. 꺅도요가 빠른 속도로 날 때 꽁지깃이 몸과 수직 방향으로 펼쳐지면 깃털의 뒷전은 세찬 바람에 휘날리는 깃발처럼 아주 빠르게 펄럭인다. 그 부드러움과 수직 형태가 '조화롭게' 어우러지며 꽁지깃은 특정 주파수로 진동한다. 꺅도요가 과시 행위를 할 때 휘파람 소리가 나는 이유는 바로 여기에 있다.

● '도요새 사냥'은 짓궂은 장난을 뜻한다. 이는 1840년대부터 미국에서 유행했는데, 순진무구한 새내기를 사냥에 초대해 자루를 주고 외딴곳으로 데려가서는 꺅도요라는 신비스러운 늪지 생물을 잡아 오라고 지시한다. 장난꾸러기 선임들은 새내기에게 자루 입구를 열고 손으로 잡은 채 기다리기만 하라거나, 아니면 밤에 이상한 소리를 내서 꺅도요를 자루 속으로 꾀어 들이면 된다고 말한다. 그런 다음 그 못된 장난꾸러기들은 '자루를 붙들고 있는' 신참을 혼자 숲에 두고 떠나버린다. 물론 꺅도요라고 불리는 진짜 새가 있기는 하다. 꺅도요는 풀이 무성한

풀밭에 있는 윌슨꺅도요

129

진흙투성이 습지에 숨어 지내는 땅딸막한 도요새로, 위장용 보호색을 활용한다. 하지만 지금까지 자루로 꺅도요를 잡은 사람은 아무도 없다.

● 새들은 대개 시력이 뛰어나다. 또한 새는 동시에 볼 수 있는 주변 환경의 범위가 넓다. 인간의 눈은 하나의 초점에 집중하도록 구성되어 있으며, 가만히 있으면 주변 환경의 절반가량을 볼 수 있다. 다시 말해 우리는 시야 중앙에 위치한 좁은 지점만 자세히 볼 수 있다. 반면 꺅도요는 다른 여러 도요새 및 오리와 마찬가지로 한 번에 주변 환경 360도 전체와 머리 위 180도까지 온전히 볼 수 있다. 그리고 좁은 영역을 자세히 보는 대신 각각의 눈으로 수평 방향의 넓은 범위에 있는 사물을 자세히 본다. 고개를 돌리지 않고도 하늘 전체와 수평선, 그리고 수평선에 위치한 사물 대부분을 자세히 볼 수 있다고 생각해보라. 이 시야의 범위는 꺅도요처럼 위장만으로 몸을 보호하는 새들에게는 아주 중요한 요소다. 위험이 다가올 때 이 새들이 가장 먼저 보이는 반응은 그저 웅크리고 가만히 있는 것이다. 완전히 꼼짝 않고 앉아 있는 동안에도 주변의 모든 것을 볼 수 있기 때문이다.

| 윌슨꺅도요의 정면 모습

갈매기 | Gulls

해변에서 인간들의
소풍 도시락을 급습한
북미갈매기Ring-billed Gull

갈매기는 세계에서 가장 다재다능한 새다.
새들의 철인 3종 경기, 즉 헤엄치고 달리고
날아다니는 경기를 치르면 갈매기가 우승
후보에 오를 것이다.

● 갈매기는 쓰레기를 먹는
행동으로 악명이 높다. 이
새들은 쓰레기 처리장으로
떼 지어 날아가 먹이를
찾아 뒤적이고, 나들이
장소나 패스트푸드점, 혹은
고기잡이배 및 이와 비슷한
다른 장소들을 기웃거리며
버려진 음식 조각이 있으면

새끼들을 위해 먹이를 게워낸
재갈매기 Herring Gull

냉큼 집어삼킨다. 이렇게 아무 음식이나 먹는 그들이지만, 새끼들에게 먹일 것은
신중하게 고른다. 여러 연구에서 밝혀진 내용에 따르면, 부모 갈매기는 자신이
먹을 음식은 쓰레기 처리장에서 구할지언정 새끼들이 부화하면 게와 신선한
물고기처럼 영양가 높은 자연식을 먹인다.

● 해변에서 갈매기 깃털을 발견한다면, 아마도 꼬박 1년 동안 쓰고 깃갈이를
거치며 자연스럽게 떨어진 깃털일 것이다. 특히 아래 그림에서 보이는 것처럼 바깥
날개 깃털이라면 특히 깃털 끝을 자세히 살펴보라. 아마 깃털 끝의 흰 부분은
많이 닳았지만, 검은색 부분은 거의 온전하다는 사실을 알게 될 것이다. 대부분의
갈매기는 날개 끝에 어두운 색소가 있으며 이는 모든 새에게 공통으로 나타나는
무늬다. 이런 무늬가 나타나는 이유 중 하나는 검은색과 갈색을 띠게 하는 색소인
멜라닌이 깃털을 튼튼하게 해 마모 저항력을 높이기 때문이다. 날개 끝은 비행에
아주 중요한 부분이며, 또 햇빛과 마찰에 더 많이 시달리므로 좀 더 강하게
발달한다.

대부분의 갈매기는
바깥 날개 깃털이 회색이고
끝에 검은색과 흰색 무늬가 있다.
새 깃털(위)의 흰색 반점은 온전하다.
낡은 깃털(아래)은 흰색 부분이
거의 사라진 상태다.

| 폭풍 속에서 버티는 재갈매기

● 허리케인이 닥치면 새들은 무엇을 할까? 새들은 기압을 감지할 수 있으므로, 기압이 낮아져 폭풍이 임박했음을 느끼면 가장 먼저 먹이를 더 많이 먹는다. 폭풍을 이겨내는 새들의 전략은 이처럼 대개 먹이를 비축하고 피신처를 찾아낸 다음 가만히 앉아서 폭풍이 잦아들기를 기다리는 것이다. 갈매기들의 피신처는 바람을 막아줄 풀숲이나 해변의 통나무다. 이곳에서 갈매기는 몸을 유선형으로 유지하려 고개를 숙인 채, 가만히 서서 바람을 마주한다. 몸속에 저장된 지방이 있는 한 움직일 필요는 없다.

제비갈매기 | Terns

제비갈매기는 갈매기의 우아한 사촌으로,
대부분의 제비갈매기는 작은 물고기만 먹는다.

제비갈매기의 서식지.
제비갈매기 부부들은 저마다
둥지 주변의 작은 공간을
방어하지만, 그 외에는 모두
공유한다.

● 왜 어떤 새들은 집단으로
둥지를 틀까? 집단으로
둥지를 트는 습성은 적당한
둥지터가 얼마 되지 않고, 먹이가 넓은 지역 곳곳에 흩어져 있을 때 발달한다.
제비갈매기는 육지의 포식자가 없는 작은 섬에 둥지를 튼다. 집단으로 둥지를
지으면 질병과 기생충에 더 많이 노출되고 먹이, 둥지터, 둥지 재료, 짝짓기 경쟁이
심해진다. 하지만 포식자에 대한 방어력이 향상되고 먹이 공급원에 대해 더 많은
정보를 얻는다는 장점이 있다. 밀도가 높은 거대 집단은 개체 수가 적은 집단이나
한 쌍보다 포식자에게 훨씬 강력한 공격을 가할 수 있다. 예를 들어 부모가 먹이를
찾느라 오랜 기간 둥지를 비우더라도, 다른 구성원들이 집단 전체를 방어하므로
새끼들이 안전하게 성장할 수 있다. 또 이웃이 발견한 먹이 공급원을 이용할 수도
있다. 더 많은 새가 함께 탐색하면 물고기 떼를 발견할 기회가 훨씬 많아지며, 일단
물고기 떼가 발견되면 재빨리 치열한 먹이 쟁탈전에 동참해 먹이를 먹을 수도
있다.

| 공중을 맴돌다가 물고기를 향해 잠수하는 제비갈매기

● 드넓은 바다에서 물고기를 찾아내기란 어려운 일이다. 제비갈매기에게는 수심
몇 센티미터 이내에서 헤엄치는 작은 물고기가 필요한데, 이때 제비갈매기가

이용하는 전략은 물고기가 있는지 살피며 저공비행으로 돌아다니는 것이다. 이 새는 수면에서 물고기를 발견하면 수색을 멈추고 수면 위 약 3미터 높이에서 맴돌며 알맞은 때를 기다린다. 그러다가 방향을 바꿔 부리 사이에 물고기가 잡히기를 바라며 곤두박질치듯이 똑바로 물속에 뛰어든다. 수면에서 쉬지는 않고 즉시 날아오르며, 물고기를 잡았다면 날아다니면서 삼키거나 둥지로 가져간다. 돌아가는 동안 그 물고기를 훔치려는 약탈자 갈매기들과 다른 새들을 마주치지 않기를 바라면서 말이다.

● 제비갈매기는 비행에 아주 정교하게 적응한 새다. 아마 북극제비갈매기보다 비행에 더 적합한 새는 없을 것이다. 이 새들은 북극에 둥지를 튼 다음, 해마다 남극으로 이동했다가 되돌아온다. 북극제비갈매기는 북극의 여름에서 남극의 여름으로 이동하며, 1년의 대부분을 햇빛 속에서 지내는 동시에 또 1년의 대부분을 빙산 근처에서 보낸다. 제비갈매기는 헤엄치기에 적합하지 않아서 하늘을 날아 장거리를 이동한다. 이동경로는 일직선이 아니며, 마치 커다란 고리를 그리듯 바다를 빙 둘러 간다. 이처럼 새 한 마리가 1년에 이동하는 거리는 약 9만 6000킬로미터 정도다. 참고로 현재 새의 이동 거리 최고 기록은 나그네앨버트로스Wandering Albatross가 보유 중인데, 추적 결과 이 새는 남반구의 해양을 돌아다니며 1년에 평균 18만 킬로미터 정도를 이동한다.

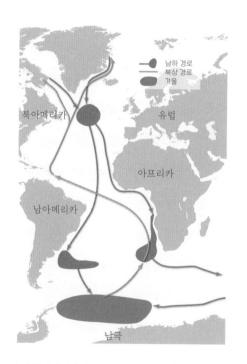

북극제비갈매기Arctic Tern는 북극 둥지터에서 출발해 남극의 월동지(파란색)를 향해 남하한 다음(주황색 선) 다른 경로(녹색 선)를 따라 북쪽으로 돌아온다.

말똥가리 | Hawks

Hawk는 매를 뜻하기도 하지만, 이 책에 수록된 새들은 말똥가리류를 통칭한다-감수자

이 새들은 탁 트인 공간이나
인간이 조성한 변두리 지역에서 번성한다.

길가에서 사냥하고 있는
붉은꼬리말똥가리Red-tailed Hawk

● 새는 때에 따라 몸 전체의 색깔이 변한다. 그 이유는 계절, 나이, 성별 등 다양하다. 붉은꼬리말똥가리를 포함한 몇몇 종에게도 색 변이가 나타난다. 특별한 점은 이런 변이가 나타난 새의 몸은 전체적으로 어둡거나 밝은색이고 나이나 성별, 계절에 상관없이 평생 그

붉은꼬리말똥가리에게 나타난 어두운색 변이와 밝은색 변이

상태가 유지된다는 점이다. 이런 방식의 변종이 왜 나타나는지 완벽하게 이해할 수는 없지만, 최근의 연구에서 적어도 이 새의 경우에는 위장과 관련이 있다는 주장이 대두되었다. 어두운 색깔로 변한 새들은 숲속처럼 빛이 어두운 곳에서 눈에 덜 띄므로 먹이를 더 성공적으로 잡을 수 있다. 한편, 밝은색으로 변한 새들은 개방된 지역처럼 더 밝은 빛 속에서 사냥에 성공할 확률이 높다. 각각의 색 변이는 조건에 따라 각각 다른 장점이 있지만, 어느 쪽이건 전체적인 이점은 없으므로 이 두 가지 변이가 그대로 유지된다.

활공하다가 먹이를 덮치는 붉은꼬리말똥가리

● 대부분의 새는 단순히 두 지점 사이를 이동하기 위해 비행을 하고, 비행 방식을 크게 바꾸지 않는다. 그러나 붉은꼬리말똥가리는 공중에서 많은 시간을 보내며 비행에 있어 놀랍도록 다재다능하다. 사냥을 할 때와 이동을 할 때 각각 다른 방식으로 비행하고, 바람의 상태와 자신의 욕구에 따라 비행 방식을 조절한다. 또 이 새는 끈기 있는 사냥꾼으로, 주변 환경이 잘 보이는 나뭇가지나 기둥에 몇 시간이고 앉아 기회를 노린다. 사냥을 위해 공중에서도 오랜 시간을 보내기도 한다. 이들은 날개를 거의 또는 전혀 퍼덕이지 않은 채 바람을

타고 같은 자세로 날아가며 활공하거나, 높이 솟구치거나 탁 트인 공간 위에서 미끄러지듯 날아다니면서 땅에 있는 먹이를 찾는다. 주로 들쥐나 땅다람쥐 같은 작은 포유류를 먹지만, 토끼보다 크지 않은 정도라면 어느 동물이건 먹이로 안성맞춤이다. 먹이를 잡을 때는 날개를 접고 빠른 속도로 하강한다.

● 대부분의 새는 같은 종인 경우 크기가 다양하지 않다. 부화 후 몇 주 이내에 어른 새만큼 커지며 그 이후로는 서로 크기가 비슷하기 때문이다. 또 종에 상관없이 대부분 수컷이 암컷보다 약간 더 크다. 그러나 대부분의 말똥가리류는 그 반대로, 암컷이 수컷보다 크다. 이는 올빼미와 벌새의 경우에서도 특히 두드러지게 나타난다. 여러 다양한 가설에서는 이런 몸집 차이가 둥지를 지을 때나 먹이를 구할 때 몇 가지 이점을 줄 것으로 예상하지만, 연구로 확인된 바는 없다. 그러나 포란의 대부분을 담당하는 암컷은 더 큰 몸집 덕분에 알과 새끼를 따뜻하게 품기가 더 쉬울 것이며,

수컷은 몸집이 더 작아 더 빠르고 날렵하기 때문에 알을 품는 암컷에게 영양소가 풍부한 먹이를 잘 잡아다 줄 수 있을 것이다. 또 알이 부화한 뒤에는 수컷과 암컷이 함께 가족의 먹이를 사냥하는데, 이때 암수의 크기가 다르므로 보금자리 영역 내에서 더 다채로운 먹이를 잡을 수 있을 것이다.

몸집이 더 큰 암컷 붉은꼬리말똥가리(왼쪽)와 더 작은 수컷(오른쪽)

붉은꼬리말똥가리의 번식 주기

❶ 붉은꼬리말똥가리는 짝과 함께 1년 내내 둥지가 있는 영역에서 함께 지낸다. 철새들의 구애는 둥지터로 돌아오는 늦겨울이나 초봄에 시작된다. 다음 그림의 위쪽을 보자. 아래쪽의 암컷보다 몸집이 더 작은 위쪽의 새가 수컷이며, 구애할

때는 이처럼 다리를 늘어뜨리고 비행 능력을
과시한다.

❷ 둥지 짓기는 지역 기후에 따라 1월과 4월
사이의 어느 시기에 시작된다. 부부가 된 두
새가 함께 옛 둥지터와 새 둥지터가 될 만한
곳을 찾아간다. 기존의 둥지 두 개 이상을
개조하고 새 둥지도 지은 다음, 어느 것을 쓸지
고를 수도 있다. 둥지 재료는 수컷과 암컷이 함께
모으지만, 마지막으로 우묵한 형태를 만드는
일은 대부분 암컷이 맡는다. 부부 새는 둥지의
위치를 숨기려 주로 아침에 은밀히 일하며,
둥지는 사흘에서 일주일 사이에 완성된다.

❸ 산란은 둥지를 선택한 뒤 3주에서 5주가 지나야 시작된다. 알은 보통 두세
개이며, 가끔은 네 개 정도 낳는다. 일반적으로 이틀에 한 번 알을 낳으므로, 세
번째 알은 대개 첫 알을 낳고 나흘이 지난
뒤에 나온다. 포란은 첫 알을 낳자마자
시작되고 대부분 암컷이 맡는다. 수컷은
알 품기를 조금 거들면서 둥지에 있는
암컷에게 먹이를 가져다준다. 포란은
28일에서 35일 동안 지속한다.

❹ 처음 낳은 알이 가장 먼저 부화하고, 나중에 낳은 알은 하루 이틀 간격으로
부화한다. 이 '비동시 부화' 때문에 새끼들은 발달 단계가 서로 달라 크기와 힘이
제각각이다. 먹이가 제한적일 경우, 새끼들은 둥지 속에서 먹이를 두고 경쟁하며
가장 강한 새끼 새(대개 가장 먼저 부화한 새끼)가 더 많이 먹는다. 가장 약한 새끼는
굶어 죽거나 형제자매들에게 먹힌다. 이런 방식이 잔인해 보일지 모르지만, 가장

강한 새끼에게 먼저 먹이를 먹이는 것이야말로
번식에 있어 최선의 결과를 보장해준다. 지극히
자연적인 관점에서 보자면, 영양실조에 걸린
새끼 두 마리를 키우는 것보다 건강한 새끼 한
마리를 키우는 것이 더 낫기 때문이다.

❺ 어린 새들은 부화 후 12시간에서 18시간 이내에 고개를 들 수 있으며,
15일쯤이면 앉을 수 있고, 21일경에는 부모가 가져온 먹이를 스스로 먹을 수 있다.
이들은 46일이 지나면 둥지를 떠난다. 암컷 어른 새는 새끼가 생후 30일에서
35일이 될 때까지 몸을 따뜻하고 마른 상태로 유지해주려고 새끼를 계속
품어준다. 물론 새끼가 더 어릴수록 더 오래 품는다. 그동안에 수컷은 암컷과
새끼가 먹는 먹이의 대부분을 공급한다. 많게는 하루에 먹잇감을 열다섯 개까지
가져오는데, 가족 셋이서 매일 먹는 먹이는 모두 합쳐 700그램 정도다.

❻ 붉은꼬리말똥가리는 부화 후 42일에서
46일쯤 둥지를 떠나 독립하지만, 둥지
가까이에 머물면서 2~3주 동안은 거의
모든 먹이를 부모에게 의존한다. 이후
몇 주에 걸쳐 서서히 먹이를 직접
잡기는 하지만, 독립 이후 적어도 8주간은
계속 부모에게서 먹이를 얻는다. 새끼들은
마지막 2주 동안 둥지에서 많은 시간을 보내며 커시는 날개를 단련한다. 독립
이후 4주 무렵이면 제법 높이 날아오르기 시작한다. 철새인 붉은꼬리말똥가리의
경우, 새끼가 독립한 뒤 10주쯤 되면 어른 새와 새끼가 각자 갈 길을 간다.
텃새라면 가족끼리 최대 여섯 달까지 계속 교류할 수도 있다.

새 매 | Accipiters

사냥 중인
쿠퍼매Cooper's Hawk

포식자에 대한 두려움은
모든 동물의 행동에 엄청난 영향을 미친다.

● 쿠퍼매와 줄무늬새매Sharp-shinned
Hawk는 이전 세대에 '닭을 잡아먹는 새들'로
불렸던 위협적인 매다. 하지만 대개 몸집이
너무 작아서, 다 자란 닭을 잡아먹지는 못한다.
친척인 참매Northern Goshawk야말로 닭에게 더
위협적인 존재이지만, 이 새들은 무척 희귀하다.
인간은 자신들과 매가 같은 먹이를 두고 경쟁한다는
이유로 매를 수백 년 동안 박해해왔다. 이후 이를 개선하기 위해 1800년대 후반과
1900년대 초반의 교육 운동에서는 매가 쥐를 잡아먹어 농작물을 보호해준다는
등의 내용을 강조하며 매의 경제적 가치를 널리 알렸다. 이후 매를 보호하는
엄격한 법이 탄생했지만, 매는 여전히 여러 지역에서 학대받고 있다. 포식자에
대한 인간의 이러한 태도는 늑대 및 몸집이 큰 동물에게서도 찾아볼 수 있다.

● 넓은 시야 외에도, 새의 시력은 생활 방식에 아주 중요한 기능으로 적응해왔다.
바로 인간보다 훨씬 빠르게 시각 정보를 처리하는 것이다. 우리가 보는
만화영화는 사실 정지된 이미지가 1초에 30개 정도 연달아 지나가며 만들어지는
것이다. 이는 우리의 눈이 반응하기에는 너무 빠른 속도라서 이미지가 모두
흐릿해지고, 따라서 '움직이는 그림'이 된다. 반면 새는 우리보다 두 배 이상
빠르게 이미지를 처리할 수 있으므로, 우리가 보는 영화가
슬라이드 쇼로 보일 것이다. 이 능력은
고속 비행 중 장애물을 빠르게 피하고
먹이를 뒤쫓을 때 아주 중요하다. 우리
눈에 고속도로 표지판이 흐릿하게
지나갈 때, 새는 표지판이 늘어선
길을 따라 날면서도 표지판의 내용을
자세히 볼 수 있다.

● 주의 깊고 날쌘 쿠퍼매와 그

검은머리박새Black-capped Chickadee에게
몰래 접근하는 쿠퍼매

가까운 친척인 줄무늬새매는 작은 새들을 먹고 산다. 이 새들은 흔히 겨울에 새 모이통 주변에서 사냥하는데, 생울타리와 담, 그리고 집을 이용해 몸을 숨기며 은밀하게 접근한다. 그들은 시속 50킬로미터에 가까운 속도로 미사일처럼 새 모이통 근처의 빈터를 급습한다. 그리고 그 짧은 순간 동안, 연약한 명금류를 찾는다. 느리거나 부주의해서 사냥하기 쉬운 새가 있는지 살피는 것이다. 이들은 날개와 꽁지를 빠르게 퍼덕이며 회전하듯이 방향을 바꾸고는, 그 작은 새를 따라가며 긴 다리와 바늘처럼 뾰족한 발톱을 뻗어 먹이를 움켜잡을 수 있도록 거리를 좁히려 애쓴다.

| 먹이인 명금류를 잡은
줄무늬새매

독수리

| Eagles

흰머리수리는 1970년대에
DDT 중독 및 다른 위협으로
몰살되며 멸종 위기에 처했다.
이후 보호를 받은 덕분에 현재는
개체 수가 증가했다.

| 연어를 먹는 흰머리수리Bald Eagle

다른 쪽을 보는 것처럼 보이겠지만, 이 흰머리수리는
한쪽 눈으로 여러분을 똑바로 바라보고 있는 중이다.
이는 흰머리수리의 중심와가 망막에서 물체의 상이 가장 선명하게
맺히는 부분으로, 황반의 중심점-옮긴이의 위치 덕분이다.

● 아주 멀리 떨어진 물체를 보는 사람이
있으면 우리는 그 사람을 '독수리
눈'이라고 부른다. 이 표현은 독수리의
시력이 과학적으로 밝혀지기 훨씬 전인
1500년대에 처음 쓰였다. 과학적인 지식이 없더라도, 독수리를 지켜본 사람들은
누구나 독수리가 멀리서 일어나는 일에 반응한다는 사실을 알 수 있었다. 예를
들어 독수리는 1킬로미터 떨어진 산비탈에서 토끼가 깡충깡충 뛰어가는 모습처럼
우리가 망원경의 도움으로만 볼 수 있는 광경에 반응한다. 독수리는 어떻게
이런 놀라운 시력을 가지게 된 걸까? 독수리의 눈 속에는 인간보다 빛 감지
세포가 다섯 배 더 많은데, 이는 2.5센티미터당 다섯 배 많은 점을 볼 수 있다는
뜻이다. 따라서 독수리는 우리보다 사물을 훨씬 더 자세히 볼 수 있다. 그리고 그
세포들의 대부분인 80퍼센트가량은 색을 식별하는 세포인 '추상체'다. 우리 눈에
있는 추상체는 5퍼센트에 불과하며, 어두운 빛을 감지하는 세포인 '간상체'는
95퍼센트에 이른다. 게다가 독수리의 각 추상체에는 유색 기름방울이 있는데,
이것이 빛의 일부 파장(색깔)을 차단하는 여과 장치로 작용해 색각빛의 파장 차이를
통해 색채를 구별하는 능력-옮긴이을 더욱 강화한다. 5배율 망원경을 이용하면 우리도
독수리와 시력이 비슷해질 수 있겠지만, 독수리의 색각을 간접적으로 경험할
방법은 없다.

● 이 문장에서 단어 하나를 바라본
다음, 눈을 움직이지 말고 주변 단어를
읽어보라. 우리가 '중심 시력'으로 그 좁고
세밀한 부분을 볼 수 있는 이유는 '중심와'
덕분인데, 중심와란 망막에서 빛 감지
세포들이 가장 많이 밀집된 오목한 부분을
뜻한다. 우리의 양쪽 눈에는 중심와가

네 중심와의 시선을
나타낸 모습

각각 하나씩 있고, 우리는 두 눈으로 한 지점을 주시하며 세밀한 어느 한 부분을 바라본다. 우리의 시야는 110도 이상이며 우리는 대부분 좌우 양쪽 눈으로 본다(이것을 '양안시'라고 부른다). 반면 독수리는 한쪽 눈에 중심와가 두 개씩, 총 네 개의 중심와가 있으며 모두 서로 다른 방향을 향한다. 독수리의 두 눈이 바라보는 영역에서 겹치는 부분은 20도가 채 되지 않는 좁은 부채꼴 정도인데, 독수리는 그 부채꼴에 들어오는 광경은 자세히 보지 않는다. 독수리는 늘 서로 다른 네 영역을 자세히 보고 있을 뿐 아니라 주변 시야가 거의 360도에 이른다! 한쪽 눈에 있는 한 중심와는 거의 정면을 향하며, '가장 강한' 중심와는 바라보는 각도가 45도 정도로 맞춰져 있다. 독수리가 하늘이나 땅을 바라보려면 머리를 한쪽으로 기울이고 한 눈의 한 중심와를 이용해 대상을 살펴야 한다.

● 현재 독수리는 물론 다른 많은 새가 납 중독의 위험에 노출되어 있다. 독수리의 먹이인 물새는 납 포탄과 총알, 혹은 낚시용 무게 추를 삼켜 체내 납 농도가 높아져 있을 확률이 높다. 새의 소화기관은 먹이를 분쇄하고 녹이는 근육질의 모래주머니와 강한 산으로만 구성되므로, 돌이나 씨앗, 뼈, 금속조각처럼 더 단단한 물질을 삼키면 장을 통과할 만큼 작아지도록 으깨기만 할 뿐이다. 따라서 납 조각을 삼키면 모래주머니 속에 남아 오랫동안 부서지며 체내로 유입된다. 심각한 납 중독 증상으로는 쇠약함, 무기력증, 녹색 배설물 등이 있다. 이런 중독 증상을 유발하는 납은 모두 인간에게서 비롯된다. 탄약과 낚시 무게 추를 다른 대용품으로 바꾸기만 해도 이 문제가 해결될 것이다.

심각한 납 중독에
시달리고 있는
흰머리수리

독수리류 | Vultures

죽은 생물의 고기를 먹는 독수리류는 부패한 음식에
적응하도록 진화해왔다. 이 새들의 특징 중 하나는 바로
장에 특이한 박테리아 군집이 있다는 것이다.

| 칠면조독수리Turkey Vulture

● 독수리류는 큰 무리를
이루고 나무나 철탑, 빌딩을
보금자리로 삼아 밤을 보내며,
이른 아침이면 대개
날개를 펼치고 서 있다.
이런 행동을 하는 이유는
밝혀지지 않았지만, 아마 몇

날개를 펼치고 앉은
칠면조독수리

가지 효과 때문일 것이다. 이 행동은 밝고 화창한 날 아침에 새들이 보금자리를
떠날 준비를 할 때 가장 자주 나타나는데, 이때 이 새들은 주로 해를 등지고 두
날개를 펼친 채 햇빛에 몸이 최대한 노출되는 각도로 선다. 이렇게 하면 밤새
날개에 맺힌 이슬을 말려 체중을 줄일 수 있고, 따라서 더 쉽게 날아다닐 수 있을
것이다. 한편 어느 연구에서는 독수리류의 새들이 이슬과는 상관없이 쌀쌀한
아침마다 두 날개를 펼치고 서 있다는 사실을 발견했는데, 연구진은 이에 대해
날개가 축축해졌을지도 모른다는 생각에 강한 햇빛에 무의식적으로 보이는
반응이라고 주장했다. 또 한 연구자는 비행을 대비해 따뜻한 햇볕을 이용하여
곡선형의 커다란 날개 깃털에 생기를 되살리는 것이라는 해석을 내놓았다. 어쩌면
무더운 날씨에 날개를 펼치면 보온이 잘되지 않는 날개 밑면이 노출되므로,
체온을 떨어뜨리기 위한 행동일 수도 있겠다.

● 새가 냄새를 맡지 못한다는 말을
들어보았을 것이다. 그러나 모든
새는 냄새를 맡을 수 있으며, 특히
칠면조독수리는 후각이 매우 뛰어나다.
물론 이들이 좋아하는 먹이인 죽은 지 얼마
되지 않은 동물의 위치를 찾아내는 데 시각과 후각

칠면조독수리는 낮은 위치에서
천천히 날기 때문에 후각으로
먹이를 찾을 수 있다.

중 어느 것을 더 많이 쓰느냐는 문제는 여전히 논란의
대상이다. 그러나 후각이 중요하다는 데는 의심의 여지가
없다. 최근의 실험에서는 이 새들의 후각은 높은 고도에서 희미한 냄새를 감지할
만큼 예리하지 않으며, 따라서 처음에는 다른 단서를 활용하고 이후에 후각을

이용해 먹이를 겨냥한다는 의견을 제시했다(아니면 그 실험에서 이 새들의 후각
능력을 과소평가했을 가능성도 있다). 칠면조독수리가 (아마) 후각으로 사냥하면서
비교적 낮게, 즉 나무 꼭대기 높이 정도에서 날아다니는 모습은 흔한 광경이다.
같은 수릿과인 검은대머리수리Black Vulture는 아침에 좀 더 늦게 날기 시작해
칠면조독수리보다 더 높이 날다가 대개는 칠면조독수리를 따라다니며 먹이의
위치를 알아낸다.

특유의 상반각 형태로 날개를 쳐든 칠면조독수리.
몸을 기울이면 수평 방향 날개에 더 큰 양력이 발생하고,
이 양력이 몸을 평형 상태로 되돌린다.

● 칠면조독수리가 날아가는 모습은 독특하다. 칠면조독수리는 날개를 브이
자(상반각)로 유지하면서 기류에 반응해 끊임없이 좌우로 몸을 기울인다.
상반각은 비행에 더 안정적이지만, 수평으로 뻗은 날개에 비해 양력이 덜
발생한다. 이를 극복하기 위해 칠면조독수리는 체중에 비해 날개가 크다.
상반각일 때 더 안정적인 비행이 가능한 이유는 저절로 위치가 교정되기 때문이다.
한쪽으로 몸을 기울이면 그쪽 날개가 수평에 더 가까워지고 수직 방향으로
양력이 발생한다. 따라서 날개를 퍼덕이지 않아도 새의 몸이 저절로 평형 상태를
되찾는다. 예를 들어 강한 상승기류를 피해 몸을 비스듬히 기울이면, 한쪽
날개에서는 공기가 흩어지고 다른 쪽 날개에는 양력이 작용해 몸이 다시 똑바로
세워진다. 이런 식으로 칠면조독수리는 날개를 약간씩만 조절하며 천천히 그리고
낮게 날면서 먹이를 찾아다닐 수 있다. 다른 새들이라면 균형을 되찾으려 수시로
날개를 퍼덕여야 할 것이다.

매  | Falcons

세계에서 몸집이 가장 작은 매에 속하는
이 새들은 딱따구리가 판 구멍이나
다른 빈 구멍에 둥지를 튼다.

| 메뚜기를 먹는
아메리카황조롱이American Kestrel

| 아메리카황조롱이의 앞모습, 옆모습, 뒷모습

● 아메리카황조롱이의 머리에는 복잡한 색 무늬가 있는데, 그중에서도 가장
특징적인 것은 뒤통수에 눈처럼 보이는 점 두 개다. 이 무늬 때문에 포식자는
황조롱이의 뒤통수를 얼굴로 착각하게 된다. 일종의 '위협색'으로 작용하는
것이다. 이 무늬의 가장 큰 이점은 포식자로 하여금 황조롱이의 가짜 얼굴에 속아
자신을 지켜보고 있다고 착각하게 한다는 점이다. 또 포식자는 황조롱이가 어느
쪽을 보고 있는지 확실히 알 수 없어 공격을 늦추거나 포기하기도 한다(그렇다,
몸집이 작은 매들은 더 큰 새들의 먹이가 될 수 있다).

● 매는 세계에서 가장 빠른 동물로, 최저 시속이

| 고속으로
| 급강하하고 있는 매

390킬로미터이며 최대 시속 480킬로미터가 넘는
속도로 날 수도 있다. 또 27G에 이르는 속도로
회전할 수도 있다(지구의 중력은 1G이며 인간은
중력가속도가 9G에 이르면 의식을 잃는다).
매는 대개 사냥할 때 높은 상공을 선회하다
오리 같은 먹잇감을 발견하면 날개를 접고
급강하하는데, 이를 '급습'이라고 부른다. 하늘을
날던 오리는 대개 매가 다가오는 모습을 보지 못한다.
매가 위쪽에서 공격하기 때문이다. 매는 발로 먹이를
강타하고, 오리는 0.9킬로그램짜리 매가 시속 300킬로미터가
넘는 속도로 날아와 덮친 충격 때문에 기절하거나 즉사한다.
오리는 땅으로 떨어지고 매는 다시 둥글게 맴돌며 내려앉아
먹이를 먹는다. 이 엄청난 속도에 적응하기 위해 매의 깃털은
매우 뻣뻣하고 날렵하게 변했으며, 콧구멍은 매가 최고

속도를 낼 때도 숨을 쉴 수 있도록 진화했다.

● 새들은 날아다니는 동안 에너지를 아끼기 위해 많은 기술을 쓴다. 가장
보편적인 기술은 날개를 퍼덕이지 않고도 하늘 높이 머무르는 것이다. 그중에서도
고도를 높이려고 상승기류를 타는 기술을 자주 이용한다. 들판이나 주차장 같은
맨땅은 태양으로부터 더 많은 열을 흡수하는데, 이때 따뜻해진 땅 근처의 공기가
상승한다. 이처럼 맨땅에는 수백, 수천 킬로미터 높이까지 상승하는 따뜻한 공기
기둥인 '상승 온난 기류'가 발생한다. 공중으로 날아오르는 새는 공기의 움직임을
감지하고 원을 그리듯이 빙글빙글 날면서 공기 기둥 속에 머무른다. 날개와
꽁지를 부채꼴로 펼치고, 엘리베이터처럼 몸을 위로 실어 나르는 상승기류에
몸을 맡긴다. 상승기류 꼭대기에 다다르면 새는 날개를 구부려 다음 상승 온난
기류를 찾으며 움직이고 싶은 방향으로 미끄러지듯 날아간다. 하늘로 날아오르는
새들은 모두 상승 온난 기류를 이용하지만, 넓적날개말똥가리Broad-winged Hawk와
황무지말똥가리Swainson's Hawk 같은 몇몇 종은 특히 이 분야의 전문가로, 조건만
맞으면 날개를 거의 퍼덕이지 않고 수백 킬로미터를 이동할 수 있다.

파란색 선은 상승 온난 기류를 나타낸다.
불그스름한 나선은 매가 상승기류를
타고 오르기 위해 기류 아래쪽에서
진입한 뒤 회전한 경로다.

올빼미 | Owls

가장 널리 확산한 올빼미인
아메리카수리부엉이는
북아메리카의 모든 나라와
주에서 발견된다.

| 아메리카수리부엉이 Great Horned Owl

| 뿔을 올리는 아메리카수리부엉이

● 아메리카수리부엉이의 '귀'나 '뿔'로 보이는 부분은 사실 머리에 달린 깃털 다발로, 기분에 따라 올리거나 내릴 수 있다. 이 깃털 다발의 역할에 대해서는 의견이 분분하지만, 이 부분이 머리 윤곽을 흐릿하게 만들기 때문에 위장에 도움이 되는 것은 분명하다. 아마 과시 행위에도 쓰일 것이다.

● 사람들은 흔히 올빼미가 머리를 완전히 한 바퀴 돌릴 수 있다고 믿는다. 이는 사실이 아니지만, 올빼미는 머리를 좌우 270도까지, 원을 기준으로 말하자면 4분의 3바퀴까지 돌릴 수 있다(그리고 모든 새는 반 바퀴 이상 머리를 돌릴 수 있다). 올빼미의 목은 어떻게 이처럼 유연할 수 있는 걸까? 그 비결은 바로 목뼈다. 올빼미는 인간보다 두 배 많은 목뼈를 가지고 있다. 참고로 일부 다른 새들은 인간보다 세 배 많은 목뼈를 가지고 있기도 하다. 그러나 목이 유연하다고 해서 머리를 비틀 수 있는 것은 아니며, 과도한 움직임 때문에 목을 지나가는 신경이 조이거나 뒤틀리지 않도록 보호해야 한다. 올빼미의 경우, 뇌에

| 소리를 더 잘 듣기 위해 머리를 돌린 헛간올빼미 Barn Owl

혈액을 공급하는 두 개의 경동맥이 척추 속의 비교적 넓은 통로를 지난다. 이는 다시 두개골 아래에 위치한 마지막 경추 바깥쪽으로 흘러간다. 또한 두 동맥은 두개골에서 다시 합쳐졌다가 부채꼴로 퍼져 뇌를 감싸는데, 따라서 한쪽 동맥이 목 부분에서 조여지며 막히더라도 다른 동맥이 뇌 전체에 혈액을 공급해준다. 덕분에 올빼미는 머리의 움직임을 더 자유롭게 조절할 수 있다.

155

올빼미는 야행성이라는데,
왜 황혼 녘과 새벽녘에 가장 자주 우는 걸까?

울음소리를 내고 있는
아메리카수리부엉이

올빼미는 야행성 동물이기는 하지만, 밤이 아닌 시간대에 시각적 자극에 반응하고 이 시각적 신호를 이용해 과시 행위를 하기도 한다. 시각적 신호는 그림에 보이는 아메리카수리부엉이의 흰색 목 같은 것을 뜻한다. 흰색 부분은 황혼 녘의 어두운 빛 속에서 더 잘 보이기 때문에 올빼미들은 이때 가장 많이 울음소리를 낸다. 올빼미의 색깔은 그다지 화려할 필요가 없는데, 빛이 어두울 때는 색깔이 뚜렷이 보이지 않고 올빼미의 색각이 그다지 좋지 않기 때문이다(올빼미의 눈에 있는 세포는 어두운 빛을 민감하게 감지하는 간상체가 대부분이다). 올빼미가 빛이 어슴푸레할 때, 즉 일몰 후 몇 시간과 일출 전 몇 시간 동안 가장 활발하게 사냥을 하는 이유는 시력 때문이다. 소리로 먹이의 위치를 파악한다고 해도, 나무나 다른 장애물을 피하며 날아가려면 눈으로도 확인해야 한다.

나무 구멍 속에 자리 잡은
북아메리카귀신소쩍새
Eastern Screech-Owl

올빼미에 대해
더 알고 싶다면

여러 종의 올빼미에게서 보이는 귀 깃털 다발은
머리 윤곽을 허물어 낮 시간대 위장에 도움을 준다.

● 올빼미는 청각이 몹시 예민하다. 특히 어떤 올빼미들은 소리의 위치를 파악하는 능력이 향상되도록 적응해왔다. 헛간올빼미의 경우에는 바깥쪽 귓바퀴가 비대칭이다. 왼쪽 귓구멍은 위치가 더 높고 아래쪽으로 기울어졌으며, 오른쪽 귓구멍은 위치가 더 낮고 위쪽을 향한다. 인간은 수평 방향에서 들리는 소리의 위치를 알 수 있지만, 소리가 양쪽 귀에 닿는 시간이 근소하게 달라 수직 방향으로는 소리의 정확한 위치를 거의

두 귀의 위치와 방향이 다른
헛간올빼미

파악하지 못한다. 반면 헛간올빼미의 귀 구조에서는 아래쪽으로 기울어진 왼쪽 귀가 아래쪽에서 들리는 소리를 더욱 잘 포착하고, 오른쪽 귀는 위에서 들려오는 소리를 더욱 잘 포착한다. 또 음량 차이를 이용해 소리의 출처가 수직 방향으로 어느 각도에 있는지도 알아낼 수 있다. 헛간올빼미는 여러 각도에서 들려오는 소리의 위치를 더 정확히 파악하기 위해 머리를 이상한 자세로 비틀어 귀를 돌린다. 흥미롭게도, 비대칭 귀는 적어도 4종의 올빼미에게서 각각 독립적으로, 조금씩 다른 방식으로 발달했다.

● 올빼미의 날개 깃털은 조용히 날도록 발달했다. 날개 앞과 뒷전은 가장자리가 섬세하고 텁수룩하며, 윗면은 전반적인 질감이 부드럽고 탄력적이다. 이처럼 탄력적이고 구멍이 많은 가장자리 덕분에 깃털이 더 부드러워졌고, 공기가 날개 주위에서 더 원활하게 흘러 난기류를 줄여준다. 이렇게 적응한 결과, 날개가 움직일 때 깃털이 서로를 스치는 소음도 줄었다. 올빼미의 몸통 깃털도 부드럽고 솜털이 보송보송해서 서로 스칠 때(예를 들어 머리를 돌릴 때) 소리가 나지 않는다. 나일론으로 만든 비옷 대신 부드러운 스웨터를 입으면 몸을 움직일 때 얼마나 조용할지 상상해보라. 올빼미는 이런 특징으로 두 가지 이점을 얻는다. 첫 번째는 사냥

아메리카수리부엉이의
날개 깃털(왼쪽)과 몸 깃털(오른쪽)

대상이 올빼미의 존재를 감지하기가 더 어려운 것이고, 두 번째는 주변 소음을 더 선명하게 들을 수 있다는 점이다.

| 쥐를 공격하는 헛간올빼미

● 청력이 제아무리 뛰어나더라도 대부분의 올빼미는 먹이를 잡을 때 시력이 필요하다. 그러나 헛간올빼미는 암흑 속에서도 소리만으로 먹이를 잡을 수 있다. 실험 결과 헛간올빼미는 오로지 소리만으로 9미터 떨어진 쥐의 위치를 파악하고, 쥐가 더는 소리를 내지 않더라도 정확히 그 위치로 날아간다. 심지어 쥐가 돌아다니는 방향을 파악해 공격 방향을 정한다. 여러분이 1분 전에 소리를 냈던 어떤 물체의 위치를 찾아내기 위해 깜깜한 침실을 걸어 다닌다고 상상해보라. 먹이의 방향을 파악하는 데는 귀의 독특한 구조가 도움이 될 테지만, 거리는 어떻게 알아내는 것일까? 또 앉아 있던 자리를 떠나 암흑 속을 날기 시작할 때 공중에서 경로를 어떻게 파악하며, 출발점에서 9미터 떨어진 곳에 있던 작은 쥐의 몸에 어떻게 정확히 내려앉는 것일까? 여선히 납을 찾지 못한 실문들이다.

칠면조 | Turkeys

멋을 한껏 과시하는
수컷 야생칠면조Wild Turkey

암컷 야생칠면조(앞)가 구애 중인 세 수컷을 평가하고 있다.

● 야생칠면조는
닭목에 속하는
여러 종의 새들과
마찬가지로 구애할 때
'공동구애lek'를 활용한다. 짝짓기
시기가 되면 수컷들은 공동 구애 공간에 모이는데, 대개 암컷들이 과시 행위를
잘 볼 수 있는 숲속의 빈터를 택한다. 수컷들은 봄에 몇 주 동안 공동구애 공간을
서성거리며 앞다투어 가장 멋진 자세를 선보인다. 암컷들은 그 장소를 지나가며
짝짓기를 할 만한 수컷이 있는지 훑어보고 과시 행동을 평가한다. 암컷에게
필요한 것은 단 한 번의 짝짓기이며 그 이후로는 수컷과 접촉하지 않는다. 암컷은
혼자서 둥지를 짓고 알을 낳고 새끼를 기른다.

북아메리카의 야생칠면조 서식지

북아메리카

1540년대에
영국에 도착

유럽

1620년에
아메리카 대륙으로 귀환

스페인

1519년경
스페인으로 이동

기원전 300년에
가축으로 사육

아프리카

가축화된 야생칠면조의 기묘한 여정

● 야생칠면조는 일찍이 기원전 300년 무렵부터 남부 멕시코에서 가축으로
사육되었으며, 1519년경에 첫 스페인 탐험가들에 의해 유럽으로 이동했다.

161

야생칠면조는 큰 인기를 끌며 도시 간에 거래되었고, 금세 유럽 곳곳에 퍼졌다. '칠면조Turkey'라는 이름은 이 기묘한 새들이 동양의 터키 지역에서 유럽으로 왔다는 잘못된 생각에서 비롯되었다. 야생칠면조는 1540년대에 영국에 서식하기 시작했는데, 당시 스페인에 도착한 뒤 30년이 채 지나지 않은 때였다. 1620년에 '메이플라워호'가 미국 매사추세츠주로 항해를 떠났을 때 화물 중에 살아 있는 칠면조 몇 마리가 있었고, 결국 칠면조는 101년이라는 세월이 지난 뒤에 아메리카 대륙으로 돌아가게 되었다. 실제로 오늘날 북아메리카의 가금류인 칠면조는 모두 2000년도 더 된 옛날에 멕시코에서 사육되던 칠면조의 후손이다.

● 새의 귀는 머리 옆, 눈 뒤쪽 아래에 있다. 대부분의 새는 특수한 깃털로 귀를 가리지만, 머리에 깃털이 없는 야생칠면조 같은 새들은 귓구멍이 뚜렷이 드러난다.

| 암컷 야생칠면조

뇌조와 꿩 | Grouse/Pheasants

큰초원뇌조Greater Prairie-Chicken의 아종인 이 새는
1800년 이전에는 보스턴 인근과 뉴욕을 포함한
미국 북동부에서 흔히 볼 수 있었지만,
1932년에 멸종되었다.

| 뉴잉글랜드초원뇌조Heath Hen

● 새의 몸에서 가장 큰 근육은 비행에 동력을 공급하는 가슴 근육으로, 전체 체중의 20퍼센트를 차지한다. 가슴 근육은 두 부분의 근육으로 구성되는데, 하나는 상향 운동, 나머지 하나는 하향 운동을 담당한다. 대부분의 새는 하향 운동 근육이 상향 운동 근육보다 약 열 배 더 크다. 우리의 몸은 팔을 앞으로 뻗는 근육(하향 운동용)이 가슴에 붙어 있고, 팔을 뒤로 뻗는 근육(상향 운동용)이 등에 붙어 있다. 새의 근육은 둘 다 비행 중에 무게중심을 더 잘 잡도록 모두 몸의 앞쪽, 즉 날개 밑에 위치하도록 진화했다. 위의 그림은 크기가 더 큰 하향 운동 근육(자주색)이 날개 밑에 달려 날개를 아래로 당기는 모습과 상향 운동 근육(분홍색)이 일종의 도르래 장치처럼 날개 위쪽에 붙어 어깨를 감싸고 있음을 보여준다. 식사할 때 닭이나 칠면조의 가슴살을 잘라보면, 이 큰 두 근육이 분리되어 있다는 사실을 알게 될 것이다.

색깔로 표시한 꿩의 가슴 근육

● 새들은 하늘을 날아다닐 수 있도록 여러 적응을 거쳤다. 가장 중요하게 발달한 것은 무게중심을 잡는 부분이다. 새의 몸에서 비교적 무거운 뼈와 근육은 대부분 날개 밑에 있는 작은 몸통에 붙어 있다. 날개와 다리는 그 작은 몸통 근육에 연결된 긴 힘줄로 조절된다. 새의 목과 머리는 매우 가볍다. 무거운 턱과 이빨 대신 가벼운 부리가 달렸기 때문이다. 잘 이해가 가지 않는다면 종이비행기를 접어 비행기의 여러 부분에 동전을 하나 붙여보라. 동전의 무게가 날개 밑과 비행기 중심 근처에 쏠릴 때에만 비행기가 제대로 날 것이다.

붉은색으로 표시한 꿩의 실제 살과 뼈.
날개와 꽁지는 대부분 깃털이다.

● 북아메리카에서 가장 흔한 새는 무엇일까? 아마 가금류인 닭일 것이다. 시기에 상관없이 닭의 개체 수는 늘 20억 마리 이상이다. 약 5억 마리는 달걀을 얻기 위해, 나머지는 고기를 얻기 위해 길러진다. 이는 북아메리카 대륙 인구의 다섯 배가 넘는 수치다. 반대로, 북아메리카에 가장 많이 사는 들새를 헤아려본다면 아메리카붉은가슴울새American Robin로, 대략 3억 마리 정도다. 이는 닭 개체 수의 7분의 1 정도이자 북아메리카 대륙의 인구수에 조금 못 미치는 수치다.

| 가금류인 닭들

메추라기 | Quail

메추라기는 빽빽한 덤불에 숨어
비밀스럽게 지내지만,
가끔 수컷들이 공터에 서서
울음소리를 널리 퍼뜨리기도 한다.

수컷
상투메추라기 California Quail

● 밥화이트메추라기는 수컷이 내는 또렷하고 명랑한 휘파람
소리, 즉 '밥-화이트!'처럼 들리는 울음소리 덕분에 그
이름을 얻었다. 이 새는 북아메리카 동부 지역의
유일한 자생종 꿩으로, 1800년대 남부로 이주한
사람들이 이 새의 울음소리가 그립다는 내용으로
편지를 띄우는 등 이주민의 향수를 자극하는
상징적인 소재로 쓰이기도 했다. 그러나
1800년대 중반부터 인간이 정착한 지역에서는
밥화이트메추라기의 수가 사냥으로 심각하게

수컷 밥화이트메추라기
Northern Bobwhite

감소했고, 1900년대 중반까지 계속된 농경지 개간으로 서식지와 수가 더욱더
줄었다. 이 추세는 계속해서 이어지고 있으며, 현재 이 새들의 개체 수는 60년 전
개체 수의 10퍼센트가 채 되지 않는다. 이런 감소 추세에 대응하고자 사람들은 이
새를 흔히 볼 수 있는(멕시코 같은) 지역에서 수백만 마리의 밥화이트메추라기를
붙잡아 개체 수가 감소 중인 지역(뉴앵글랜드)으로 옮겼다. 이런 영향으로
북아메리카의 여러 주에서 여전히 이 새들을 볼 수 있지만, 야생에서 장기적으로
어떤 미래가 펼쳐질지는 불확실하다.

● 새들은 먹이를 구하는 데 많은 시간을
들인다. 특히 땅에서 먹이를 구하려면 나뭇잎과
먼지를 뒤적여 먹을 만한 것을 찾아내야
한다. 상투메추라기는 가까운 친척인 닭과
마찬가지로 먹이를 캐내기 위해 바닥을 한 발로
긁는 동작을 발전시켰다. 이들은 한 다리로
버티고 다른 다리를 뒤로 차며 발가락으로
지면을 긁어 나뭇잎과 흙을 뒤로 날려 보낸다.
가끔은 다리를 번갈아 사용하지만, 이럴 때는
발이 제대로 먹이를 캐내고 있는지 보이지
않으므로 긁던 행동을 멈추고 반 발자국 물러나
땅을 살피며 먹이를 찾는다.

땅을 긁는
상투메추라기

● 깃털 무늬는 단순한 발달을 거친 다음 더욱 복잡한 형태로 자라난다. 깃털은 마치 지붕널처럼 매우 조직적인 방식으로 자라며, 덕분에 각 깃털이 비교적 간단하고 점진적으로 변화하면서 결국 놀라운 색 무늬가 탄생한다. 상투메추라기의 경우, 바탕색과 검은색 가장자리의 두께, 그리고 칼날 같은 줄무늬의 두께와 색이 오른쪽에서 왼쪽으로, 또 동시에 위아래로 변화되어 마치 음악을 시각적으로 표현한 것처럼 아주 복잡하면서도 예쁜 무늬가 나타났다.

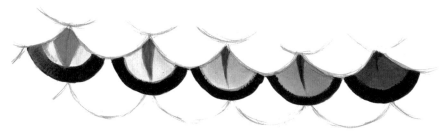

상투메추라기의
배 깃털

비둘기 | Pigeons

비둘기는 수천 년 전부터 인간과 함께
살아가는 데 적응했고, 이제는 전 세계의
도시에서 번성하고 있다.

도심 속 건물의 돌출부에 앉은
집비둘기 Rock Pigeon

● 새대가리, 멍청이silly goose. 직역하면 '어리석은 거위'라는 뜻-옮긴이,

얼간이dodo. '도도새'라는 뜻도 있다-옮긴이…. 일상생활에서
자주 쓰이는 이런 표현들은 우리가 새의 지능을 낮게
평가한다는 사실을 반영한다. 사실 이는 새들에게
부당한 일이다. 까마귀와 앵무새의 추론 및 학습 능력을
평가하면 개와 마찬가지로 잘 수행하는 것은 물론이고,
모든 새는 자의식이 있으며 다른 새들의 경험을
지켜보며 배우기도 한다. 비둘기 역시 물방울과
웅덩이와 호수의 차이를 이해하며, 심지어 훈련을 받은
비둘기들은 인상주의 미술과 다른 양식을 구별한다. 또 엑스선을 이용한 유방
촬영 사진을 인간만큼이나 잘 판독할 수도
있다. 사실 세계 곳곳의 수많은 도시에서
잘 적응해 살아가고 있는 것만 보더라도,
비둘기는 몹시 총명하다는 것을 알 수 있다.

| 바위비둘기

● 비행 능력이 뛰어난 비둘기는 수천 년 동안
메시지를 전달하는 데 이용되었고, 비둘기 경주는
아직도 인기 있는 취미다. 비둘기들은 4000킬로미터
거리에서도 집으로 돌아오는 길을 찾을 수 있다.
비둘기 경주 역시 이를 이용한
방식이다. 경주에 참가하는 사람들은
먼저 근처 비둘기집에 사는 여러
비둘기를 데려와 약간 떨어진 장소에 모두
풀어놓고, 가장 먼저 집으로 돌아오는 비둘기를
가린다. 이런 비둘기의 놀라운 능력은 그동안

| 바위비둘기의 평소 비행 속도는
약 시속 80킬로미터다.

무수한 과학 연구의 주제이기도 했다. 새들이 방향을 찾는 방법에 대해 우리가
아는 내용 중 많은 부분이 비둘기 연구를 통해 밝혀졌다. 다양한 감각을 갖춘
비둘기는 스스로 일종의 자신만의 지도와 나침반을 지닌다. 비둘기는 자기장을
감지하고 별의 위치를 읽으며, 또 태양의 자취를 뒤쫓고 초저주파음 진동수 20헤르츠

이하의 소리-옮긴이을 듣고 냄새를 따라간다. 이 외에도 비둘기에게는 여러 능력이 있는데, 이 모든 것을 시계처럼 정확한 수치로 기록할 수 있다는 점이다. 그리고 일단 어떤 경로를 경험하면 강과 언덕, 도로, 건물 및 다른 표지물을 이용해 같은 길을 그대로 따라갈 수 있다.

● '비둘기'라는 이름을 듣는 순간, 대부분의 사람은 눈살을 찌푸리며 도시에서 흔히 보이는 집비둘기를 떠올릴 것이다. 이 비둘기들은 인간과 함께 살아가도록 진화했기 때문에 주로 건물 근처에서 서식한다. 양비둘기는 유럽 태생이지만, 북아메리카 자생종인 다른 비둘기도 몇 종 있다. 그중에서 가장 널리 퍼진 비둘기는 아름답고 당당한 띠무늬꼬리비둘기로, 미국 서부 산맥에서 발견된다. 다른 자생종 비둘기는 애석하게도 멸종되었다. 과거 여행비둘기Passenger Pigeon는 북아메리카에서 가장 수가 많은 비둘기였다. 이 새는 셀 수 없이 많은 무리가 함께 이동하며 먹이가 풍부한 곳이면 어디에서든지 거대한 집단을 이루고 둥지를 틀었다. 1800년대 중반, 미국 동부에서 도시가 늘어나고 새로 생긴 철도로 운송이 더 수월해지면서 사람들은 비둘기 군집 전체를 남획해 배에 실어 도시에 있는 시장으로 보내고 식용으로 팔기도 했다. 마지막 여행비둘기인 '마사'는 1914년 오하이오주 신시내티의 동물원에서 죽었다.

북아메리카 자생종인
띠무늬꼬리비둘기Band-tailed Pigeon

비둘기에 대해
더 알고 싶다면

새들은 재주껏
피신처를 마련해두고
혹독한 날씨를 버텨낸다.

눈보라가 멎기를 기다리는
우는비둘기Mourning Dove 두 마리

● 새가 머리를 앞뒤로 까딱거리며 걷는 모습을 본 적이 있는가? 이는 주변을 계속 주시하기 위한 행동이다. 머리는 발과 같은 박자로 움직인다. 새는 한 발을 들어 올리고 앞으로 내디디면서 머리를 앞으로 까딱 움직이는데, 몸이 앞으로 이동하는 동안 머리는 거의 고정된 상태로 유지된다. 그다음 뒤에 있던 발을 땅에서 들어 올리면서 머리를 다시 앞으로 까딱 움직이고, 같은 상황이 반복된다. 머리를 까딱거리는 동작은 시각적인 자극을 받아서 나타나는 것으로, 비둘기를 트레드밀에 올려 걷게 하거나 눈가리개로 눈을 가린 실험에서는 머리를 까딱거리지 않는다.

양비둘기의 걷는 모습. 몸이 앞으로 움직이는 동안 머리는 제자리에 있다.

● 새들은 정말 한쪽 눈을 뜬 채 잠을 잘 수 있을까? 그렇다. 새의 잠은 우리의 잠과 무척 다르다. 새는 뇌의 절반을 잠재우고 나머지 절반으로 활동을 계속할 수 있다. 그런 비둘기를 '반쯤 잠들었다'고 표현할 수 있겠지만, 비둘기는 실제로 4분의 3쯤 잠든 것과 같다. 눈을 뜬 쪽의 뇌는 사실 잠과 현실의 중간 상태로, 주변을 감시하면서 쉬는 중이다. 무리의 가장자리에서 쉬는 새들은 주로 '바깥쪽' 눈을 뜬 채 위험을 경계할 것이다.

부분적으로 잠든 우는비둘기

● 우는비둘기의 날개는 날아오를 때 왜 휘파람 소리가 나는 것일까? 몇몇 연구자들이 이를 파헤치기 위해 우는비둘기의 이륙 소리를 녹음해 비둘기와 다른 새들에게 들려주며 반응을 조사했다. 그 결과 평소대로 편안하게 이륙하는 소리는 어떤 반응도 유발하지 않았지만 겁에 질려 이륙할 때, 즉 음이 더 높고 날갯짓이 더 빠를 때는 비둘기는

물론 다른 새들도 놀라서 달아났다. 비둘기의 날개가 내는
휘파람 소리는 분명 다른 비둘기들에게 잠재적인 위험을
알리는 귀중한 신호다. 또한 경고의 뜻으로 높게 우는 많은
명금류의 소리처럼, 관계없는 다른 새들 또한 감지할 수
있는 소리기도 하다. 날갯소리는 비둘기의 구애
행위에도 쓰이는데, 본디 구애를 위해
발달했고 경고 기능은 부가적으로
얻은 멋진 혜택일 가능성도 있다.

공중으로 날아오르는
우는비둘기

벌새 | Hummingbirds

수컷 벌새들은
다른 벌새들에게서
꽃밭 또는 모이통을
맹렬히 방어한다.

꽃밭을 차지하려 싸우는
수컷 루퍼스벌새Rufous Hummingbird

● 많은 새에게는 보는 각도에 따라
달라지는 화려한 색깔의 깃털이
있다. 사실 이는 깃털 자체가 아니라
깃털 표면의 미세구조가 만들어내는
색이다. 수컷 벌새의 무지갯빛 목덜미
색은 모든 자연을 통틀어 무척
세련되고 화려한 빛깔로 손꼽힌다.
깃털 표면의 구조는 빛의 한 가지

수컷 붉은목벌새Ruby-throated Hummingbird의
옆모습과 앞모습

색을 증폭하면서도 그 색이 한 방향으로만, 즉 새의 정면으로만 반사되도록
기울어져 있다. 머리 옆면을 감싼 깃털마저도 미세구조를 갖춘 납작한 표면이
정면을 향하도록 비스듬하다. 그림에서 보이는 수컷 벌새는 머리가 검은색으로
보이지만, 고개를 돌려 똑바로 바라보면 목덜미에서 화려한 색깔이 강렬한 빛을
내뿜으며 번쩍거린다. 수컷 벌새는 정해진 방향에서만 보이는 이 신호를 자신의
관심 대상에게만 나타낸다.

● 벌새가 평소 나는 속도를 계속 유지하려면 많은
연료가 필요하다. 따라서 벌새는 낮 동안 끊임없이
먹이를 섭취해야 한다. 벌새의 몸은 먹이 없이 긴
밤을 버틸 힘을 비축하기 위해 신진대사 속도를
늦춰 휴면 상태에 들어간다. 휴면 상태 중에 이
작은 새의 체온은 섭씨 15도까지 떨어지기도 한다.
심박은 분당 500회에서 50회 이하로 느려질 수
있으며, 호흡이 잠시 멈출지도 모른다. 그렇다면
벌새는 휴면 상태에서 어떻게 빠져나올까? 이때는
심박수와 호흡률이 증가하면서 큰 비행 근육이

휴면 상태에 빠진
루퍼스벌새

떨리기 시작한다. 그다음에는 날개가 진동한다. 몸의 근육을 쓰면 열이 발생한다.
우리가 운동할 때 더워지고 추울 때 몸이 떨리는 이유가 바로 이 때문이기도 하다.
날개 근육이 진동하며 발생한 열이 벌새의 혈액을 데우고, 따뜻해진 혈액이 몸
전체를 순환한다. 곧 벌새의 체온은 정상 범위인 섭씨 37도에서 40도로 회복된다.

벌새는 어떻게 그토록 예쁜 빛을 내는 걸까?

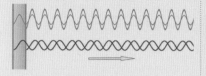 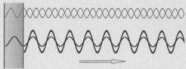

벌새의 목에서 번쩍거리는 색깔이 보이는 이유는 색소와 관련이 없다. 이는 깃털 표면의 물리적 구조 때문에 나타나는 현상으로, 정확히 같은 간격으로 구성된 아주 미세한 층에 광파가 반응한 결과다. 이 원리를 자세히 살펴보자. 위 도표의 회색 부분은 깃털 표면층 하나를 뜻한다. 모든 파장의 빛이 오른쪽에서 다가온다고 하자. 어떤 빛은 깃털의 바깥쪽 표면에서 반사되고, 어떤 빛은 그 층을 통과해 안쪽 표면에서 반사된다. 이 도해에서 각각의 색깔은 표면에서 반사된 파장 하나만을 나타낸다. 왼쪽 그림을 보자. 깃털의 양 표면을 통과하는 빛의 폭은 파란색 빛의 파장 하나와 같다. 파란색 빛의 파장이 깃털 안팎의 층에서 반사되며 '체색변화(파장의 마루와 골이 합쳐진 상태)'가 나타나고, 이 파장들이 합쳐져 더 강한 파장 하나를 생성한다. 다른 파장은 양 표면의 거리와 일치하지 않는다. 다시 말해 붉은빛은 파장이 더 길며, 층을 통과하는 폭이 더 커서 붉은색 파장이 반사되어도 체색변화가 나타나지 않는다. 이 붉은 파장들은 서로 상쇄되어 우리 눈에 보이지 않으며, 눈에 보이는 것은 강렬한 파란색뿐이다. 오른쪽 그림은 더 두꺼운 층을 보여주는데, 이때는 깃털의 양 표면 간격이 붉은빛의 파동과 일치하기 때문에 파란색 파동이 보이지 않고 붉은색 파동만 확장된다. 벌새의 목 깃털은 최대 열다섯 개까지 겹쳐지며, 각 표면의 간격은 모두 빛의 색 하나와 정확히 일치한다. 따라서 벌새의 목 깃털에 반사된 빛 중 우리 눈에 보이는 것은 같은 색의 파동 열다섯 개가 합쳐진 아주 강력한 파동인 것이다(이것은 관련된 기본 원리 일부를 단순하게 설명한 것으로, 실제로는 더 복잡하다)!

벌새에 대해
더 알고 싶다면

멕시코 북부에서 발견되는
가장 큰 벌새와 가장 작은 벌새

푸른목벌새Blue-throated Mountain-Gem(위)와
칼리오페벌새Calliope Hummingbird(아래)

● 벌새에게 먹이를 주는 것은 간단한 일이지만, 알아둘 점이 몇 가지 있다. 새 모이통을 채울 때는 평범한 백설탕을 쓰되 따뜻한 수돗물과 설탕을 약 4 대 1 비율로 섞어 설탕을 녹인다. 흑설탕이나 유기농 설탕, 또는 원당에는 벌새에게 유독한 철분이 들어 있을지 모르니 쓰지 말라. 백설탕의 성분은 꽃의 꿀과 마찬가지로 수크로오스사탕수수 등의 식물에 들어 있는 이당류로 냄새가 없고 단맛이 난다-옮긴이가 있어 안전하다. 백설탕

| 새 모이통을 찾은 붉은목벌새

외에 다른 것을 추가할 필요가 없고 그렇게 할 경우 유해할 수도 있다. 또 새 모이통을 청결하게 관리하라. 곰팡이나 균이 번식하지 않도록 자주 물로 씻고 먹이를 수시로 교체하라. 벌새 한 마리가 대장 노릇을 하며 다른 벌새들을 쫓아내는 문제가 발생하면 모이통을 더 많이 놓아두라. 평범한 새라면 30분에 한 번씩 모이통을 찾아올 것이며, 그 사이에는 (먹이의 최대 60퍼센트를 구성하는) 곤충을 잡고 꽃을 찾아갈 것이다. 새 모이통을 이용하는 벌새의 총수를 어림잡아 계산하려면 가장 많은 벌새가 모였을 때 수를 세어보고 10을 곱하면 된다.

● 벌새는 길고 얇은 혀를 꽃 안쪽에 있는 꿀에 담가 그것을 먹는다. 이 놀라운 방법은 최근에야 자세히 밝혀졌다. 벌새의 혀끝은 두 갈래로 나뉘며 각 갈래의 가장자리에는 액체를 담도록 만들어진 유연한 관이 있다. 혀끝을 꿀 속에 넣으면 가장자리가 펼쳐져 꿀 방울을 단단히 감싼 다음 부리 속으로 되돌아간다. 벌새는 부리 속에서 꿀을 짜내 삼키고 혀는 곧바로 또다시 꽃을 파고든다. 이 행동은 1초에 스무 번 반복될 수

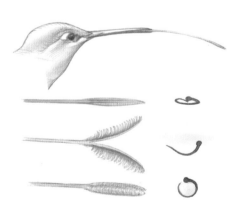

왼쪽은 벌새의 혀, 오른쪽은 확대된 단면도로 벌새의 혀가 부리에서 나가(위) 액체인 꿀 속으로 들어간 다음(가운데) 다시 부리 속으로 돌아가는(아래) 모습을 보여준다.

있으며, 우리가 셀 수 없을 만큼 빠른 속도다. 페인트 붓을 물속에 담글 때처럼, 벌새는 혀를 뻗어 꽃 속에 담갔다가 꿀이 가득한 채로 다시 입속에 집어넣기만 하면 된다.

● 벌새는 날개를 비틀어 앞뒤로 파닥거리며 양력을 만들어내기 때문에 정지 비행공중에서 정지한 것처럼 나는 방법-옮긴이을 할 수 있다. 헬리콥터의 회전 날개가 헬리콥터를 들어 올리는 원리는 날개 앞이 더 높게 비스듬히 기울어졌기 때문인데, 이렇게 하면 날개가 회전하면서 날개 밑에 더 높은 압력이 생성된다. 벌새의 날개도 이와 같은 식으로 작용한다. 다만 날개는 벌새 주변에서 완벽한 원을 그리며 회전할 수가 없다. 따라서 방향을 뒤바꾸며 아주 빠르게 앞뒤로 파닥거려야 한다. 각 방향으로 파닥일 때 날개 앞이 더 높아지고 날개의 움직임이 공기를 아래로 밀어내도록 날개를 비트는 것이다. 곤충들은 완벽에 가까울 만큼 효율적으로 정지 비행을 하는데, 앞뒤로 날개를 파닥거려 똑같은 양의 양력을 생성한다. 벌새는 뒤쪽으로 날갯짓을 할 때 양력의 30퍼센트가량을 얻는다. 아메리카뿔호반새Belted Kingfisher처럼 몸집이 더 큰 새들은 사실 정지 비행을 하는 게 아니다. 이 새들이 날 때는 뒤쪽 날갯짓으로 얻는 양력이 거의 없으며 대개 제자리를 맴돌려면 바람이 약간 필요하다.

벌새는 앞으로 움직일 때(붉그스름한 부분)
앞이 더 높아지도록 날개를 비틀고, 뒤로
움직일 때는(푸르스름한 부분) 앞이 그쪽으로 더
높아지도록 날개를 반대쪽으로 비튼다.

길달리기새 | Roadrunner

길달리기새는 빠른 반사신경을 이용한
기습 공격으로 먹이를 잡는다.
달리는 이유는 주로 이동하기 위해서다.

도마뱀을 잡은
큰길달리기새 Greater Roadrunner

● 길달리기새는 대부분의 인간보다 빠르다. 위 그림의 참가자들이 100미터 단거리 경주를 한다면, 타조가 5초 이하를 기록하며 쉽게 1등을 차지할 것이다(타조의 최고 속력은 시속 95킬로미터 정도이며 평균 속력은 시속 72킬로미터 정도다). 그리고 코요테가 6초 이하로 바짝 뒤따를 것이다(코요테는 시속 64킬로미터 이상의 속력으로 달린다). 길달리기새와 우사인 볼트는 시간이 두 배 정도 더 걸릴 것이다. 길달리기새의 최고 속력은 시속 32킬로미터 정도이며, 11초가 조금 지나면 결승선에 도착할 것이다. 우사인 볼트의 100미터 경주 기록은 9.6초 이하, 즉 시속 37킬로미터다. 평범한 인간 주자라면 15초(평균 시속 24킬로미터로 달린다) 안에 결승점에 이른다. 따라서 최정예로 선발된 단거리 주자라면 길달리기새를 이길 수도 있지만, 대부분의 인간은 그러지 못한다.

● 새와 공룡의 관련성은 1세기 이상 논란거리였다. 그런데 최근 깃털 등 새와 비슷한 여러 특징을 지닌 공룡 화석이 다수 발견되었고, 깃털 진화를 더 깊이 이해하게 되면서 그 논란이 잦아들었다. 오늘날의 새들은 공룡의 후손이다. 그림에 보이는 안키오르니스는 약 1억 6000만 년 전에 있었던 '최초의 새' 중 하나였다. 이 공룡은 길달리기새보다 작았으며,

깃털 달린 공룡
안키오르니스Anchiornis

아마 날지는 못했을 것이다. 깃털은 서로 맞물리게 해주는 작은깃가지(깃털 진화의 세 번째 단계)가 없어서 성기고 텁수룩했을 것이다. 이 깃털은 활공할 때도 도움이 되었겠지만, 주로 보온과 과시 행위에 쓰였을 것이다. 깃털 달린 다른 여러 공룡과 진짜 새들은 안키오르니스 이후 1억 1만 년 동안 진화했지만, 6600만 년 전 소행성 충돌 이후 거의 멸종했다.

● 소행성 충돌로 백악기가 끝나던 6600만 년 전, 지구에는 매우 다양한 새들이 존재했다. 그중 여러 종의 새는 나무에 살며 온전히 날 수 있었다. 소행성 충돌로 비조류 공룡 전부와 지상의 큰 나무 대부분이 사라졌고, 이후 수천 년 동안 양치류가 왕성한 식물로 자리 잡았다. 동식물 종의 25퍼센트만이 그 참혹한 변화에서 살아남았고 새들 중에서는 땅에서 살아가는 작은 몇몇 종만 살아남았다. 그중에는 오늘날의 도요타조Tinamou 및 타조가 된 새 한 종, 현대의 오리 및 닭을 낳은 다른 새 한 종, 그리고 세 번째로 현대의 다른 모든 새를 낳은 또 다른 종(아마 비둘기나 논병아리, 아니면 길달리기새와 비슷했을 것이다)이 있었다.

| 큰길달리기새

물총새 | Kingfishers

이 새들은 물이 내려다보이는
돌출된 나뭇가지 위에 앉아 있는 모습이
자주 눈에 띈다.

아메리카뿔호반새Belted Kingfisher의
일상적인 모습

● 물총새들은 정지 비행을 하다가 물속으로 곤두박질치듯이 잠수해 물고기를 잡는다. 물총새가 정지 비행할 때를 유심히 살펴보면 물 위에서 위치를 고정한 채 머리를 움직이지 않은 상태로 날개를 퍼덕이고, 꽁지를 조절하면서 몸통을 이리저리 움직이며 비행한다는 사실을 알게 될 것이다. 아래쪽에 있는 먹잇감에 시선을 고정하려면 머리를 움직이지 않는 것이 중요한데, 한 자세를 유지하는 감각과 통제력이 정말 놀라울 뿐이다. 바람의 흐름이 바뀌어 자신의 위치에 미칠 영향을 가늠하려면 공기의 움직임을 아주 예리하고 섬세하게 느껴야 하며, 마찬가지로 몸의 위치도 예민하게 감지해야 한다. 또 바람에 맞춰 몸을 움직이고 제자리를 유지하기 위해 날개와 꽁지를 퍼덕이고 펄럭이는 동안 목이 몸의 모든 움직임을 바로바로 흡수해야 한다. 그래야 머리가 움직이지 않기 때문이다. 잘 이해가 가지 않는다면, 여러분이 머리를 허공에 고정한 채 흔들리는 배 안에 서 있다고 상상해보라. 놀랍게도 이는 물총새가 정지 비행 중에 하는 여러 가지 일 중 일부에 불과하다.

정지 비행 중인
아메리카뿔호반새

● 생태학자들이 이야기하는 '제한 요인'이라는 개념이 있다. 이는 어느 한 가지 요인만 부족해도 한 생물 종의 생장 전체가 제한될 수 있다는 내용이다. 아메리카뿔호반새의 경우, 둥지터가 그 요인이 될 수 있다. 물총새 가족이 먹을 물고기가 충분한 곳은 많다. 하지만 둥지를 틀려면 새들이 굴을 깊이 팔 수 있을 만큼 부드러운 모래사장과 포식자들이 굴에 다가오기 어려울 만큼 높고 가파른 침식 면이 필요하다. 강과 시내에 댐과 수로가 건설되면서 알맞은

강둑 구멍 근처의 둥지에 있는
아메리카뿔호반새

모래톱이 점점 부족해지고 있는데, 이는 아메리카뿔호반새 개체군의 심각한 제한 요인이 되고 있다.

물고기를 잡았으면, 그다음은?

물총새는 마구 꿈틀거리는 물고기를 부리로 비스듬히 물고 물고기가 더는 몸부림치지 않도록 나뭇가지에 대고 휘둘러 친다. 그다음 공중으로 능숙하게 던져 올렸다가 물고기의 머리부터 삼킨다.

새는 손이 없다. 또 발은 나뭇가지에 걸러앉을 때 쓰므로 먹이는 모두 부리로 다뤄야 한다. 게다가 이빨이 없어서(있으면 너무 무거워서 비행에 지장을 준다) 먹이를 통째로 삼켜야 한다. 여러분의 두 손이 등 뒤로 묶였고 음식을 씹을 치아가 없다고 상상해보라. 어떻게 음식을 먹겠는가? 새들은 부리로 먹이를 다루며 거의 통째로 삼키는데, '씹는' 단계는 근육이 발달한 위 속에서 일어난다.

과일나무에서 먹이를 따는
퀘이커앵무Monk Parakeet

남아메리카 남부 자생종인 이
새들은 미국 여러 곳에 옮겨져
들어와 둥지를 틀고 있다.

앵무새와 잉꼬 | Parrots/Parakeets

여러 종의 앵무새에게서 보이는 밝은 녹색은 파란색과 노란색이 결합한 결과다. 노란색은 색소이며, 파란색은 거무스름한 멜라닌 색소의 영향을 부분적으로 받은 깃털의 미세구조 때문에 나타난다. 구조색인 파란색과 노란색 색소가 합쳐지면 생생한 녹색이 탄생한다. 앵무새 사육자들은 이런

퀘이커앵무의 전형적인 모습(중앙)과 멜라닌이 없는 변종(오른쪽), 노란 색소가 없는 변종(왼쪽)

특성을 이용하여 파란색과 노란색 변종을 만들어낼 수 있었다. 파란색 변종은 노란색 색소가 없을 뿐이며, 깃털 구조와 멜라닌이 만들어낸 파란색과 회색만 남은 경우다. 노란색 변종은 멜라닌이 없어 흰색과 노란색이 나타난 경우다. 이때 깃털은 미세구조로 인해 여전히 표면에서 파란색 빛을 반사하지만, 깃털 안쪽 층에 다른 빛깔을 흡수하는 멜라닌이 없어서 모든 색깔이 똑같이 반사되고 깃털이 흰색으로 보인다. 흥미롭게도 앵무새의 몸에 있는 노란색과 주황색, 빨간색은 카로티노이드에서 비롯된 것이 아니라 앵무새에게서만 발견되는 '프시타코풀빈psittacofulvin'이라는 완전히 다른 색소로 만들어진다.

● 대부분의 새는 부리만으로 먹이를 다룬다. 몇몇 새는 발로 먹이를 붙잡고 부리로 세게 두드리거나 잡아 뜯는다. 먹이를 다룰 때 발을 적극적으로 활용하는 새는 앵무새뿐이다. 흥미롭게도 대부분의 앵무새는 한쪽 발을 즐겨 쓰며 대부분이 왼발잡이다. 몸의 한쪽만 쓰기를 매우 좋아하는 앵무새는 그 덕분에 더 뛰어난 문제 해결력을 보인다. 앵무새와 인간에 대한 연구에 따르면 신체의 한쪽만으로 업무를 수행하면 동시에 여러 가지 일을 처리하는 능력과 창의성이 향상된다고 한다. 뇌의 한쪽만 그 일에 할애하고 다른 쪽은 다른 일을 하도록 자유롭게 놔둘 수 있기 때문이다.

왼발로 먹이를 잡은 퀘이커앵무

● 새의 혀는 먹이를 처리하는 매우 중요한 부속기관이다. 따라서 많은 새는 특별한 기능이 있는 혀를 발달시켜왔다. 앵무새에게는 새 중에서도 독특하게 사람의 혀처럼 뭉툭하고 근육이 발달한 혀가 있으며 입속에서 먹이를 굴리는 데 혀를 많이 사용한다. 혀가 앵무새의 울대에서 나오는 음성의 조정 장치 역할을 한다는 증거도 있다. 이는 우리의 혀가 목소리를 내는 것과 같은 방식인데, 아마도 앵무새가 인간의 말을 그토록 잘 흉내 내는 이유 중 하나일 것이다.

혀로 먹이를 다루는 퀘이커앵무

딱따구리 | Woodpeckers

비슷하게 생긴 이 2종의 딱따구리는
북아메리카 대륙 곳곳에서 발견된다.
몸집이 더 작은 솜털딱따구리는
큰솜털딱따구리와 색깔이 비슷해지도록
진화했는데, 포식자에게 몸집이 더 크고
더 강한 새로 인식된다는
이점이 있기 때문이다.

솜털딱따구리Downy Woodpecker(왼쪽)와
큰솜털딱따구리Hairy Woodpecker(오른쪽)

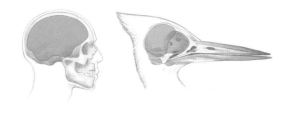

인간과 도가머리
딱따구리Pileated Woodpecker의
두개골과 뇌

● 딱따구리는 왜 뇌진탕을 겪지 않을까? 가장 큰 이유는 뇌가 그다지 무겁지
않고, 우리의 뇌와는 달리 앞쪽에서 오는 충격을 흡수하도록 만들어졌기
때문이다. 우리의 뇌는 크기가 더 크며 아래에서 가해지는 충격(예를 들어
뛰어오를 때처럼)을 흡수하도록 만들어졌다. 또 딱따구리의 몸은 충격을 줄이는
쪽으로 적응했다. 딱따구리는 아랫부리가 약간 더 길어서 그 부분이 나무에 먼저
부딪히며 두개골 내부가 아닌 아래턱에 충격이 전달된다. 또 윗부리 밑동에는
해면뼈 층이 있어 그곳에 전해지는 충격을 완화하는 데 도움이 된다. 딱따구리의
부리는 언제나 일직선으로 나무를 때리기 때문에, 힘이 늘 같은 방향으로
전달된다.

● 둥지는 네 마리 이상의 새끼들이 지내기에는 매우 비좁으며, 따라서 자라나는
새끼들의 배설물을 처리하는 것은 매우 중요한 일이다. 어린 새의 몸은 이를
해결하기 위해 배변 직전에 창자 끝에서 젤리
같은 점액으로 희고 검은 똥을 하나씩 감싸도록
발달했다. 어린 새는 이처럼 어른 새가
집어서 치울 수 있는 깔끔한 '꾸러미'를
배설한다. 갓 부화한 새끼들은 먹이를 먹으면
본능적으로 즉시 똥을 싸고, 어른 새는 그
배설물 주머니를 둥지에서 최대 30미터
떨어진 곳에 흩뿌린다. 무엇보다도 둥지의
청결을 유지하기 위해서겠지만, 이렇게 똥을
흩뿌리면 둥지의 위치가 드러나는 위험도
피할 수 있다.

배설물 주머니를
물고 있는
큰솜털딱따구리

딱따구리는 부리로 나무를 쫄 때
매우 독특한 세 가지 행동을 보인다.

- 마치 북 소리 같은 나무 쪼는 소리는 주로 봄에 들려 온다. 딱따구리는 한 지점에 자리를 잡고 짝이나 경쟁자에게 자신을 알리는 방법으로 매우 빠르고 짧게 한 번 나무를 쪼며, 이 행동을 주기적으로 반복한다. 소리는 많이 나지만, 나무는 손상되지 않는다.

- 먹이를 구하는 딱따구리는 나무 속에 있는 곤충들을 찾느라 여기저기 돌아다니며 나무를 두드리고 쪼아 작은 탐색용 구멍을 많이 만들어둔다. 먹이 찾기는 하루 일과 중 대부분을 차지하고 연중 계속되는데, 찾는 먹이에 따라 다양한 구멍을 낸다.

- 딱따구리는 둥지를 틀기 위해 깔끔하고 둥근 구멍을 뚫어 나무줄기 속에 큰 공간을 만든다. 구멍을 뚫어 공간을 만드는 데는 여러 날이 걸리며, 작업이 끝나면 딱따구리가 몸을 집어넣을 정도로 큰 둥지가 생긴다.

솜털딱따구리가 북 소리를 내는 모습(위)과 먹이를 찾는 모습(가운데), 둥지 구멍을 뚫는 모습(아래).

딱따구리에 대해 더 알고 싶다면

수액 구멍을 뚫은
노란배수액빨이딱따구리
Yellow-bellied Sapsucker

수액빨이딱따구리Sapsucker는
나무 껍데기에 얕은 구멍을 여러 줄
뚫고 다시 구멍 앞으로 가서
수액을 빨아 먹는데, 이때 수액에
이끌려온 곤충도 함께 먹는다.

● 미국 남서부, 특히 캘리포니아에서 발견되는 도토리딱따구리는 나무에 작은 구멍을 뚫고 구멍 하나하나에 도토리를 저장하는 독특한 습성이 있다. 이 새들은 번식기의 어른 새들과 번식하지 않는 조력자 여러 마리가 협력하며 살아가는데, 모두 함께 힘을 모아 구멍을 뚫고 도토리를 저장한다. 딱따구리들은 먹을거리가 거의 없는 겨울 동안 가을에 비축해둔 도토리를 소비한다. 이렇게 하면 겨우내 서식지에 머무를 수 있고, 봄에 번식할 수 있을 정도로 건강해진다. 번식기를 맞은 딱따구리

저장용 나무에 앉은 수컷
도토리딱따구리 Acorn Woodpecker

무리의 성공은 도토리를 얼마나 많이 저장할 수 있느냐와 관련된다. 딱따구리는 나무가 손상되지 않도록 죽은 가지나 두꺼운 나무껍질에 구멍을 뚫어 매년 다시 사용한다. 해마다 전보다 적은 수의 구멍을 뚫지만, 시간이 지나면서 딱따구리 무리는 대규모의 저장소를 확보하게 된다. 구멍이 4000개 뚫린 보통의 저장용 나무를 만드는 데 8년 이상 걸리기도 하는데, 이는 대다수 도토리딱따구리의 수명보다 긴 기간이다. 최고 기록은 나무 한 개에 5만 개가량의 구멍이 뚫렸던 경우인데, 아마 100년 이상 걸렸을 것이다.

● 1세기 이상 새들의 활동 영역은 전반적으로 북쪽으로 이동하는 추세였다. 붉은배딱따구리는 댕기박새Tufted Titmouse, 북부홍관조Northern Cardinal, 미국북부흉내지빠귀Northern Mockingbird, 캐롤라이나굴뚝새Carolina Wren 및 다른 새들과 마찬가지로 지난 수백 년 동안 서식지를 미국 남부에서 북동부의 뉴잉글랜드로 옮겨갔다. 그리고 지난 수십 년 동안 태평양 연안 북서부에서는 애나스벌새Anna's Hummingbird와 캘리포니아스크럽어치California Scrub-Jay가 흔히 눈에 띄었다. 이런 변화의 원인

붉은배딱따구리
Red-bellied Woodpecker

일부는 기후변화다. 겨울 기후가 더 온화해진 덕분에 새들이 더 먼 북부에서 살아남을 수 있게 되었기 때문이다. 다른 요인은 도시 근교가 개발되면서 그에 따라 서식지에도 변화가 찾아왔기 때문이다. 빽빽한 집들과 산울타리가 온난한 지역 기후를 생성하고 외래 관목과 나무들이 숨을 곳을 제공하며 부족한 먹이를 보충해주었던 것이다.

● 아주 작고 위장술이 뛰어난 갈색나무발바리는 북아메리카 대부분의 지역 삼림지에서 발견된다. 만약 여러분이 이 새를 만나게 되더라도, 심지어 새가 버젓이 큰 나무의 껍질을 타고 오르며 시간을 보내고 있다고 해도 거의 알아보기 힘들 것이다. 노련한 탐조가들은 쉬쉬거리는 높은 울음소리로 그 새의 위치를 파악하거나 이 새가 나무껍질을 타기 위해 나무의 높은 줄기에서 다른 나무의 밑동으로 날아가는 모습을 포착하지만, 대부분의 사람은 이 새가 거기 있는 줄도 모르고 지나칠 때가 많다. 갈색나무발바리는 딱따구리와 비슷하게 뻣뻣한 꽁지를 지지대 삼아 나무를 오르는데, 딱따구리와 관련은 없다. 그저 두 부류의 새 집단이 공통적인 방법을 활용해 문제를 해결하는 예시일 뿐이다. 나무발바리들은 딱따구리처럼 나무껍질에 바짝 붙어 나무에 몸을 가까이 기댄 채 나무껍질 속을 들여다보면서 길고 뾰족한 곡선형 부리로 작은 거미와 곤충, 알을 뽑아낸다.

실물 크기의
갈색나무발바리Brown Creeper

도가머리딱따구리

| Pileated Woodpecker

북아메리카 대륙의 많은 지역에서 농경지였던 곳이 무성한 숲을 갖춘
서식지로 바뀌었고, 이 덕분에 최근 몇십 년 동안 이 새들의 개체 수가 증가했다.

| 수컷 도가머리딱따구리

나무를 오르며 먹이를 구하기 위해 적응한 결과들

혀로 나무에서 개미를 끄집어내는
도가머리딱따구리

앞뒤에 두 개씩 있는
발가락이 다양한
각도로 나무껍질을
움켜잡으므로,
더 넓은 부위에
매달릴 수 있다.

뻣뻣한 꽁지는
몸통을 나무줄기에서
띄워주는 지지대로
쓴다.

- 딱따구리의 부리는 대부분 나무 속에서 먹이를 뽑아내는 데 쓰인다. 먹이를 붙잡고 다룰 때 쓰이는 도구는 바로 혀다.

- 긴 혀는 끝부분에 끈적거리는 돌기가 있고 작은 근육들이 있어 어느 방향으로든 구부러진다. 딱따구리는 이 긴 혀를 구불구불한 터널에 집어넣고 막다른 곳에 먹이를 가둘 수 있으며, 나무속 깊이 숨은 곤충과 유충을 꺼낼 수도 있다.

- 딱따구리는 목이 길고 유연하기 때문에 넓은 부채꼴을 그리듯이 머리와 부리를 흔들어 얻은 힘으로 나무에 구멍을 뚫을 수 있다. 또 머리와 부리를 교묘하게 움직여 갈라진 나무 틈에 혀를 집어넣고 탐색할 수 있다.

- 구부러진 날카로운 발톱, 아주 강한 다리와 발로 나무껍질에 매달린다.

근육 A가 수축하고 근육 B가 이완되면
혀는 부리 속으로 들어온다.

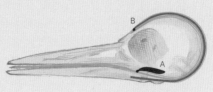

근육 B가 수축하고 근육 A가 이완되면,
설골이 앞쪽으로 당겨지면서 혀가
부리 밖으로 뻗어 나온다.

딱따구리의 혀는 몇 가지 놀라운 적응의 결과다. 혀는 두개골을 감싼 기다란 뼈인 설골(파란색 부분)과 연결되는데, 설골은 두개골을 감쌀 정도로 유연하고 납작하게 눌리는 특징이 있는 동시에 혀를 길게 늘일 만큼 단단하다(플라스틱 끈을 생각해보라). 설골은 두개골의 뒤쪽과 아래쪽부터 이마까지 쭉 감싼 머리덮개뼈 속에서 막힘없이 이동한다. 또 두 개의 근육(빨간색 부분)은 혀가 들락날락 움직이도록 협력한다. 두 근육 모두 한쪽 끝은 턱 아랫부분과 가까운 두개골에 붙어 있고, 다른 쪽 끝은 설골에 붙어 있다. 다시 말해 하나는 설골의 후미에, 다른 하나는 설골의 중앙에 붙어 있다는 뜻이다. 이 작동 원리는 벌새처럼 혀가 긴 다른 새들에게도 적용된다.

쇠부리딱따구리류 | Flickers

쇠부리딱따구리의 기묘한 습성과
굵은 반점 때문에, 많은 사람이 이 새가
딱따구리의 일종임을 알아보지 못한다.

땅에서 개미를 먹고 있는
쇠부리딱따구리 Northern Flicker

| 과시 행위 중인 쇠부리딱따구리

● 쇠부리딱따구리는 과시 행위로 '춤'을 출 때 목을 쭉 뻗은 채 꽁지를
퍼덕거리고 '위카' 하는 울음소리를 연달아 느리게 들려주면서 그 소리에
맞춰 몸통을 좌우로 흔든다. 이 과시 행위는 영역 방어에도 쓰이고 구애에도
쓰이는데, 격렬함의 정도와 구성 요소가 용도에 따라 약간씩 달라진다.

● 쇠부리딱따구리가 날아갈 때면 날개 아랫면에서 진홍색이나 노란색이
번쩍인다. '붉은깃' 쇠부리딱따구리는 대개 로키산맥과
미국 서부에서 발견되며 '노란깃' 쇠부리딱따구리는 미국
동부와 북부에 서식한다. 이렇게 다른 색깔이 나타나는
이유는 카로티노이드가 이 딱따구리들의 몸에서 각각
다르게 처리되었기 때문이다.

● 쇠부리딱따구리의 흰 엉덩이 부분은 나뭇가지에 앉아
있을 때는 보이지 않지만, 공중으로 날아오르면 선명하게
나타난다. 쇠부리딱따구리가

| 날아오르는
쇠부리딱따구리

갑자기 날아오를 때 이 밝은
빛깔이 강렬하게 번뜩이는
바람에 그에게
다가가던 포식자는
순간 망설일 것이고,
따라서 딱따구리가

붉은깃 쇠부리딱따구리
Red-shafted Flicker(위)와
노란깃 쇠부리딱따구리
Yellow-shafted Flicker(아래)

탈출할 가능성이 커진다. 이 새의 이름 역시 날아오를
때 어른거리는 흰색과 노란색 또는 붉은색 빛깔 때문에
붙은 것이다쇠부리딱따구리의 영명인 'flicker'는 '깜빡거리다' 또는
'어른거리다'라는 뜻이다-옮긴이.

산적딱새 | Phoebes

인간 근처에 살도록
적응한 3종의 산적딱새는
대개 현관 지붕 밑에
둥지를 짓는다.

야외용 의자에 걸터앉은
검은산적딱새Black Phoebe

● 여러분도 새가 꽁지를 위아래 또는
사방으로 흔드는 모습을 본 적이 있을 것이다.
그 이유로 그럴듯한 여러 의견이 제시되어왔다.
최근의 연구에 따르면, 새가 꽁지를 흔드는
비율은 포식자가 가까이 있을 때 증가했다. 다시
말해 꽁지 흔들기는 간단한 신호로, 포식자에게
'네가 거기 있다는 것을 알고 있다. 나는 건강하고
빠르니 너는 나를 잡지 못할 것이다. 그러니 시도조차

꽁지를 위아래로
흔드는 검은산적딱새

하지 마라'라는 메시지를 전달한다는 것이다. 우리는 초조해지면 본능적으로
안절부절못한다. 산적딱새 역시 초조해지면 본능적으로 꽁지를 흔들고, 포식자로
하여금 저 새는 건강하고 민첩한 동물이니 뒤쫓아도 보람이 없을 것 같다는
인상을 받도록 만든다. 스트레스를 받을 때 안절부절못하거나 몸을 실룩거리는
행동은 새들에게 보편적인 것으로, 본능적인 행동이다. 그 신호를 보내기 위해
하는 구체적인 행동은 종에 따라 다르다. 산적딱새와 몇몇 다른 새들은 꽁지를
흔들고, 어떤 새들은 꽁지를 휙 추켜들며, 어떤 새들은 날개를 빠르게 파닥이고,
어떤 새들은 머리를 까딱거리며, 어떤 새들은 울음소리를 낸다. 모두 방법이
다양할 뿐 전하려는 메시지는 같다.

● 산적딱새는 보호받을 수 있는 돌출 부위에 둥지
짓기를 좋아하며, 특히 사방이 트인 현관
테두리 밑을 완벽한 환경으로 여긴다.
대부분의 명금류는 둥지를 재사용하지
않고, 계절이 바뀌지 않더라도 다시
알을 낳을 때는 둥지를 새로 짓는다.
하지만 산적딱새는 한 계절에 한 번
이상 둥지를 재사용하거나 작년에 지은
둥지를 약간 수리해서 다시 쓰기도
한다. 때로는 낡은 제비 둥지를 고쳐
쓰기도 한다. 한편 대부분의 새가 다시

현관에 둥지를 지은
동부산적딱새Eastern Phoebe

알을 낳을 때 둥지를 새로 짓는 이유는 이미 사용된 둥지에 있을지 모를 깃털 진드기 같은 기생충을 피하기 위해서라고 한다. 녹색제비Tree Swallow처럼 구멍 속에 둥지를 짓는 새들은 대개 선택할 구멍이 거의 없어 둥지를 재사용하기도 하지만, 선택지가 있을 때는 주로 깨끗한 구멍 속에 새 둥지를 짓는 쪽을 선호한다. 둥지터를 고를 때 산적딱새도 비슷한 한계를 경험할 것이며, 낡은 둥지를 재사용하는 방법이 최선의 선택일 것이다.

● 대부분의 새처럼 산적딱새 역시 주로 먹이를 통째로 삼키며, '씹는' 작업은 근육질의 모래주머니 속에서 진행된다. 많은 곤충에게는 딱딱한 껍데기 같은 부위가 있다. 작은 파편은 장을 통과하지만, 부서지지 않는 더 큰 부분은 모래주머니 속에 쌓인다. 새는 그것을 작고 단단한 알갱이 형태로 게워낸다. 매와 올빼미는 먹이의 뼈와 털이 포함된 알갱이를 식후 약 열여섯 시간 뒤에 토해내고, 갈매기와 가마우지는 물고기 뼈로 된 알갱이를 게워낸다. 다른 몇몇 새들과는 달리 이 새들은 먹이 분쇄에 도움이 되는 모래나 작은 돌을 삼키지 않는다. 부분적으로는 알갱이를 내뱉을 때마다 함께 게워내야 하기 때문이지만, 먹이에 딸린 작은 껍데기와 뼛조각이 그 대용품 역할을 하기 때문이다.

알갱이를 게워내는
검은산적딱새

아메리카산적딱새류Flycatcher 에 대해
참새목 Muscicapidae, Tyrannidae과 조류-옮긴이
더 알고 싶다면

붉은꼬리말똥가리를 괴롭히는
서부왕산적딱새Western Kingbird

● 가위꼬리솔딱새는 새 중에서도 꽁지가
굉장히 화려하다. 그 이유는 무엇일까? 대부분의
새에게 꽁지가 있는 이유는 비행 능력을 향상하기
위해서다. 꽁지를 접으면 몸 뒤쪽의 기류를 진정시킬
수 있기 때문에 항력이 감소한다. 또 꽁지를 파닥이면
속도가 더 느릴 때 양력이 향상한다. 둘로 갈라진 긴 꽁지는
이 이점을 최대로 활용해 효율이 높은 두 가지 기능을 제공한다. 다시 말해
꽁지를 접으면 고속 비행이 가능하고, 꽁지를 퍼덕이면 저속 비행이 가능하다.
이 원리가 적용되는 대표적인 새는 제비갈매기다. 제비갈매기는 먹이가 있는
곳으로 갈 때 장거리를 빨리, 그리고 효율적으로 이동해야 하며, 목적지에
도착하면 천천히 돌아다녀야 한다. 또 물고기를 잡기 위해 공중을 맴돌 때도
있다. 가위꼬리솔딱새의 길고 현란한 꽁지는 공기 역학적으로 도움을 얻기
위해서라기보다는 주로 과시 행위와 먹이 사냥에 쓰인다. 천천히 날면서 꽁지를
풀 속에 집어넣고 흔들면, 공중에서도 곤충을 싹쓸이해 잡을 수 있다.

● 모든 새는 시력이 뛰어나지만, 특히 이 새들에게는 시력이 매우 중요하다.
여러분이 시속 32킬로미터로 날면서 공중에서 움직이는 모기를 이리저리
뒤쫓다가 핀셋으로 그 모기를 붙잡는다고 생각해보라. 사냥에 성공하려면 인간의
시력을 초월하는 몇 가지 시각적 적응이 필요하다.

• 시력이 좋아지면 멀리 있는 작은 점을
  볼 수 있다.

• 자외선을 보는 능력이 있으면
  얼룩덜룩한 잎이나 그늘에 앉은
  곤충을 더욱더 확실히 구별할 수
  있다.

• 눈의 추상체 속에 있는 유색 기름방울은 색
  선명도를 향상하는 필터로 작용한다. 예를 들어

곤충을 잡는
검은산적딱새

바탕에 깔린 파란색, 녹색과 대조되는 색을 더 쉽게 구별할 수 있다.

• 아메리카산적딱새에게는 고속 비행 중에도 곤충과 주변 사물의 매우 빠른 움직임을 추적하는 능력이 있다. 새들은 인간보다 두 배 빠른 속도로 영상 정보를 처리하므로 고속으로 움직이는 물체가 덜 흐릿하게 보인다. 아메리카산적딱새는 그동안 인간이 실험을 통해 관찰한 어떤 새보다도 시각 정보 처리 속도가 빠르다. 아마 최근 새로 발견된, 아메리카산적딱새에게만 있는 추상체가 이 능력을 발휘하는 비결일 것이다.

• 부리 털은 부리의 밑동에서 자라는 변형된 깃털로, 수염과 비슷하다. 이는 특히 대부분의 딱새류에게서 잘 발달하였으며 몇몇 다른 과의 새들에게서도 볼 수 있다. 이 부리에 관한 일반적인 가설은 이 새들이 공중에 있는 작고 날쌘 곤충을 잡아먹기 때문에 부리 털이 날벌레를 그러모으는 일종의 그물 역할을 하거나 입 근처에 있는 곤충의 위치를 감지하는 역할을 한다는 것이다. 그러나 이 새들은 날아다니는 곤충을 늘 부리로 붙잡으며, 이때 부리 털은 아무 역할을 하지 않는다. 실험 결과, 이때 부리 털은 눈을 보호하는 역할, 즉 빠른 속도로 곤충을 잡을 때 곤충의 다리와 날개 등이 눈에 들어가지 않도록 안전망 역할을 하는 것으로 드러났다.

부리 밑동에 수염이 난
버들딱새Willow Flycatcher

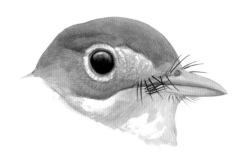

칼새 | Swifts

몇몇 종의 칼새는 1년 중 열 달을
내내 공중에서 지낸다.

| 하늘 높이 날아오른
굴뚝칼새Chimney Swift

굴뚝칼새의 새 깃털(약간 더 짙은
색)이 낡은 깃털을 대체하는 과정.
깃갈이는 안쪽 깃털에서 시작되어
날개 끝을 향해 서서히 진행된다.

● 비행은 대부분의 새에게
생존에 아주 중요한 요소다.
커다란 날개 깃털을 좋은 상태로
유지해야 하는 칼새에게는 특히 그렇다. 그런데 여기서 한 가지 의문점이 떠오를
것이다. 그러려면 날개 깃털을 1년에 한 번씩 교체해야 하는데, 깃털이 새로
자라는 동안 어떻게 계속 날아다닐 수 있단 말인가? 대부분의 새는 깃털을 서서히
교체한다. 한 번에 깃털 한두 개만 기르므로 주변 깃털들이 겹쳐져 빈틈이 대부분
가려지고 날개의 기능도 유지된다. 새로 자란 깃털이 빈자리를 채울 만큼 충분히
자랄 때까지 다음 깃털이 빠지지 않을 것이며, 따라서 빈틈이 얼마 되지 않아
비행에 큰 지장이 없다. 굴뚝칼새 한 마리가 비행용 깃털을 모두 교체하는 데는 석
달 이상이 걸리기도 한다.

● 칼새의 날개 구조는 대다수의 새와 분명히 다르다. 칼새는 '팔뼈'가 훨씬
짧기 때문에 '손뼈'에서 자란 긴 깃털이 날개 표면의
대부분을 구성한다. 이 점에서 칼새는 벌새와
비슷하지만, 당연히 비행 방식은 아주 다르다.
왼쪽 그림을 보자. 북미갈매기는 상대적으로
팔이 긴 새다. 덕분에 주변 환경이 달라질
때마다 날개 뼈의 각도만 조절해 날개
형태를 극적으로 바꿀 수 있다. 칼새는
조작할 수 있는 날개 형태의 범위가 매우
제한적이며 대개는 아주 빠르게 일직선으로
날아가는데, 이는 칼새가 주로 높은
공중에서 머무는 이유 중 하나다.

굴뚝칼새(오른쪽)와 북미갈매기(왼쪽).
비율을 무시하고 축소했다.
파란색은 팔뼈, 빨간색은 손뼈다.

● 우리가 칼새의 모습을 그나마 가까이에서
볼 수 있는 경우는 칼새가 휴식을 취하려고

굴뚝으로 뛰어들 때다. 칼새는 공중 생활에 더할 나위 없이 잘 적응한 새다.
뻣뻣하고 좁은 날개는 직선으로 고속 비행을 하기에 매우 효율적이지만, 저속으로
이동할 때는 조정하기가 더 어렵다. 칼새는 날개 하중이 크다. 이는 표면적에
비해 체중이 무겁다는 뜻이다. 비행에 충분한 양력이 생기려면, 상대적으로
작은 날개에 더 많은 기류가 퍼지도록 고속으로 이동해야 한다. 갈매기는 날개
하중이 더 낮고 날개가 상대적으로 더 커서 저속에서도 양력이 많이 발생한다.
따라서 쉽게 공중을 떠다니는 것처럼 보인다. 칼새가 굴뚝으로 들어가는 모습을
관찰하면, 빠른 속도로
접근해 굴뚝 입구 바로
위에서 뚝 멈추었다가
어색하게 날개를 퍼덕이며
굴뚝으로 곧장 들어가는 것을
확인할 수 있다.

굴뚝으로 뛰어드는
굴뚝칼새

제비 | Swallows

제비는 헛간에 둥지를 틀며 인공
건축물이 아닌 곳에서는 제비 둥지를
거의 발견할 수 없다.

목초지 위에서 곤충을 사냥하는 제비 Barn Swallow
참새목 제비과의 철새 중 가장 흔한 종-옮긴이

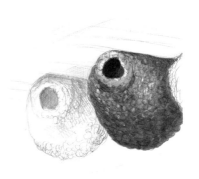

제비의 그릇 모양
둥지(왼쪽)와 삼색제비Cliff
Swallow의 폐쇄적인
호리병박 모양
둥지(오른쪽). 모두 건물
돌출부 바로 밑의 수직
벽에 지은 것으로, 축축한
진흙을 정성스럽게
바르고 말려서 만들었다.

● 새들은 저마다 둥지를 짓는 아주 다양한 전략과 방식을 발달시켰는데,
계통적으로 관련된 집단 내에서는 일관성이 나타나는 경향이 있다. 제비는
독특하게도 밀접하게 관련된 다른 새들에 비해 굉장히 다양한 방식으로 둥지를
짓는다. 녹색제비는 낡은 딱따구리 구멍 등을 이용해 그 속에 풀을 깔아 둥지로
삼는다. 제비와 삼색제비는 진흙을 모아 구조물을 만든 다음 그 속에 풀을 넣어
둥지를 튼다. 일부 다른 제비들은 모래톱에 굴을 판 다음 굴 안쪽에 풀을 채워
둥지를 만든다. 몇몇 종의 제비들은 거의 전적으로 인간의 건축물을 둥지터로
이용한다.

● 제비는 한 번에 몇 시간씩 날아다닌다. 주로 들판과 습지, 연못 위를 낮게
비행하고 때로는 하늘 높이 날면서 작은 날벌레를 잡기도 한다. 이런 행동
때문에 제비는 '공중의 식충 동물'이라고 불리는 새 중 하나가 되었는데, 이렇게
일컬어지는 새 중에는 칼새 및 다른 새들도 포함된다. 북아메리카에서 시행한
조사에 따르면, 이 새들은 모두 지난 50년 동안 꾸준히 감소 중이다. 여러 요인이
작용한 결과겠지만, 무엇보다도 곤충이 감소한 탓일 것이다. 최근 유럽에서
진행한 연구에서는 지난 30년간 유럽의 곤충 개체 수가 현저히 감소했다는
사실이 드러났다. 북아메리카에서 비슷한
조사를 진행하지는 않았지만, 대부분의
사람이 이 감소 추세를 일상에서도
느낄 수 있을 것이다. 1970년 이전에
태어난 사람들은 분명
벌레들이 자동차 앞으로
날아들어 앞 유리를

날아가는
제비들

뒤덮었던 문제를 기억할 텐데, 현재는 이런 일이 거의 발생하지 않는다. 곤충이 감소한 원인으로 짐작되는 요인 하나는 농장이나 잔디밭 등에서 광범위하게 쓰는 살충제다.

● 하늘을 날려면 몸이 가벼워야 한다. 무게가 가벼우면 가벼울수록 힘을 덜 들이고 날 수 있기 때문이다. 새의 진화 중 많은 부분이 이런 필요성 때문에 진행되었고, 새의 골격은 역시 이에 맞춰 극적으로 변화되었다. 그러나 새의 골격이 특별히 가벼운 것은 아니다. 같은 크기의 포유류와 비교하면 전체 체중에서 골격이 차지하는 비율이 동일하다. 다만 새의 골격은 여러 면에서, 즉 뼈의 개수가 적어지고 뼛속이 비는 등 더 가벼워지도록 진화되었다. 비행에 필요한 요건을 갖추도록 골격을 더 단단하고 강하게 해주는 다른 변화도 일어났다. 뼈 자체를 구성하는 조직을 비교하면 포유류보다 조류가 치밀하다. 조직이 치밀할수록 더 단단하고 강해지고 무게도 늘어나지만, 꼭 짚고 넘어가야 하는 사실은 새들의 골격이 같은 크기의 포유류보다 강하고 단단하되 무게가 더 나가지는 않는다는 점이다.

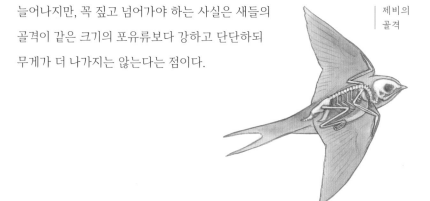

제비의
골격

제비에 대해
더 알고 싶다면

제비들은 대개 곤충이 풍부한
습지 주변으로 모여든다.

갈대에 올라앉은
녹색제비Tree Swallow들

● 새들은 모두 매년 이전에 살았던 생활영역으로 되돌아갈까? 아마 거의 그럴 것이다. 겨울을 무사히 보낸다면 말이다. 대부분의 새는 매우 성실하게 둥지터로 되돌아오는데, 새끼를 성공적으로 키웠다면 더욱더 그러하다. 게다가 처음으로 알을 낳기 위해 되돌아가는 1년생 조류는 일반적으로 자신이 자랐던 지역으로 돌아간다. 미국 펜실베이니아주에서 실시한 어느 연구에 따르면, 녹색제비는 자신이 자란 새집에서 몇 킬로미터 이내에 있는 장소로 되돌아갔고 그 지역에 자신의 둥지를 지으려 했다. 친숙한 곳을 다시 찾는 현상은 둥지터에만 적용되는 것이 아니다. 많은 철새가 매년 동일한 이동경로를 통해 동일한 월동지를 찾아간다.

새집에 앉은 녹색제비 한 쌍

● 아래 그림 속의 녹색제비처럼 새끼 명금류는 모두 몸에 털이 없고 눈을 뜨지 못한 채로 부화하며, 부모가 꾸준히 먹여주고 온기를 유지해주고 보호해야 생존할 수 있다. 이를 만숙성 조류라고 부른다. 만숙성 조류의 새끼는 조숙성 조류의 새끼에 비해 더 이른 발달 단계에서 부화한다. 따라서 둥지를 짓는 암컷은 보금자리 재료가 많이 필요하지 않으며, 더 작은 알을 낳는다. 그러나 사실 이는 일을 나중으로 미루는 것뿐이며, 어른 제비들은 부화 후 새끼들을 돌보는 데 많은 시간과 노력을 쏟아야 한다. 만숙성 조류의 다른 장점은 부화 후 뇌 성장이 좀 더 진행된다는 점이다. 오리와 거위 같은 조숙성 조류의 새끼들은 뇌가 거의 완전히 발달한 상태로 부화하고 스스로 먹이를 먹을 수 있다. 만숙성 조류의 새끼는 무력한 상태로 부화하지만, 부모가 고단백 먹이를 꾸준히 공급해주므로 부화 이후에 뇌가 충분히 성장하며 어른 새가 되면 조숙성 조류에 비해 뇌가 더 크다.

갓 부화한 녹색제비

● 날개 깃털을 따로 자세히 살펴보면 얼마나 놀라운지 아는가? 깃털의 정확한
형태와 구조를 탐구한 연구자들은 새로운 특징을 계속 발견하고 있으며, 그중
일부 특징을 공학 기술적 문제에 적용하기도 한다. 깃대는 거품 같은 물질로
가득한 관으로, 이 구조 덕분에 아주 가벼우면서도 내구력이 높고 단단하다.
관은 여러 방향으로 뻗은 섬유층으로 구성되는데, 현대의 첨단기술로 만든
탄소 섬유관과 아주 비슷하다. 깃대의 형태는 밑동이 둥글고 끝으로 갈수록
점차 직사각형, 정사각형으로 달라지며 위치에 따라 단단함과 유연함의 속성이
달라진다. 깃가지 하나의 형태는 맨 위와 맨 아래가 더 풍성한 타원형이다. 그
때문에 각 깃가지는 위아래로는 거의 휘지 않고 좌우로 더 잘 휘어진다. 그리고
깃가지가 서로 맞물리면서 비행에 적합한, 튼튼하고 납작한 표면이 생긴다.
그러나 깃털이 어딘가에 부딪치면 각각의 깃가지들은 그대로 틀어지며, 주변
깃가지와 연결되었던 부분이
떨어지고 구부러지면서
충격을 흡수한다.

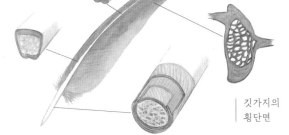

일반적인 날개 깃털
곳곳의 횡단면

깃가지의
횡단면

까마귀 | Crows

까마귀는 새 중에서도 무척
영리하며 심지어 공정거래
개념까지도 이해할 수 있다.

작은 장신구를 가지고 노는
아메리카까마귀American Crow

● 까마귀는 대개 1년 내내 작은 무리를 이루고 돌아다닌다. 까마귀는 호기심 가득하고 때로는 파괴적이기도 한 행동(먹이를 찾느라 쓰레기 봉지를 여는 등) 때문에 공공 기물을 파손하는 악당처럼 보이기도 한다. 그러나 그런 까마귀들은 주로 먹이를 찾는 가족이며, 말썽을 피우려는 의도는 없다. 일반적으로 이 작은 무리에는 부모와 나이가 더 많은 형제, 그리고 가장 최근에 태어난 새끼가 포함된다. 1년생 까마귀들은 보통 다음 세대 양육을 돕기 위해 무리에 머무르는데, 가끔은 무려 5년 동안 머물기도 한다.

● 일부만 자란 깃털과 흐릿한 부리, 파란색 눈을 지닌 새끼 까마귀는 둥지를 일찍, 즉 제대로 날 수 있기 전에 떠날 때가 많다. 땅에서 이런 새끼 까마귀를 발견한 인간은 가끔 '구해줘야' 한다는 의무감을 느끼고 새를 데려가 완전히 자립할 때까지 몇 주 동안 먹이를 주지만, 혼자 있게 두는 편이 가장 좋다. 아마 그 새끼의 부모가 근처에 머물며 새끼를 돌볼 것이기 때문이다.

또 이 단계에서는 다른 까마귀들과의 사회적 접촉이 아주 중요하다. 까마귀는 영리하고 호기심이 많기 때문에 매력적이고 흥미로운 반려동물이 될 수 있지만, 까마귀는 원래 야생동물이며 무엇보다 까마귀가 인간과 함께 지내면 살아가는 데 굉장히 불리해진다. 어느 연구자가 인간이 기른 7종의 까마귀들을 추적했는데, 집을 떠난 뒤에 야생에서 몇 달 이상 살아남은 까마귀는 한 마리도 없었다. 반대로, 야생에서 자란 새끼

어린 아메리카까마귀

까마귀의 절반 이상이 첫 겨울을 무사히 보냈다.

● 까마귀는 사람의 얼굴을 알아볼 수 있으며, 각 사람을 좋거나 나쁜 경험과 결부하여 기억한다. 게다가 그 정보를 다른 까마귀들에게 전달할 수 있다. 어느 연구자가 덫으로 까마귀를 잡았는데, 붙잡히지 않은 다른 까마귀들은 거의 1.5킬로미터 거리에서도, 게다가 5년이 지난 뒤에도 그를 알아보았다. 우리는 까마귀가 우리를 구별하는 것과는 달리 까마귀를 제각각 알아볼 수 없지만, 그래도 가끔 1년생 새들을 더 나이 많은 새들과 구별할 수는 있다. 어른 까마귀들은 균일하게 반들반들한 검은 깃털을 지니고 있다. 어린 까마귀들은 덜 반들거리고 윤기가 없는 검정 깃털을 지니고 있는데, 겨울이 지나는 동안 서서히 색깔이 흐려지며 갈색을 띤다. 봄에 둥지에서 어른 새를 돕는 한 살배기들은 종종 더 나이 많은 새들 옆에 있으면 갈색빛이 도드라진다.

아메리카까마귀
1년생(왼쪽)과
어른 새(오른쪽)

큰까마귀 | Ravens

일본에서는 '도래까마귀'라고 부른다-감수자

새는 부리로 머리를 단장할 수
없으므로 발로 머리 깃털을
청소한다. 큰까마귀 같은 몇몇
사교적인 까마귀들은 무리 속에
있는 짝끼리 깃털 고르기를 해준다.

깃털 고르기를 하는
큰까마귀Common Raven

● 이솝 우화 중 하나인 '까마귀와 물병'은 목마른 까마귀가 물이 있는 물병을 찾아냈지만, 물이 적어 부리가 닿지 않는다는 내용이다. 까마귀는 자갈을 병 속에 떨어뜨려 수면이 올라오게 한 다음 물을 마신다. 이 우화는 까마귓과에 속한 다양한 새들을 대상으로 하는 현대의 실험에 영감을 주었다. 실험에서 까마귀들에게 깊은 통 속의 물 위에 맛있는 간식을 띄워 내놓자, 까마귀들은 이솝 우화의 내용처럼 돌을 넣어 문제를 해결했다. 작은 돌 대신 큰 돌이 효율적이라는 사실도 이해했고, 알맞은 돌의 개수를 알았으며, 톱밥으로 채운 통에 돌을 넣어도 변화가 없을 것이라는 사실까지 알고 있었다. 가장 재주가 뛰어난 남태평양의 뉴칼레도니아까마귀New Caledonian Crow는 이 문제에서 다섯 살부터 일곱 살에 해당되는 인간과 비슷한 수준의 이해력을 보였다.

| 수수께끼를 푸는 큰까마귀

● 무더운 기후에서 사는 수많은 새가 몸이 검은색이라는 사실이 이해하기 어렵게 느껴질지 모르지만, 연구 결과 장점이 단점보다 컸다. 어두운색 깃털이 흰색 깃털보다 열을 더 많이 흡수하는 것이 사실이지만, 깃털의 단열 효과가 뛰어나 열이 거의 피부에 닿지 않는다. 가벼운 바람이 불면 깃털이 검은색인 새들이 흰색 새들보다 실제로 더 시원한 상태를 유지하는데, 어두운색 깃털은 표면의 빛과 열을 흡수해 공중으로 다시 쉽게 발산할 수 있기 때문이다. 흰색 깃털의 경우에는 빛이 깃털 속으로 침투하고 피부에 더 가까이 닿아 열이 쉽게 공기 중으로 다시 빠져나가지 않는다. 게다가 검은 깃털은 마모 저항성이 더 뛰어나고 자외선 차단에도 도움이 된다. 몸이 검은색이면 그늘에서 쉴 때는 눈에 잘 띄지 않고 활발하게 돌아다닐 때는 짝의 눈에 더 잘 띈다.

| 큰까마귀

● 모든 새의 몸은 깃털로 뒤덮여 있으며,

새 한 마리의 몸에 난 거의 모든 깃털은 저마다 그 길이와 형태와 구조가 각
위치에 필요한 기능을 갖추고 있다. 머리 깃털은 눈 주변의 작은 깃털들과 부리
밑동의 털로 변한 깃털, 목을 덮은 더 긴 깃털 등인데, 전부 제각기 기능이 있다.
가장 특수한 기능을 하는 깃털은 귓구멍을 덮은 깃털이다. 이 깃털은 소리가
통과하되 이물질이 들어가지 않도록 귀를 보호하고, 귀 위쪽 표면을 유선형으로
만들어 공기가 가능한 한 매끄럽고 조용히 흘러가게 해준다. 난기류가 내는
소음은 대부분의 새가 날아다니는 통상적인 속도인 시속 40킬로미터 정도의 느린
속도에서도 우리의 귀에 100데시벨 수준으로 들릴 수 있다. 그 정도의 소음이 날
때는 다른 소리를 듣기 어려우며,
인간의 경우 장기간 노출되면
청각 손상의 원인이 된다.
새들은 부드러운 귀 덮개
덕분에 그 모든 문제를 겪지
않는다.

얼굴 주변의 특수한 일부 깃털.
오른쪽 아래가 귀를 가려주는 깃털이다.

도토리를 물고
날아오르는 큰어치Blue Jay

어치 | Jays

어치가 날아오를 때 날개와 꽁지에서
번쩍이는 흰빛은 그를 공격하려던
포식자를 놀라게 할 것이다.

● 어떤 새는 큰 소리로 운다. 예를 들어 수탉이 우리의 귀에 대고 울면 그 소리는 제트엔진에서 60미터 떨어진 곳에 서 있는 것만큼이나 크게 들릴 것이다. 어치와 같은 많은 새는 특히 큰 소리로 운다. 그런데 새의 귀는 입에서 3센티미터도 떨어져 있지 않다. 그렇게 큰 울음소리를 내는데도 청각이 손상되지 않는 이유는 무엇일까? 새가 울 때는 몇 가지 일이 거의 자동적으로 진행된다. 새가 턱을 벌리면 외이도-귀의 입구에서 고막까지 이어지는 관-옮긴이가 닫히며 소리가 차단된다. 이때 내이-귀의 가장 안쪽 부분으로 달팽이관, 전정기관, 세 개의 반고리관으로 구성된다-

옮긴이에서 압력이 증가해 진동을 둔화하는 데 도움을 준다. 또 귀와 연결된 턱뼈가 움직이며 고막의 긴장이 완화된다. 무엇보다도 새는 귓속의 유모세포-달팽이관에 위치한 세포로 소리를 뇌에 전달한다-옮긴이를 재생해 손상된 청각을 회복하는 능력이 있는데, 이는 인간은 할 수 없는 일이다.

울음소리를 내는
스텔러어치Steller's Jay

● 가끔 어치들이 건물 벽에서 밝은색 페인트로 칠해진 부분을 벗겨내 페인트 조각을 먹는 모습이 발견된다. 이 새들은 칼슘을 찾고 있는데, 대부분의 페인트에 함유된 성분이 바로 칼슘이기 때문이다. 칼슘은 알껍데기를 만들어야 하는 암컷 새들에게 특히 중요하다. 많은 새의 암컷은 알껍데기가 형성되는 봄이면 칼슘 함량이 더 높은 모래를 골라 먹는다고 한다. 새가 페인트를 벗겨내는 행동은 북아메리카 북동부에서 가장 자주 발생한다. 그 지역은 천연 칼슘이 상대적으로 적은데, 이는 토양에 함유된 칼슘이 산성비에 용해되어 빠져나가기 때문이다. 어치의 이런 행동은 눈이

페인트 조각을 먹는
스텔러어치

많이 쌓였을 때도 나타나는데, 이때는 칼슘이 든 천연자원을 전혀 이용할 수가
없다. 어치에게 도움을 주고 싶다면 알껍데기를 주는 것도 좋다. 새에게 필요한
칼슘은 페인트보다 알껍데기에 더 많이 들어 있다.

| 큰어치가 일광욕하는 모습(왼쪽)과
| 의욕을 하는 모습(오른쪽)

● **일광욕과 의욕** 개미를 몸에 올라오게 하거나 부리로 물어 깃털에 문지르는 행동-옮긴이은
같은 행동으로 자주 혼동되지만, 두 가지는 엄연히 다른 행동이다. 일광욕을 할 때
새는 날개를 펼치고 몸통 깃털을 부풀려 환한 햇볕을 쬐는데, 무더운 날이면 특히
그런 행동을 보인다. 그리고 대개는 이후에 한바탕 깃털 고르기를 한다. 일광욕의
이점은 깃털의 질을 떨어뜨리는 박테리아 번식을 햇볕으로 억제하는 것이다. 다른
이유로 짐작되는 것은 비타민 D를 합성하고 깃털의 이를 통제하는 것(햇볕 노출로
이를 죽이거나 움직여서 깃털 고르기를 할 때 이를 좀 더 편하게 없애도록)이다. 반면
의욕을 할 때는 보통 꽁지를 몸 아래로 구부려 넣은 채 비틀린 자세를 취한다.
그다음에는 개미 떼 사이에 앉아 부리로 개미를 붙잡고 그 개미를 깃털에 대고
문지른다. 이 행동이 일종의 식사 준비 과정임을 가리키는 증거가 있다. 새는
개미가 유독한 포름산을 방출하도록 개미를 괴롭히며, 포름산이 방출되고 나면
그 개미를 먹는다. 포름산이 깃털이나 깃털의 기생충에 미치는 영향은 알려진 바가
없다. 그러나 새들은 레몬즙 같은 다른 산도 깃털에 대고 문지르기 때문에, 산성
물질에 아직 알려지지 않은 이점이 있을 수도 있다.

덤불어치 | Scrub-Jays

특히 땅콩을 좋아하며
염치없이 유독 새 모이통을
자주 찾아오는 손님

캘리포니아덤불어치
California Scrub-Jay

● 많은 어치는 주로 도토리를 먹고 산다. 특히 캘리포니아덤불어치는 겨울과 봄에 먹을 도토리를 가을 동안 5000개까지 저장하기도 한다. 이 새들은 도토리 등 단단한 물체를 힘껏 두드릴 수 있도록 아래턱이 강하게 발달했다. 캘리포니아덤불어치는 아랫부리 끝으로 도토리를 때려 껍데기를 뚫는다. 이때 두개골이 아닌 아래턱이 충격을 흡수한다. 마치 딱따구리처럼 말이다. 한편 도토리를 먹을 때 발생하는 중요한 문제 중 하나는 도토리에 타닌 함량이 높다는 점이다. 타닌은 단백질과 결합하는 성질이 있어 단백질 흡수를 방해한다. 도토리에는 지방과 탄수화물이 풍부하지만, 도토리만 먹은 어치들은 체중이 급격히 감소한다. 이는 새들이 도토리에서 얻을 수 있는 것보다 더 많은 양의 단백질을 타닌이 빼앗아가기 때문이다. 새가 다른 먹이에서 단백질을 공급받는다면, 즉 타닌에 빼앗긴 양을 보충할 정도로 단백질이 충분하다면 적당량의 도토리 섭취는 식단에서 유익한 요소가 된다.

아랫부리 끝으로 도토리를 때려서 껍데기를 벌리는 캘리포니아덤불어치

● 어치는 비축용 먹이를 숨기는 데 전문가다. 대개 땅에 작은 구멍을 파고 그 속에 먹이를 넣은 다음, 나뭇잎이나 작은 돌을 덮어 숨긴다. 이 새는 길을 찾는 능력과 비범한 기억력으로, 숨겨둔 먹이 수천 가지의 위치를 기억할 수 있다. 곤충처럼 썩기 쉬운 먹이는 며칠 내에 회수하지만, 씨앗처럼 오래가는 먹이는 몇 달 동안 놓아두기도 한다. 어떤 어치들은 다른 어치의 행동을 염탐해 은닉 장소에 묻힌 먹이를 훔친다. 어치는 먹이를 숨기는 모습을 다른 새가 목격했다고 생각되면 몇 분 뒤에 남몰래 되돌아와 숨겨둔 먹이를 더 나은 은닉처로 옮긴다. 이로써 어치가 다른 어치들의

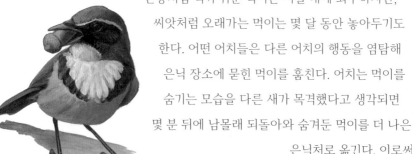

도토리를 숨기려고 하는 캘리포니아덤불어치

의도를 파악할 뿐 아니라 지능 수준이 상당하다는 사실을 알 수 있다.

● 최근 캘리포니아에서 시행한 연구에 따르면, 많은 새는 이미 온화한 기후에 적응 중이며 100년 전에 비해 5일에서 12일 정도 더 일찍 둥지를 짓는다고 한다. 이런 시기적 변화는 그 시기에 나타나는 온도 변화와 관련이 있는데, 아마 여름의 높은 온도를 피하고 또 시기가 앞당겨진 식물과 곤충의 성장주기에 보조를 맞추기 위해서일 것이다. 텃새들은 달라진 지역 조건을 감지하고 알맞은 대응을 할 수 있지만, 장거리를 이동하는 철새들은 더 복잡한 문제에 직면한다. 철새들은 주로 낮의 길이 변화를 기준으로 먼 월동지에서 번식지로 돌아오는데, 번식지에서는 식물과 곤충의 성장주기가 지역 기후에 맞추어 달라진다. 몇몇 새들은 이런 변화에 맞춰 번식지에 도착하는 시기를 조정하고 있지만, 아직은 그렇게 보조를 맞출 만큼 빠르게 적응하지 못한 새가 많은 것이 사실이다. 시기가 점점 더 어긋날지 아니면 새들이 융통성 있게 적응할지는 시간이 지나야 알게 될 것이다.

| 캘리포니아덤불어치

아메리카박새류 | Chickadees

박샛과 poecile속 북미 조류-옮긴이

위쪽부터 시계 방향으로
아메리카쇠박새Black-capped
Chickadee, 밤색등박새Chestnut-
backed Chickadee, 산박새Mountain
Chickadee. 서식지는 순서대로
미국 북부 지역과 캐나다,
태평양 지역, 북아메리카
서부 산지다.

뭐든지 꼼꼼하게 살피는
아메리카박새류 3종

● 아메리카박새류는 숲의 참견꾼으로, 바위 속을 들여다보고 뒤엉킨 식물을 탐색하며, 또 작은 나뭇가지와 솔방울을 살피고 그것에 대해 끝없이 재잘거린다. 이 새는 둥지를 짓지 않을 때는 최대 열 마리까지 작은 무리를 이루어 돌아다닌다. 다른 명금류가 이 새의 울음소리를 알아듣고 종종 그 방랑 집단에 합류하기도 한다. 다른 새들은 위험을 경계하는 역할을 아메리카박새에게 맡겨두고, 먹이 찾기에 더 많은 시간을 할애한다. 이 새의 재잘거리는 특징은 특히 철새들에게 도움이 된다. 동틀

녘, 먼 길을 이동해 낯선 숲에 막 내려앉은 철새는 그 지역 아메리카박새들의 경험을 활용할 수 있다. 숲속을 돌아다니는 박새들을 따라다니면 비교적 안전할 것이며, 먹이와 물을 구할 가장 좋은 장소도 찾게 될 것이다.

활발하게 움직이는 아메리카쇠박새

● 아메리카박새가 새 모이통을 찾는 단골인 것은 사실이지만(특히 해바라기씨를 좋아한다), 이 새의 1년 식단 중 절반 이상은 동물성 먹이가 차지한다. 북부에서 겨울을 보낼 때 이 새들은 나뭇가지와 다른 여러 장소에서 작은 곤충과 거미, 알과 유충을 사냥한다. 그런 먹이는 주로 나무껍질 틈이나 고엽 더미에서 찾을 수 있다. 여름에는 주로 작은 애벌레를 새끼들에게 가져다주지만(하루에 1000마리 이상 잡을 수 있다), 부화 후 7일 정도가 지나면 어른 새들은 특별히 거미를 구해 새끼에게 먹이려고 노력한다. 거미 몸에 있는 타우린이라는 영양분이 뇌 발달 및 기타 여러 작용을 하는 데 도움을 주기 때문이다.

어린 새에게 애벌레를 가져다주는 아메리카쇠박새

● 추위가 특히 심한 지역에 사는

새들은 겨울을 대비해 매우 부지런히 먹이를 저장한다.
아메리카박새 한 마리는 하루에 씨앗을 최대 1000개,
한 계절에 8000개까지 저장할 수 있다. 이 전략을
'분산 저장'이라고 부른다. 이 새들은 크기가
들어맞기만 하면 바늘 같은 가문비나무
이파리 다발이나 나무껍질 틈에 먹이를
마구 집어넣는다. 놀랍게도 새들은 각각의
먹이를 저장한 장소를 기억할 수 있으며,
어느 것이 가장 질이 좋고 이미 먹은 것은
무엇인지에 관한 약간의 정보까지도 기억할 수

| 씨앗을 숨기는
아메리카쇠박새

있다. 더 추운 지역에 사는 새들은 뇌에서 공간 정보를 기억하는 부분인 해마가
더 큰데, 그런 지역에서는 먹이 저장이 더 중요한 일이기 때문이다. 해마는 새들이
다양한 저장소에 대한 정보를 기억해야 하는 가을에 더 커졌다가 봄이 되면 다시
줄어든다.

작은박새 | Titmice

아메리카박새류의 친척인
4종의 작은박새는 모두 짧은
볏이 달렸고 몸이 잿빛이다.

오크박새
Oak Titmouse

● '최적 섭식 이론'에 따르면, 새들은 이익은 극대화하되 노력과 위험 요소는 최소화하는 방법으로 섭식 행동을 취한다. 아래 그림처럼 댕기박새 앞에 크기가 다른 네 가지 씨앗이 놓여졌을 때, 댕기박새는 어떤 씨앗을 선택할까? 여러분은 아마 이 새가 가장 큰 씨앗을 물고 숲으로 향하리라고 예측할 것이다. 그러나 씨앗이 크면 옮기기가 더 어렵고, 지켜보는 이들의 눈에 더 잘 띄며, 쪼개서 먹기까지 시간도 더 오래 걸릴 것이다. 다시 말해 씨앗이 클수록 전체적으로 더 큰 노력이 필요하고 도둑이나 포식자에게 공격을 받을 위험도 커진다. 작은 씨앗은 보통 영양가가 덜하기에 애써서 가져올 가치가 없을지도 모르지만, 혹시라도 고지방, 고칼로리일 경우라면 최고의 선택이 될 수 있다. 가장 좋은 씨앗이란 이처럼 이익과 비용이 적당한 균형을 이루는 것이다. 댕기박새가 새 모이통을 찾을 때마다 이렇게 다방면을 고려한 결정 과정이 진행되며, 새는 매번 비용이익을 분석한다. 대부분 더 큰 씨앗을 선택할 때가 많지만, 그것은 언제나 신중한 판단을 거친 선택이다.

| 선택의 순간을 맞이한 댕기박새Tufted Titmouse

● 다른 여러 작은 새들과는 달리, 아메리카박새류의 새들은 새 모이통에서 곧바로 먹이를 먹지 않고, 발견한 곳에서 떨어진 장소로 먹이를 옮긴다. 이 새들을 관찰하다 보면, 새 모이통으로 날아가서 그곳에 담긴 씨앗을 잠시 두루 살핀 다음 하나를 골라 그것을 먹거나 숨기려고 숲속으로 되돌아가는 모습이 자주 보일 것이다. 이런 까닭에 이 새는 더 신중하게 씨앗을 선택해야 한다. 씨앗을 살피는 동안 이 새들은 지방 함유량을 가늠하기 위해

| 씨앗을 고른 뒤 새 모이통을 떠나는 댕기박새

무게를 재고 있는 것이 분명하다(지방은 밀도가 더 높으므로 비슷한 크기의 씨앗

두 개가 있다면 더 무거운 쪽에 지방이 더 많이 함유되었을 가능성이 높다). 은신처인

숲으로 돌아가면 두 발로 먹이를 고정하고 부리로 내려쳐 조금씩 떼어내며

먹는다.

● 명금류의 새들은 일반적으로 알을 네다섯 개 낳으며, 어미 새는 모든 알이

함께 발달하고 한꺼번에 부화하도록 마지막 알을 낳은 뒤에야 품기 시작한다.

댕기박새의 경우에는 포란 기간이 평균 13일이며 동부산적딱새는 16일이다. 다른

새들을 봐도 평균 부화 기간이 매우 다양하다. 왜 부화 기간이 새마다 다른 걸까?

최근 연구에서는 이에 관한 무척 중요한 요인 하나로 '동기간 경쟁'을 꼽는다.

한 둥지에서 태어난 형제보다 더 빨리
부화하면 여러 방면에서 이점을 얻게
되는데, 이런 '부화 경쟁'이 벌어지는
탓에 포란 기간이 더 짧아진다는 것이다.
알을 하나만 낳는 새들이나 동시에
부화하지 않는 새들은 동기간의 서열이
미리 결정되며 포란 기간이 비교적 길다.

둥지를 떠날 준비를
거의 마친 새끼 댕기박새들

둥지를 짓는
긴꼬리북미쇠박새
한 쌍

긴꼬리북미쇠박새 | Bushtit

● 둥지의 중요한 기능 중 한 가지는 바로 포란이다. 알과 새끼 새들은 몇 주 동안 일정한 온도에서 지내야 한다. 너무 춥거나 너무 더우면 수정란과 어린 새들이 죽을 것이다. 문제는 어른 새들이 온도를 조정하기 위해 할 수 있는 일에는 한계가 있다는 점이다. 긴꼬리북미쇠박새의 둥지는 단열 기능이 뛰어나다. 미국 애리조나주에서 시행한 어느 연구에서, 둥지 외부의 온도가 섭씨 43도일 때 둥지 내부의 온도는 불과 섭씨 28도였다. 또한 둥지는 추운 밤에도 온기를 유지한다. 단열이 잘되는 둥지 덕분에 긴꼬리북미쇠박새들은 평균적으로 하루의 40퍼센트에 해당하는 시간만 알을 품는다. 따라서 암컷과 수컷 모두 먹이 채집에 더 많은 시간을 할애할 수 있다. 다른 종의 새들은 둥지 벽을 더 두껍게 짓고 온도가 낮아지는 부분에는 단열재를 추가하는 등 알과 새끼를 위해 단열 기능이 향상되도록 둥지의 환경을 계속해서 조절한다.

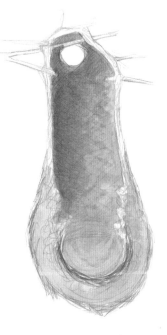

긴꼬리북미쇠박새
둥지의 횡단면

● 긴꼬리북미쇠박새는 크기는 작지만 무척 인상적인 둥지를 짓는다. 길이는 최대 30센티미터 정도이며, 바구니 형태로 공중에 매달린 모습이다. 모든 명금류는 둥지를 지을 때 비슷한 단계를 거친다. 토대나 뼈대를 만들고 구조물이 될 재료를 덧붙인 다음, 부드러운 단열재를 넣어 내부를 완성한다. 이는 모두 본능적인 행위이며, 같은 종의 새들이 으레 짓는 복잡한 둥지를 만들기 위해 따로 가르침을 받을 필요가 없다. 긴꼬리북미쇠박새는 특히 둥지를 지을 때 환경과 시기에 따라 두 가지 다른 방식을 이용한다. 따라서 둥지 짓기가 본능적인 행위이기는 하지만, 이 새들은 융통성을 발휘해 현지의 조건에 맞게 방식을 조정한다. 심지어 다양한 요인에 따라 다른 형태의 둥지를 짓기도 한다.

긴꼬리북미쇠박새가 둥지를 짓는 방법

1단계 거미줄과 섬유로 고리 모양 테두리를 만든다.

2단계는 둘 중 한 가지로 진행된다.

ⓐ 재료를 헐겁게 엮어 평평한 기반을 만든 다음, 암컷이 그 속에 들어가 컵 모양으로 둥지의 공간을 늘린다. 그리고 안쪽에서 재료를 엮고 추가해 빈틈을 메우고, 다시 둥지를 늘렸다가 재료를 추가하며 길게 늘어진 주머니 형태를 만든다.

ⓑ 완성될 둥지의 크기와 거의 비슷한 크기로 헐거운 주머니를 재빨리 만든 다음, 안팎에서 재료를 엮어 틈을 메워가며 둥지를 완성한다.

ⓐ 형태의 둥지는 주로 번식기에, 그리고 사방이 트인 지역에서 자주 쓰인다. 만드는 데 오래 걸리지만, 더 튼튼하다는 장점이 있다. ⓑ 형태의 둥지는 주로 늦여름에 초목이 더 무성할 때 자주 쓰인다. 더 빨리 완성되지만, 내구성은 덜하다는 단점이 있다.

3단계 2주에서 7주면 둥지가 완성된다. 둥지 입구 위쪽의 덮개는 맨 마지막에 짓는다.

동고비 | Nuthatches

동고비는 나무껍질에 달라붙은 채
사방으로 움직일 수 있다. 심지어
거꾸로 매달려 이동할 때도 많다.

흰가슴동고비White-breasted Nuthatch(위)와
붉은가슴동고비Red-breasted Nuthatch(아래)

● 앞 페이지에서 살펴본 두 종의 동고비는 모두 나무의 빈 구멍에 둥지를 지으며, 인간이 만든 새집은 거의 이용하지 않는다. 둥지를 짓는 과정은 다음과 같다. 붉은가슴동고비는 먼저 암컷이 구멍 속에 풀을 깔아 둥지를 만들면, 부부가 함께 부리나 작은 나무껍질 조각을 붓 삼아 소나무나 가문비나무, 전나무에서 가져온 수액을 입구 구멍에 바른다. 동고비는 아주 능숙하게 구멍을 통과할 수 있지만, 끈적거리는 송진 때문에 다람쥐와 다른 새들은 들어오지 못할 것이다. 흰가슴동고비도 비슷한 행동을 보이는데, 길쭉한 나무껍질이나 나뭇잎, 뭉개진 벌레들로 둥지 구멍을 쓸거나 닦는다. 이 물체의 악취를 통해 자신의 냄새를 감추거나 포식자를 쫓아버리는 것으로 짐작되지만, 그 정확한 기능은 알 수 없다.

둥지 입구에 냄새를 입히는 흰가슴동고비

● 동고비가 나무를 타는 방식은 딱따구리의 방식과 매우 다르다. 동고비는 나무를 오를 때 꽁지를 지지대로 이용하지 않으며, 날카로운 발톱이 달린 두 발만으로 매달린다. 이러기 위해서는 뒤쪽 발톱이 특히 중요한데, 그 발톱은 상대적으로 크고 튼튼하다. 보통 한 발을 다른 발 위쪽에 놓고, 아래쪽 발을 지지대 삼아 위쪽 발로 나무껍질에 매달린다. 이렇게 하면 나무줄기 위아래로, 그리고 나뭇가지에서 어느 방향으로든 쉽게 움직일 수 있다.

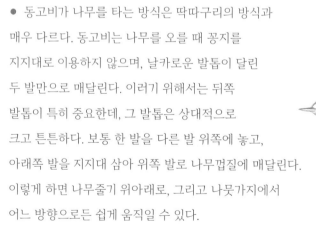

나무를 타는 흰가슴동고비

● 다람쥐 같은 침입자에게 위협을 받으면, 동고비는 주로 두 날개를 펼치고 앞뒤로 흔들며 물러나지 않는다. 이런 자세를 취하면 몸집이 더 크게 보이고 어두운색과 밝은색이 어우러진

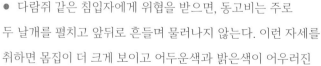

날개 부분의 기묘한 무늬가 마치
얼굴처럼 보인다. 이 허세는 효과가
좋다. 침입자는 떠나고 동고비는 다시
일상으로 돌아간다.

● 흰가슴동고비는 암컷과 수컷이
모든 면에서 무척 비슷하다. 대개는
정수리 색깔로만 구별할 수 있다. 수컷은
정수리가 번들거리는 검은색이며 암컷은
회색이다.

위협적인 과시 행위를
하는 흰가슴동고비

흰가슴동고비
암컷(위)과 수컷(아래)

비레오 | Vireos

북아메리카 사람들은
붉은눈비레오가 그 대륙에 둥지를
틀기 때문에 북아메리카의 새라고
생각하지만, 사실 이 새들은 매년
투칸 같은 열대지방 텃새들과
어울리며 남아메리카에서 더 많은
시간을 보낸다.

붉은눈비레오Red-eyed Vireo와
투칸의 일종인 토코루칸Toco Toucan

붉은눈비레오가
활동 중일 때의 자세(왼쪽)와
잠잘 때의 자세(오른쪽)

● 오래전부터 알려진 내용에 따르면, 새들의 힘줄은 다리를 구부렸을 때
'자동으로' 나뭇가지를 붙잡게 되어 있다고 한다. 하지만 이것은 사실이 아니다.
최근 연구 결과, 자동으로 나뭇가지에 앉는 방식 따위는 없으며 새들이 자면서
균형을 유지하는 것뿐이라는 사실이 밝혀졌다. 새들은 잠을 잘 때 활동 중일
때보다 몸을 좀 더 앞쪽으로 내민다. 따라서 발가락이 나뭇가지를 꽉 붙잡는 게
아니라 그저 느슨하게 걸쳐진 상태가 되고, 자연스레 체중이 발에 실린다. 잠을
자면서 얇고 불안정한 나뭇가지 위에서 균형을 잡는 것은 새들만이 가진 놀라운
능력이다.

● 새의 발가락에는 힘줄 잠금장치가 있다. 이는 마치 플라스틱 케이블 타이처럼
작동한다. 다음 그림을 보자. 새의 발가락에서 힘줄의 거칠고 울퉁불퉁한
표면(파란색)은 힘줄집(빨간색) 내부의 비스듬한 돌기에 잘 들어맞는다. 힘줄이
강하게 당겨지면 발가락이 구부러지고 힘줄의 울퉁불퉁한 표면이 힘줄집의
돌기와 맞물린다. 따라서 발가락은 근육에 힘을 더 주지 않고도 단단히 구부러진
상태를 유지한다. 맹금류는 먹이를 쥘 때 특히 이런 방식을 더 잘 이용한다.
무너뜨릴 수 없을 정도로 단단히
움켜쥐지만, 힘을 줄 필요가 거의 없다.
또 발톱을 다시 쉽게 벌릴 수 있다. 이에
관한 정확한 원리는 아직 밝혀지지
않았다.

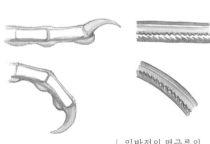

일반적인 명금류의
발가락과 힘줄

● 미국의 새들에게는 녹색 색소가
없다. 비레오류, 아메리카산적딱새,

241

솔새류 및 다른 새들에게서 우리가 녹색이라고 인식하는 색의 상당 부분은 노란색과 회색 색소가 합쳐진 것이다. 아래 그림의 세 깃털은 각각의 색깔과 결합했을 때 색의 변화를 보여준다. 노란색 색소와 파란 구조색이 결합하거나 구조색끼리 결합하면 더 강렬한 녹색이 나타난다.

중간의 깃털은 회색과
노란색 색소가 합쳐진 것으로,
녹색을 띤다.

굴뚝새 | Wrens

굴뚝새는 놀랍도록 다채롭고
풍부하며 요란한 노랫소리로
유명하다.

노래를 부르는
캐롤라이나굴뚝새Carolina Wren

● 굴뚝새는 그늘진 덤불에 살며 뒤엉킨 덩굴과 나무 그루터기 위를 살금살금 걸어 다닌다. 그리고 곳곳의 틈새를 자세히 살피며 곤충이나 무척추동물을 찾는다. 대부분의 굴뚝새는 꽁지를 치켜드는 습성이 있는데, 흥분하면 꽁지를 가볍게 튀기거나 위아래로 팔짝팔짝 뛴다. 이는 위협적인 신호 또는 경계신호로 보여진다.

집굴뚝새House Wren의 전형적인 움직임

이 동작과 자세는 굴뚝새만이 가진 특징이며, 덕분에 탐조가들은 다른 작은 명금류와 굴뚝새를 한눈에 구별할 수 있다.

● 왕산적딱새kingbird가 매를 공격할 때와 똑같은 방식으로, 작은 명금류는 이른바 '집단 공격'으로 포식자를 괴롭힌다. 이들은 위협을 느끼면 포식자를 향해 집단으로 울음소리를 퍼붓는다. 새 한 마리의 울음소리가 다른 새들을 불러 모으고, 곧 무수히 다양한 새들이 모여 큰 소리로 울어대며 소규모의 '집단 공격'을 가하는 것이다. 더 대담한 새들은 포식자의 등에 휙 내려앉아 쪼아대기도 한다. 이 방법에는 두 가지 장점이 있다. 새들의 울음소리와 떼 지어 모여드는 동작이 정신을 산만하게 하면서 포식자를 괴롭히며, 그 지역에 있는 모든 먹이 동물들에게 경고할 수도 있다. 대부분의 포식자는 대개 기습 공격으로 먹이를 붙잡는데, 포식자의 존재를 알리면 그 이점이 사라진다. 명금류의 가장 적극적인 집단 공격 전략은 번식기에 둥지 근처에서만 나타난다. 가을과 겨울에도 이 새들은 매나 올빼미, 고양이를 향해 꾸짖듯이 울어댄다. 하지만 그 동물들을 공격하지는 않을 것이다. '피싱(프슈, 프슈 하는 소리를 내는 행동)'으로 알려진 탐조 기법은

꾸짖듯이 울어대는 집굴뚝새

다른 동물을 꾸짖는 굴뚝새의 울음소리를 흉내 낸 것으로, 종종 이 소리에 유인된 작은 새가 모습을 드러내기도 한다.

죽은 새를 발견할 수 없는 이유는 무엇일까?

늙어 죽는 새는 거의 없다. 새들은 보통 포식자나 사고 때문에 죽는데, 나이나 질병으로 속도가 느려진 새는 이에 훨씬 취약해진다. 새들은 대개 우리가 발견할 만한 땅에 몸을 남기는 방식으로 죽지 않는다. 또 새가 죽어서 땅에 떨어지면 보통 다른 동물들이 새의 시신을 재빨리 먹어치운다. 인간이 죽은 새를 발견하게 되는 가장 흔한 이유는 모두 인간과 관련된다. 유리창으로 날아들었다가 기절하거나 죽는 경우, 야외에서 활보하는 집고양이에게 죽임을 당한 경우, 차량에 치여 길가에서 죽은 경우다.

죽은 캐롤라이나굴뚝새

상모솔새 | Kinglets

이 작은 새들은 먼 북쪽에서 겨울을 난다. 그러려면
먹이가 많이 필요하다. 이 새의 식사량은 사람으로 치면
매일 큰 피자를 스물일곱 개 이상 먹는 것과 같다. 우리가
알고 있던, '새 모이만큼 먹는다'라는 말을 다시 한번
생각해볼 때다.

**겨울 가문비나무에 앉은
노랑관상모솔새**Golden-crowned Kinglet
세 마리

● 새의 순환기관은 인간과 크게 다르지 않다. 네 개의 방으로 구성된 심장이 펌프질하며 동맥과 정맥을 통해 혈액을 내보내고, 동맥과 정맥은 몸 전체로 영양분을 전달한다. 또 그 노폐물을 내쉬는 숨이나 배설물을 통해 방출한다. 물론 규모에서는 차이가 있다. 새의 심장은 체중의 2퍼센트 정도로, 우리의 심장과 비교하면 상대적으로 크다. 인간의 심장이

신체에서 차지하는 비율은 0.5퍼센트도 채 되지 않는다. 또 새의 심장 박동은 우리의 것보다 훨씬 빠르다. 노랑관상모솔새처럼 작은 새의 평소 심박수는 분당 600회(초당 10회) 이상으로 평범한 인간의 심박보다 열 배 빠르며, 활동 중에는 분당 1200회 이상으로 두 배가 된다.

● 작은 새들은 매일 밤 자는 동안 체중이 10퍼센트가량 줄어든다. 그 이유 중 절반은 배변 때문이고 절반은 체지방 연소와 수분 증발 때문이다. 45킬로그램인 인간이 하룻밤에 4.5킬로그램씩 체중이 줄었다가 다음 날 다시 그대로 회복된다고 생각해보라! 하룻밤 동안 손실되는 새의 체중은 체온 변화에 따라 크게 달라지지는 않으며, 더운 날 밤에는 수분 증발이 늘어 체중 손실이 훨씬 커질 수 있다. 추운 밤이 되면 새들은 휴면 상태에 들어가며, 체온이 낮아진 상태에서 깃털을 큰 침낭 삼아 그 속에 몸을 파묻고 밤을 보낸다.

추위가 극심할 때 건강한 새는 휴면 상태를 더 오래 유지할 것이며, 아침을 더 늦게 시작하고 오후를 더 일찍 마감한다. 사실상 낮의 활동을 줄이는 것이다. 이 새들은 에너지를 보존하는 자신의 능력에 의지하면서 날이 풀릴 때까지 기다린다. 한편 체중이 30퍼센트 이상 감소하면 심각한 부작용에 시달릴 수 있다. 그런 상황에서 새 모이통은 아주 중요한 공급원이 되어 새들에게 빠르고 쉽게 연료를 재충전해줄 수 있다.

잠든 노랑관상모솔새

● 연어와 상모솔새는 서로 어떤 관련이 있을까? 자연의 모든 것은 서로 이어져 있다. 물살을 거슬러 오르는 연어의 이동은 오르막을 따라 숲속으로 영양분을 전달하는 컨베이어벨트와 비슷하다. 많은 연어가 포식자와 청소동물죽은 생물이나 썩은 고기를 먹는 동물-옮긴이에게 먹혔다가 인근 숲에 흩뿌려지면서 그 시체가 토양을 비옥하게 한다. 연구 결과 가문비나무는 연어가 없는 하천에 비해 연어가 있는 하천 옆에서 세 배 더 빠르게 자랄 수 있다. 식물이 더 많이 자란다는 것은 곤충이 더 많다는 뜻이며, 따라서 노랑관상모솔새처럼 곤충을 먹는 새도 더 많아진다. 연어는 이런 종류의 양분 이동에 대해 극적인 예시를 보여주지만, 이런 일은 우리 주변에서 언제나 일어나고 있다.

노랑관상모솔새가 연어의 시체 주변에서 곤충을 찾고 있다.

아메리카붉은가슴울새
| American Robin

북아메리카의 초기 이주 개척자들이 이 새를
'붉은가슴울새'라고 부른 이유는 고향인
유럽에서 알던 유럽울새European Robin와 같이
가슴이 붉기 때문이었다. 그러나 이 두 종의
새는 서로 관계가 없다.

땅바닥에서 벌레를 잡아당기는
아메리카붉은가슴울새

먹이를 찾는
아메리카붉은가슴울새

● 사냥 중인 붉은가슴울새는 땅을 후다닥 가로지르며 움직인다.
앞으로 달려가거나 폴짝거리며 뛰어가다가 대개는 머리를 한쪽으로
기울이고 몇 초간 똑바로 선다. 마치 벌레들의 소리를 듣고
있는 듯한 모습이다. 실제로 붉은가슴울새들은 한쪽 눈이
땅을 향하도록 머리를 틀고 벌레들이 움직이는 신호를 찾아
풀과 흙을 주시한다. 벌레가 지면 가까이에 있음을 발견하면,
붉은가슴울새는 앞으로 돌진해 부리를 흙 속에 찔러 넣어 벌레를
잡는다. 아주 잠깐 줄다리기를 하다가(대부분 붉은가슴울새가
이긴다), 벌레를 뽑아내 통째로 삼키거나 새끼들이 기다리는 둥지로 가져간다.
● 붉은가슴울새와 비슷한 검은가슴띠지빠귀는 북아메리카 서부의 습한
상록수림에서 흔히 보이는 새로, 멀리 대서양 연안까지 돌아다니는 일은 거의
없다. 언뜻 붉은가슴울새와 비슷해 보이지만,
자세히 보면 검은색 가슴띠와 무늬가 있는
날개가 몹시 독특하다. 이 새는 숲속에서
곤충과 산딸기류 열매를 찾아 먹으며,
가끔씩 위험을 무릅쓰고 탁 트인
잔디밭으로 나가기도 한다.

검은가슴띠
지빠귀Varied Thrush

붉은가슴울새를 봄이 다가오는 신호라고 생각했는데,
한겨울에 우리 집 마당을 우르르 찾아왔다.

붉은가슴울새는 겨울이면 주로 나무 열매만 먹고 살며, 겨울 활동 영역은 주로 먹이를 구할 가능성에 따라 결정된다. 교외 지역이 확장되고 외국에서 북아메리카에 들어온 과일나무(노박덩굴과 갈매나무 등) 재배가 널리 퍼진 데다, 최근 산딸기류 열매를 맺는 식물들이 급속히 확산하면서 이제 붉은가슴울새는 아주 먼 북쪽에서도 겨울 먹이를 찾을 수 있게 되었다. 여기에는 더워진 기후도 일조한다. 붉은가슴울새는 적어도 두 세기 동안 침입종과 인공 조경 개발의 혜택을 누렸다. 이 새가 좋아하는 여름 먹이인 지렁이는 유럽에서 북아메리카로 이입되었고, 여전히 잔디밭에서 번성 중이다. 이 새의 겨울 먹이인 나무 열매는 인간이 조성한 산울타리 등에 더 많이 존재한다.

옻나무 열매를 먹는
아메리카붉은가슴울새

붉은가슴울새의 번식 주기

❶ 암수가 짝짓기를 마치고 둥지터를 고른 뒤, 암컷이 둥지를 짓는다. 수컷도 둥지 짓는 재료를 물어다준다. 암컷은 우선 더 굵은 나뭇가지로 토대를 만든 다음, 진흙으로 뭉친 풀을 깐 뒤 고운 풀로 안쪽을 채워

251

마무리한다. 둥지 짓기는 4일에서 7일 정도 걸린다.

❷ 둥지를 완성하고 사나흘쯤 지나면 암컷은 첫 알을 낳는다. 알 하나는 체중의
8퍼센트가량을 차지한다. 암컷은 하루에 알을
하나씩 낳아 총 세 개에서 여섯 개의 알로 산란을
완료한다. 아메리카붉은가슴울새의 알은
아름다운 청록색이다.

❸ 두 번째나 세 번째 알이 나온 뒤에 포란이 시작된다.
암컷이 품어주기 시작하면 배도 발달하기 시작한다. 포란은 오직
암컷의 몫이다. 알에 온기가 잘 전달되도록, 이 시기에는
암컷의 배에 있는 '포란반'이라는 맨살 부위에 혈관이 추가로
발달한다. 암컷은 낮 시간의 75퍼센트와 밤 시간의
전체를 포란에 할애한다. 약 한 시간에 한 번씩
일어나 알을 뒤집으며, 약 15분 동안은 다른
곳으로 날아가 먹이를 찾고 물을 마시고 깃털을
다듬는 등 다른 일을 하며 보낸다.

❹ 포란이 시작되고 12일에서 14일이 지나면 몇 시간 이내에 알이 부화한다.
암컷은 빈 알껍데기를 물고 둥지에서 멀리 떨어진 곳에 떨어뜨리거나 가끔은
그것을 먹기도 하는데, 아마 칼슘 섭취를 원해서일 것이다. 갓 부화한 새끼들은
대부분 깃털이 없고 눈을 뜨지 못하며 다리를 쓸 수 없지만, 둥지가 흔들리거나
어른 새의 울음소리가 들리면 본능적으로 머리를
쳐들고 먹이를 달라고 조른다. 이 초기
단계에서 암컷은 새끼를 보호하고 온기를
유지해주는 데 많은 시간을 쏟는다. 이
단계에서 새끼들에게 먹이를 가져다주는 일은
대부분 수컷의 몫이다.

❺ 새끼가 생후 7일쯤 되면 몸에 깃털이 모두
돋고 더 오랜 시간 동안 체온을 스스로 유지할
수 있다. 이때 암컷은 수컷과 함께 먹이 사냥을
나선다. 이 단계에서 새끼들은 아주 빨리 자라며
매일 자기 체중과 맞먹는 양의 먹이를 먹는다.
따라서 어른 새들은 5분에서 10분마다 둥지로
먹이를 가져와야 한다. 어른 새들은 먹이를
가져올 때마다 같은 자리에 걸터앉는 경향이
있는데, 새끼들은 앞다투어 그 지점과 가장
가까운 자리를 차지하려 한다.

❻ 부화 후 12일에서 14일이 되면 새끼들은 날개 깃털이 충분히 자라고 다리도
튼튼해진다. 둥지를 떠나 첫 비행을 시작할
준비가 끝난 것이다. 그러나 이후 12일에서
14일 동안은 여전히 부모에게서 먹이를
얻는다.

지빠귀류 | Thrushes

지빠귀는 작은 서식지 한 곳에서 여름을
보내고 또 다른 작은 서식지에서 겨울을
보내는데, 이 두 장소는 서로 3000킬로미터
이상 떨어진 곳일 수도 있다.

| 숲지빠귀 Wood Thrush

● 수천 년간 인간은 새의 노랫소리를 즐거이 들었다. 갈색지빠귀는 특히 이런 점에서 여전히 칭송받는다. 갈색지빠귀의 노래를 주제로 최근 시행한 연구에 따르면, 이 새들은 수학적 단순 비율이 적용된 음조에 따라 노래하며 인간의 음악처럼 화음을 연속적으로 진행한다고 한다. 연속 화음은 인간 문명의 산물이 아니라 물리학적 실체이므로, 목소리를 내는 다른 동물들이 연속 화음을 사용하는 것은 전혀 놀라운 일이 아니다. 이로써 우리는 음악의 근본 원리가 자연에서 비롯되었고, 거기에는 아주 단순하고도 본능적인 매력이 담겨 있다는 사실을 알 수 있다.

노래하는
갈색지빠귀 Hermit Thrush

● 새는 울대로 소리를 낸다. 새의 울대는 우리의 후두와는 달리 두 부분으로 구성된다. 이 부분은 기도 깊숙한 곳, 즉 좌우의 폐에서 나오는 기도와 공기주머니가 만나 기관을 형성하는 지점에 있다. 작고 복잡한 두 근육이 양쪽에서 제각각 기류를 통제하기 때문에 새는 동시에 두 가지 다른 소리를 낼 수 있다. 또 많은 명금류는 양쪽 기도가 조금 다르다. 이런 새들은 한쪽으로는 더 높은 소리를, 다른 쪽으로는 더 낮은 소리를 낸다. 양쪽에서 나오는 소리는 대개 아주 매끄럽게 이어져 서로 다른 곳에서 나온다는 사실을 눈치채기 어렵다. 특히 지빠귀가 노래를 부를 때면 양쪽 기도에서 동시에 완전히 다른 소리가 나 놀랍도록 풍부하고 복잡한 소리가 만들어진다. 사실상 지빠귀는 혼자서 화음을 낼 수 있는 셈이다.

울대

몸속 울대의 위치를 표시한
지빠귀 그림

● 지빠귀는 눈이 유난히 큰데, 이는 식물군락지의

그늘진 하층을 서식지로 삼아 그곳에 적응한 결과다. 연구에 따르면 눈 크기는
조도가 낮은 시각의 활동과 관련이 있으며, 눈이 큰 새들은
하루를 더 일찍 시작하고 더 일찍 끝내는 경향을 보인다.
이는 지빠귀들의 듣기 좋은 노래가 다른 대다수의
새가 노래할 때의 전후, 즉 동틀 녘과 해 질
녘에 두드러지게 들려오는 이유 중
하나일 것이다.

| 갈색지빠귀

둥지러가 될 만한
곳을 살피는 수컷
동부파랑지빠귀 Eastern Bluebird

파랑지빠귀 | Bluebirds

파랑지빠귀의 개체 수는 지난 50년 동안
크게 증가했는데, 아마 인간이 만들어준
새집 덕분일 것이다.

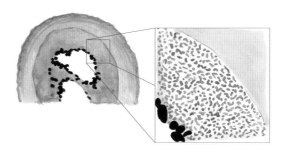

깃가지 하나의 단단한 표면(갈색)과 작은 공기 통로로 이루어진 스펀지 층(회색). 검은색 반점은 스펀지 층을 통과한 빛을 담아내는 멜라닌 미립자다.

● 새에게는 파란색 색소가 없다. 따라서 새에게서 보이는 파란색은 모두 깃털의 미세구조 때문이다. 혹시 파란 깃털을 발견한다면 자세히 관찰해보자. 한쪽 면만 파란색이며, 빛이 통과하면 담갈색처럼 보인다는 사실을 알게 될 것이다. 파랑지빠귀의 빛깔은 벌새의 무지갯빛과 동일한 물리적 원리를 따른다. 다시 말해 깃털 위에 빛이 고르게 산란되며 어떤 파장은 강화하고 어떤 파장은 축소한다. 하지만 그 너머의 구조는 매우 다르다. 파랑지빠귀의 경우에는 깃털의 여러 평평한 층이 빛을 반사하지 않는다. 이 새의 깃털에는 작은 공기주머니와 공기 통로로 가득 찬, 마치 스펀지 같은 층이 있다. 이 공기주머니는 모두 크기가 거의 비슷하다. 또 전체적으로는 파란색 빛의 파장에 맞아떨어지도록 간격이 정확히 같은, 무늬 있는 구조물을 형성한다. 공기주머니 하나에서 산란한 파란색 빛의 파장이 다른 공기주머니에서 나온 파란색 빛의 파장과 위상이 같다. 하지만 다른 파장의 빛은 그렇지 않아서 대부분 눈에 보이지 않는다. 또 공기주머니가 이 스펀지 층에 골고루 퍼져 있기 때문에 빛이 어느 방향으로 움직이든지 결과는 동일하다. 따라서 벌새의 무지갯빛 목덜미 색깔과 달리, 파랑지빠귀의 파란색은 어느 각도에서건 비슷하게 보인다.

● 다른 여러 새처럼 파랑지빠귀는 빈 구멍 속에 둥지를 짓는다. 보통 딱따구리가 뚫어둔 구멍을 이용하지만, 속이 빈 썩은

새집에 앉은 수컷 동부파랑지빠귀

나뭇가지나 건물의 갈라진 틈, 또는 그 비슷한 장소를 이용하기도 한다. 고목이
많이 서 있고 딱따구리가 많아야 둥지터를 구하기가 쉬운데, 도시와 교외 지역의
경우처럼 고목이 없는 환경에서는 파랑지빠귀가 둥지를 지을 장소가 얼마 되지
않는다. 다행히도 파랑지빠귀는 사람들이 만들어준 새집을 기쁘게 받아들인다.
북아메리카 곳곳에서는 수많은 사람이 긴 시골길을 따라 새집을 세워둔, 이른바
'파랑지빠귀의 길'을 보존하기 위해 힘을 보태고 있다.

● 땅에서 부서진 알껍데기를 발견했다면 그 조각의 형태를 살펴보자. 알에 무슨
일이 있었는지 조금은 알 수 있기 때문이다. 정상적으로 부화하는 경우에는 알이
반으로 매끄럽게 쪼개진다. 어린 새는 알에서 폭이 가장 넓은 부분을 둥그렇게
쪼아대며 부화한다. 알이 부화하고 나면 부모는 알껍데기를 둥지에서 조금
떨어진 곳으로 가져가 흩뿌린다. 이렇게 일자로 반듯하게 쪼개진 알껍데기는
십중팔구 근처에서 어린 새가 성공적으로 부화한 결과다. 반면 파편이 나 있고
으스러져 있는 등 더 작게 조각난 알껍데기는 사고를 당했거나 포식자 때문에
그렇게 되었을 가능성이 크다. 많은 새와 작은 포유류들은 호시탐탐 알의
내용물을 노리기 때문이다. 이들은 알 속의 내용물을 다 먹고 나면 껍데기는
버린다.

땅에서 발견되는 오른쪽의 깨진
알은 포식 행위나 사고를 암시한다.
반면 왼쪽의 깔끔하게 반으로
쪼개진 알은 부화를 뜻한다.

미국북부흉내지빠귀

| Northern Mockingbird

흉내지빠귀Mockingbird 한 마리는 150가지가 넘는
다양한 소리를 흉내 낼 수 있다. 흉내지빠귀의 이런
행동은 흔히 그 소리의 주인을 놀린다고 오해받기
쉬운데, 사실은 그저 자신의 발성 능력을 뽐내려는
것뿐이다.

노래하는
미국북부흉내지빠귀

내 집 마당을 걷는데,
새들이 자꾸만 나를 공격한다!

새가 인간을 공격하는 행동은 대부분 둥지를 지키기 위해서다. 그중에서도 흉내지빠귀가 특히 공격적이다. 이 새들은 인간을 잠재적인 포식자로 본다. 그렇지만 심하게 공격하지는 않는다. 주된 목적은 인간이 그 자리를 떠나도록 귀찮게 하는 것이기 때문이다. 이런 공격성은 알과 새끼들이 둥지에 머무는 기간 동안 절정에 달한다. 따라서 대부분의 명금류는 3주에서 4주 정도 이런 행동을 취한다. 새 한 쌍이 여름마다 두세 번씩 새끼를 기르기도 하므로 둥지 방어 강화 기간이 몇 차례 나타날 수도 있다. 미국북부흉내지빠귀는 까마귀처럼 인간을 각각 구별할 수 있으며, 둥지를 실제로 건드린다면 특히 더 심하게 공격할 것이다.

공격 태세를 갖추는
미국북부흉내지빠귀

● 풀밭에 서서 날개를 등 위쪽으로 휙 펼치는 흉내지빠귀를 본 적이 있는가? 이 새가 날개를 갑자기 움직이는 이유는 곤충에게 겁을 주고 은신처에서 끌어내려는 속임수다. 이 행위는 '위기 반응'이라고 부르는 아주 본능적인 행위를 이용한 것이다. 아이들이 하는 '눈싸움'을 떠올려보자. 이는 사실 인간의 위기 반응을 시험하는 게임이다. 위기 반응은 곤충을 포함해 모든 동물이 같은 식으로 반응한다. 미국북부흉내지빠귀는 날개를 갑자기 들어 올려 사냥 대상인 곤충이 '눈을 깜빡이게' 만든다. 곤충이 아주 조금이라도 움직이면 위치가 드러나고,

새에게는 그것을 잡을 기회가 생긴다.

● 흉내지빠귀와 관련된 유명한 사실 하나는 이 새가 유독 밤에 지저귄다는 것이다. 한밤에 큰 소리로 끊임없이 노래할 때가 많아서 주변에 사는 사람들에게는 그다지 달가운 존재가 아니다. 다른 종의 새들을 대상으로 시행한 연구에 따르면, 도심지의 새들은 밤에 지저귀는 경향이 점점 강해지고 있다고 한다. 이에 대해 연구자는 낮 시간대 소음에 대한 반응이라고 덧붙였다. 다시 말해 방해받지 않고 자신의 메시지를

곤충을 놀라게 하려고 날개를 번쩍 들어 올린 미국북부흉내지빠귀

전달하기 위해 조용한 시간에 지저귄다는 것이다. 이러한 이유가 아니더라도 미국북부흉내지빠귀는 늘 밤에 노래해왔는데, 아마 노래하는 다른 새들과의 경쟁을 피하려고 그렇게 해왔을 것이다.

밤에 지저귀는 미국북부흉내지빠귀

흰점찌르레기 | European Starling

흰점찌르레기는 유럽에서
인간과 함께해왔고, 이후
북아메리카로 유입되어
1900년대 초반에 북아메리카
대륙에 널리 퍼졌다.

둥지를 지키는
흰점찌르레기

● 사람들이 흔히 하는 오해 중 하나는 '새는 냄새를 맡지 못한다'라는

찌르레기Starling는 자신의 후각을 이용해 향기로운 식물이나 담배꽁초 등 냄새가 자극적인 물건으로 둥지를 꾸미는데, 이는 해충의 접근을 막는 데 유용하다.

것이다. 사실 새는 모두 냄새를 맡을 수 있으며, 후각 능력이 인간과 비슷하다. 어떤 새들은 유난히 후각이 뛰어나기도 하다. 앨버트로스Albatross는 바다에서 약 20킬로미터 떨어진 곳에 있는 냄새를 추적할 수 있다. 최근에 찌르레기와 다른 명금류를 연구한 결과, 새들은 냄새로 다른 새의 나이와 성별, 번식 상태를 구별할 수 있다. 같은 과가 아닌 다른 과의 새의 경우에도 마찬가지다. 또한 새들은 포식성 포유동물의 냄새를 알아차리고 피할 수도 있다. 다른 연구에서는 먹이를 찾는 새들이 식물이 곤충에게 공격을 받고 있을 때 발산하는 냄새와 암나방의 페로몬에 이끌린다는 사실을 밝혀냈다.

● 많은 새의 부리 색은 계절에 따라 변한다. 흰점찌르레기는 특히 더 극적인 변화를 보이는데, 여름에는 노란색이고 겨울에는 거무스름하다. 그동안에는 이 색깔 변화가 사교적 신호로 쓰인다는 것이 일반적인 추측이었지만, 최근 연구에서 멜라닌이 부리를 더 강하고 단단하게 해준다는 점이 밝혀졌다. 다른 여러 새처럼 찌르레기는 여름이면 곤충처럼 더 부드러운 먹이를 주로 먹고 겨울에는 씨앗처럼 더 단단한 먹이를 먹는다. 다시 말해 겨울의 거무스름한 부리는 부분적으로는 강도를 높이기 위해 적응한 결과일 것이다. 또 멜라닌은 깃털을 튼튼하게 해주며, 알껍데기에 검은 반점이 있으면 껍데기가 강화되고 부족한 칼슘을 보충할 필요성도 줄어든다.

흰점찌르레기의 겨울 빛깔(왼쪽)과 여름 빛깔(오른쪽)

새들은 왜 목욕을 할까?

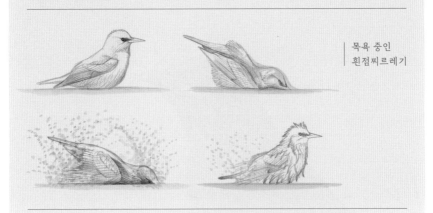

목욕 중인
흰점찌르레기

새들이 목욕을 하는 이유는 무엇일까? 여기에는 몇몇 가설이 제시되어왔지만, 한 가지는 분명하다. 깃털의 먼지를 없애는 데 도움이 되기 때문이다. 연구를 통해서도 목욕이 깃털의 형태를 복원하는 데 도움이 된다는 사실이 입증되었다. 아침의 부스스한 머리를 생각해보자. 인간의 머리카락처럼 깃털 역시 매일 가해지는 압력에 구부러지고 변형되기도 한다. 이때 깃털을 물에 적시고 말리기만 해도 원래 형태로 되돌아온다. 우리가 샤워 후에 머리카락을 빗듯이, 새들은 늘 목욕 후에 모든 깃털을 가지런히 정돈하며 집중적으로 깃털을 고르는 시간을 갖는다. 물에 젖었다가 정돈된 깃털은 마르면서 제대로 된 형태를 되찾을 것이다. 참고로 어느 실험에서 찌르레기들에게 목욕하지 못하게 했더니 포식자를 피하지 못할까 봐 무척 불안해하는 모습을 보이기도 했다. 아마 자신의 비행용 깃털이 완벽한 상태가 아님을 알기 때문이었을 것이다.

여새 | Waxwings

여새는 무리 지어 이동하며 나무 열매를
찾아 북아메리카 대륙을 배회한다.

| 산딸기류 열매를 찾는
| 애기여새Cedar Waxwing

● 여새의 식단은 주로 나무 열매로 구성된다. 이와 관련해 여새는 몇 가지 적응을 거쳤다. 여새는 부리가 상대적으로 작지만, 입을 유난히 크게 벌려 커다란 열매를 통째로 삼킬 수 있다. 또 혀에는 안쪽으로 향한 돌기가 있어 열매를 목구멍으로 끌어당길 수 있다. 여새는 나무 열매가 풍부한 곳을 찾으며 무리 지어 돌아다닌다. 북아메리카에 있는 대부분의 명금류는 유충이 폭발적으로 증가하는 초여름에 맞추어 둥지를 짓지만, 나무 열매를 먹이로 삼는 여새의 경우에는 조금 차이가 있다. 여새도 새끼에게 단백질이 풍부한 곤충을 먹이기도 하지만, 새끼가 나무 열매가 풍부한 시기에 독립할 수 있도록 늦여름까지 포란을 늦춘다.

열매를 통째로
삼키는 애기여새

● 카로티노이드 화합물은 열매와 씨앗에 주로 들어 있으며, 새의 몸은 이 카로티노이드를 이용해 붉은색부터 노란색에 이르는 깃털 색깔을 나타낸다. 카로티노이드의 종류는 다양하며, 주로 섭취하는 먹이에서 색깔을 얻는 화학적 과정이 발달했다. 그러나 급속히 확산한 아시아의 인동덩굴은 미국의 새들에게 익숙하지 않은, 약간 다른 카로티노이드를 만들어냈다. 이 화학물질이 새들의 몸속에서 처리되면 전형적인 노란색 대신 너 진한 주황색이 나타난다. 여새가 늦여름에 꽁지깃을 새로 기르는 동안 이 인동의 열매를 먹으면 그 깃털의 끄트머리는 노란색이 아닌 주황색을 띠게 된다. 이 깃털은 1년 뒤에 깃털이 새로 자랄 때까지 그 상태를 유지한다. 아직까지는 이 점이 여새에게 문제를 일으키지는 않는 것 같다.

● 대부분의 새는 번식기 내내 한 곳에서 새끼를 한 차례, 또는 여러 차례 기르며 그대로 머문다. 그런데

끄트머리가 주황색인 여새의 꽁지 중에서
새로 난 깃털 하나가 노란색으로 교체되었다.

몇몇 종의 새들은 한 장소만 고집하지 않는다. 여새의 먼 친척인 비단털여새는 미국 남서부에서 발견되며, 주로 겨우살이 열매를 먹고 산다. 이 새는 둥지를 틀 때 서식지 두 곳을 별개로 이용한다고 알려졌다. 겨울에는 고도가 더 낮은 사막 서식지에서 이 새들을 볼 수 있는데, 그곳에서는 4월이 둥지를 꾸릴 최적의 시기다. 기온이 오르고 겨우살이 열매가 부족해지면 나무가 우거진 강가와 작은 언덕이 있는 서식지로 이동해 그곳에서 6월과 7월이 되면 또다시 둥지를 튼다. 다시 말해 같은 새가 사막 서식지에서 일찍 둥지를 튼 다음 불과 두 달 뒤에 삼림지로 이동해 완전히 다른 곳에서 다시 둥지를 짓는 것이다. 더 놀라운 사실은 사막에서는 엄격하게 개인 영역을 수호하고 나무가 많은 서식지에서는 느슨하게 군집하는 방식으로 번식 전략을 바꾼다는 점이다.

수컷
비단털여새 Phainopepla

아메리카솔새류 | Wood Warblers

대부분의 새처럼, 아메리카솔새류에
속하는 새들은 종에 따라 특정한
서식지에서 살아간다.
또 그 환경에서만 제대로 둥지를
틀고 새끼를 키울 수 있다.

칼미아밭에 있는 수컷
검은목푸른아메리카솔새
Black-throated Blue Warbler

흑백아메리카솔새Black-and-
white Warbler의 눈에 보이는
하늘을 상상으로 표현한 그림.
파란색 선은 편광, 붉은색 선은
자기장의 방향을 나타낸다.
진한 색 점은 자기장의
기울기를 표시한 것이다.

● 과학자들은 새들의 놀라운 자기장 감각이 구체적으로 어떻게 작동하는지
알아내기 위해 여전히 노력 중이다. 현재까지 밝혀진 바로는, 명금류에게는
자기장의 기울기뿐 아니라 방향까지 감지하는 두 가지 체계가 있다(기울기는
적도에서 수평이고 북극에서 수직이며, 위도에 따라 달라진다). 또한 이 새들은
편광한정된 방향으로만 진동하는 빛-옮긴이을 감지할 수 있는데, 편광은 태양이 보이지
않을 때도 태양의 위치를 알려주는 귀중한 단서를 제공한다. 이 모든 감각은 새의
시력과 관련이 있다. 다시 말해 명금류는 언제나 길잡이 같은, 일종의 나침반을
보고 있는지도 모른다. 그 나침반이 주는 정보는 철새가 거주지를 이동할 때
방향을 잡는 데도 아주 중요하지만, 지역 내에서 돌아다닐 때도 무척 유용하다.
여러분이 건물 안이나 슈퍼마켓을 돌아다닐 때 언제나 방향을 가리키는 나침반이
보인다고 생각해보라. 새들은 자신의 번식지를 돌아다닐 때 이 정보를 이용해
저장된 먹이의 위치 등을 기억할 수 있다.

● '털깃filoplume'은 특별한 깃털로, 깃털 밑동 주위에 다발로 자라는 작고
가느다란 깃털을 뜻한다. 털깃이 피부로 들어가는 지점인 모낭에는 신경 말단이
가득하다. 풍향을 파악하기 위해 배의 돛에 달아두는
리본처럼, 털깃은 감지 장치로 작용하며 새가
깃털 하나하나의 움직임을 추적하게 해준다.
새들은 이를 통해 깃털이 뒤엉키거나,
또는 파리가 앉았을 때 그 사실을 알
수 있다. 또 털깃 덕분에 하늘을 날 때

일반적인 깃털 옆에서
자라는 털깃

양력과 항력, 난류, 상승기류, 하강기류 및 날개 전체와 몸에 작용하는 다른 힘을
감지할 수 있다. 새들은 이런 정보를 이용해 날개와 꽁지의 위치를 조금씩 꾸준히
조정하며 효율적으로 비행할 수 있다.

● 철새의 거주지 이동에서 매우 위험한 측면은 장거리 이동 후 휴식을 취해야
한다는 점이다. 여러분이 밤새도록 날아와 동틀 녘에 낯선 장소에 내려앉는다고
생각해보라. 포식자를 피하면서 물과 쉼터, 먹이를 찾기란 무척 어려운 일이며,
주변 경관이 대부분 인공 건축물이라면 훨씬 더 힘들다. 도심지와 근교 지역이라면
작은 공원과 정원이 철새들의 마음을 끌 수 있을 것이다. 당신이 사는 집에 마당이
있다면 그곳에 자생종 관목과 나무를 심고 물을 제공해 새들에게 친화적인
장소로 만들어보자. 새들을 위해 자생종 식물을 이용할 때의 가장 큰 장점은
그 식물들이 수천 년 이상 곤충 및 다른 유기체들로 구성된 생태계 전체와
공존하며 발달해왔다는 점이다. 이국의 식물은 지역 생태계와 융화되지 않아
그것을 이용할 수 있는 곤충도 극소수다. 예를 들어 미국
동부의 자생종 떡갈나무는 500종이 넘는 나방과
나비 유충에게 숙주가 되어주지만,
외국산인 노르웨이단풍나무에
의지하는 유충은 열 가지도 채
되지 않는다. 곤충을 잡아먹는
새들에게는 분명 떡갈나무가 훨씬
매력적이다. 더 나아가, 마당이 새들의 먹이
공급처가 되기를 바란다면 살충제를 써서는 안
된다. 당신이 자연을 사랑하는 사람이라면,
곤충 관리는 살충제가 아닌 새들에게
맡겨보자.

떡갈나무에서 먹이를 찾는
검은목녹색솔새 Black-throated Green Warbler

아메리카솔새에 대해 더 알고 싶다면

아메리카솔새류의 다양한 무늬를
보여주는 검은머리솔새Blackpoll Warbler(위),
타운센드솔새Townsend's Warbler(가운데),
두건솔새Hooded Warbler(아래).
이런 변이에서 가장 중요한 역할을 하는
것은 검은색 멜라닌 색소다.

아메리카솔새류
3종

● 대부분의 아메리카솔새는 이동 습성이 강한 철새지만, 그중에서도 이동 거리로 따지면 검은머리솔새가 최고다. 어떤 검은머리솔새들은 알래스카 북서부에 둥지를 틀고 브라질 중앙에서 겨울을 난다. 두 장소의 거리는 1만 1000킬로미터 이상이다. 가을에는 모든 검은머리솔새가 캐나다의 노바스코샤주에서부터 미국 뉴저지주에 이르는 북동부 해안에 모여 체지방을 축적한다. 그들은 거주지를 이동하기

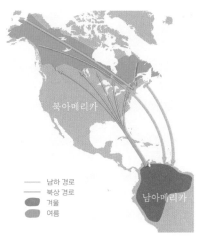

북아메리카

─── 남하 경로
─── 북상 경로
■ 겨울
■ 여름

남아메리카

| 검은머리솔새의 연중 이동경로

전에 평소 체중인 11그램에서 23그램 이상으로 체중을 두 배 불린다. 이 체지방은 새들이 약 72시간 동안, 대서양을 지나 남아메리카 북동부 해안까지 쉬지 않고 4000킬로미터를 날아가기 위한 연료가 되어준다. 그곳에 내려앉을 때쯤에는 체중이 불어난 양 이상으로 준다. 봄에는 북쪽으로 더 짧은 여행을 하는데, 카리브해를 건너 쿠바와 플로리다주로 날아간 다음 번식지에 내려앉는다.

● 새는 체온이 매우 높다. 또한 단열 능력이 뛰어나 비행 등 열 활동을 하는 동안 근육에서 많은 열이 추가로 생성된다. 새들은 어떻게 몸을 식힐까? 새들은 깃털을 몸에 더 바짝 붙이고 다리 위쪽과 날개 밑면처럼 깃털이 더 적은 부위를 노출해, 단열이 되는 면을 축소한다. 또 숨을 헐떡이는 방법도 있다. 부리를 넓게 벌리고 목구멍을 확장해 촉촉한 피부의 많은 부분을 노출한 다음 숨을 평소보다 세 배 빠른 속도로 들이마시는 것이다. 이렇게 하면 수분을 증발시켜 목구멍과 공기주머니 표면을 차갑게 만들 수 있다. 이 행동은 증발한 수분을 보충해줄 물이 근처에 있을 때만 취한다.

| 숨을 헐떡이는 암컷
노란목솔새Common Yellowthroat

새는 왜 노래를 부를까?

노래는 새가 자신의 존재를 널리, 그리고 확실히 알려 짝짓기 상대와 경쟁자에게 자신의 능력을 뽐내는 방법이다. 대부분의 새는 청중에 따라 다른 노래를 부른다. 예를 들어 수컷은 암컷에게 깊은 인상을 남기려고 특정한 유형의 노래를 부르고, 경쟁자인 다른 수컷들을 위협할 때는 다른 유형의 노래를 부른다. 또 청중이 없을 때는 편하게 '연습용' 노래를 부른다. 한편 새들은 노래를 선보일 때 몸의 밝은 부분을 번뜩이거나 묘기를 부리는 등 시각적 과시 행동도 곁들인다. 목의 밝은 빛깔은 여러 종의 새에게서 보이는 공통적인 특징이다. 새는 노래할 때 부리를 들고 목을 부풀려 그 빛깔을 두드러지게 내보이지만, 평범한 자세일 때는 목에 그늘이 진 탓에 그 빛깔이 눈에 띄지 않는다.

수컷 노란목솔새의
평소 모습과
노래하는 모습

풍금새 | Tanagers

이 새는 진홍색 깃털을 녹색 깃털로
바꾸는 중이다. 8월의 붉은풍금새는
으레 이런 모습이다. 둥지 짓기와
깃갈이, 거주지 이동처럼 부담이 큰
활동은 대개 중복으로 진행하지 않는데,
시기를 결정하는 탁월한 능력 덕분에 이
모든 일을 제대로 해낼 수 있다.

| 깃갈이 중인 수컷
| 붉은풍금새 Scarlet Tanager

● 풍금새가 나뭇가지 위에서 보는
풍경은 어떤 모습일까? 이 새는
25미터 높이에 있는 나뭇가지 사이를
서슴없이 건너뛰고, 지나가는 곤충을
잡으려 공중으로 몸을 날리거나
다음 나뭇가지를 향해 15미터
거리를 날아간다. 높은 곳이 두렵지
않은 것일까? 높이에 대한 공포는
본능적이지만, 적응이 가능하다.
어린 새를 포함한 대부분의 동물은
본능적으로 절벽 가장자리를 피한다.
하지만 새가 날 수 있게 되면 절벽은

숲 지붕 위로 뻗은
나뭇가지에 앉은
비단풍금새 Western Tanager

그다지 위험한 곳이 아니다. 스스로 절벽 가장자리에서 편안하게 균형을
유지하거나 날개를 펼치고 곧바로 되돌아올 수 있음을 인지하고 난 뒤에는
절벽에서 뛰어내리기도 한다. 어른 새는 추락하면 얼마나 끔찍한 일이 벌어질지
어느 정도 알고 있지만, 동시에 추락하지 않을 거라는 자신감도 가지고 있는 게
분명하다.

● 깃털 고르기는 새의 아주 기본적인 일과 중 하나로, 새들은 이 일에 많은
시간을 들인다. 일반적으로는 하루의 10퍼센트가량을 깃털 고르기에 할애하지만,
20퍼센트 이상이 될 수도 있다. 새의 부리 모양 중 일부는 세부적인 특징이 특히
깃털 고르기에 쓰이도록 발달했으며, 몇몇 종의 새에게는 깃털 관리에 특화된
발톱이 있다. 깃털 고르기의 주된 기능은 기생충을 없애고 깃털을 청소하며

| 전형적인 깃털 고르기 동작

정돈하는 것이다. 새의 꽁지 밑동에는 깃털 관리용 기름을 분비하는 샘이 있다. 깃털 치장을 할 때는 보통 이 꽁지 샘 쪽으로 고개를 돌려 부리에 기름을 조금 묻힌 다음 몸과 날개, 꽁지깃을 밑동에서부터 가장 윗부분까지 하나씩 주의 깊게 관리한다. 이렇게 하면 모든 깃가지가 제자리로 돌아오고 깃털이 곧게 펴지며 동시에 기름을 깃털 전체에 바를 수 있다. 깃털 고르기는 주로 새가 몸을 앞으로 기울여 모든 깃털을 곤두세우고, 물에 젖은 개처럼 온몸을 털어 먼지와 솜털을 날려 보내는 것으로 마무리된다.

● 많은 새가 나무 열매를 먹는다. 대부분의 열매는 새가 그것을 먹고 사방으로 퍼뜨리도록 적응되었다. 나무 열매 중 영양분이 많은 껍질층이 새를 끌어들이고, 새는 알맹이가 콩알만 하거나 그보다 훨씬 커도 쉽게 통째로 삼킬 수 있다. 새는 열매를 삼킨 뒤, 과육은 소화하고 단단한 씨앗은 보통 몇 시간 이내에 온전한 형태로 토해내거나 배설한다. 이런 식으로 새들은 씨앗을 널리 퍼뜨린다. 어느 연구에서 발견한 내용에 따르면, 유럽에서 온 철새는 독자적으로 생존할 수 있는 씨앗들을 수백 킬로미터에 이르는 대양을 건너, 아프리카 북서부 카나리아제도까지 옮긴나고 한다.

딱총나무 열매를 먹는 붉은풍금새

277

홍관조 | Cardinals

수컷이 구애의 일환으로 짝에게
먹이를 주는 모습을 많은 새에게서
볼 수 있는데, 이는 자신에게
후손을 먹여 살릴 능력이 있음을
표현하는 행동일 것이다.

암컷에게 먹이를 건네는
수컷 북부홍관조Northern Cardinal

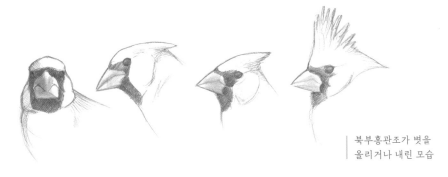

북부홍관조가 볏을
올리거나 내린 모습

● 북부홍관조의 뾰족한 볏은 엄밀히 말해 깃털이다. 특히 머리 꼭대기에서는 긴 깃털이 자라는데, 이는 마음대로 올렸다 내렸다 할 수 있다. 또 깃털을 정수리 쪽으로 납작하게 눕히면 머리 뒤쪽을 뾰족하게 가리키는 형태가 되며, 볏 깃털이 올라가면 삼각형이 높이 솟은 모양이 된다. 볏이 있는 새들은 이것으로 의사를 전달하는데, 보통 흥분하거나 공격적인 상태일 때는 깃털을 올리고, 느긋하거나 고분고분한 상태일 때는 깃털을 내린다.

● 어린 북부홍관조가 둥지를 떠날 때는 부리에 밝은색이 전혀 없고 어두운 빛깔을 띤다. 몇 주 뒤에야 어두운색이 점차 흐려져 어른 새처럼 밝은 주홍색으로 변한다. 이 청소년기의 새는 대개 깃털이 비교적 얇고 약한데, 가능한 한 빨리 둥지에서 독립하려는 전략의 일환으로 깃털이 빠르게 자란 탓이다. 이후 몇 주 이내에 더 혹독한 겨울 날씨가 닥치기 전에 어른과 더 비슷한 깃털로 교체된다.

둥지를 떠난 지 며칠밖에
되지 않은 어린 홍관조

● 새들은 대개 깃갈이를 서서히 진행하므로 그동안 약간 들쭉날쭉할지언정 깃털이 온몸을 덮고 있다. 그런데 가끔 홍관조의 머리 깃털이 한꺼번에 다 빠져 짙은 회색 피부와 귓구멍이 드러날 때가 있다. 깃털은 금세 다시 자라며 날씨가 너무 춥거나 습하지 않는 한 잠깐 민머리로 지내더라도 그다지 위험하지 않다. 기록에 따르면 이런 상태는 북아메리카 동부 교외에서 서식하는 새들에게서 주로 나타난다고 한다. 우리에 갇혀 지냈던 어느 큰어치는 이런 식으로 8년 연속 머리 깃털을 한꺼번에 교체했다.

머리 깃털이 모두 빠진
수컷 북부홍관조

279

일부 새들에게 개별적으로 왜 그런 일이 발생하는지는 아직 분명히 밝혀지지 않았다.

● 붉은가슴홍관조는 홍관조의 가까운 친척으로, 미국 애리조나주에서부터 텍사스주 남부에 이르는 덤불이 무성한 사막에서 주로 발견된다.

● 새는 낮의 길이에 매우 민감하며, 낮의 길이가 바뀌면 호르몬 분비에도 변화가 일어난다. 수컷 홍관조는 동지 이후에 날이 풀리기 시작하면 나무 꼭대기나 전선처럼 눈에 띄는 곳에 걸터앉아 노래를 부른다. 공기가 차갑고 땅이 눈으로 뒤덮였을 때도 마찬가지다. 초기의 탐조가들이 이 진홍빛 새가 노래하는 모습을 보고 봄이 다가오고 있다고 생각한 것은 당연한 일이다. 노랫소리를 묘사할 때도 이런 낙관주의가 반영되어, 이 새는 '명랑하게, 명랑하게, 기운 내, 기운 내, 기운 내, 기운 내'라는 소리로 노래하고 있다고 여겨졌다.

노래하는 수컷 북부홍관조

붉은가슴홍관조Pyrrhuloxia

밀화부리 | Grosbeaks

새들이 거주지를 이동하는 이유는
무엇일까? 바로 먹이가 풍부하고
영역 경쟁이 치열하지 않다는 점
등 북부의 여름이 주는 혜택이
이동 시 감수해야 하는 위험보다
크기 때문이다.

암컷 붉은가슴밀화부리Rose-
breasted Grosbeak와 어린 새끼들

● 작은 나뭇가지 위에서 균형을 잡고, 한쪽
다리로 서고, 복잡한 비행 기술을
성사하는 등 새들이 하는 행동의 많은
부분은 놀랍도록 정확한 균형 감각
덕분이다. 이런 능력을 갖출 수 있는
이유는 골반에 있는 여분의 균형 감지
기관 때문이다. 우리도 내이 속에 동작
감지기가 하나 있다. 하지만 새는 머릿속에
동작 감지기가 있는 것은 물론, 골반에 하나
더 있다. 이는 두 신체 부위의 움직임을 파악할
수 있다는 뜻이다. 걸터앉은 나뭇가지가 흔들려
몸이 위아래로 움직이면, 새들은 머리를 고정한

나뭇가지 위에서
균형을 잡고 있는
검은머리밀화부리Black-
headed Grosbeak

상태로 그 문제에 대처할 수 있다. 또 빠르게 주변을 훑어보거나 깃털을 고르느라
머리를 획획 돌리더라도 균형 능력에는 아무런 영향이 없다. 몸이 아니라 머리만
움직이고 있다는 사실을 스스로 인지하기 때문이다.

● 밀화부리의 커다란 부리는 크고 단단한 씨앗을 쪼개기 위한 것이다. 그런데
단단한 씨앗을 쪼갤 수 있는 진짜 비결은 바로 튼튼한 턱 근육이다. 근육이 크고
강할수록 더 넓고 튼튼한 턱이 필요하고, 큰 근육 때문에 무는 힘이 더 강해졌으니
그 힘을 버틸 더 크고 강화된 부리가 필요하다. 커다란 부리는
사실 더 강력한 턱 근육에 적응하면서 부가적으로 나타난
결과다. 밀화부리는 홍화씨를 쪼개 먹을 수 있는 몇몇
새 중 하나이기도 하다. 홍화씨는 너무 단단해서
대부분의 새는 쪼갤 수 없다. 야생에서 이 새들의
식단은 20퍼센트는 나무 열매, 50퍼센트는
곤충으로 구성되며, 30퍼센트만이 씨앗이다.
거대한 부리가 언제, 어디에서 필요한지는 분명히
밝혀지지 않았지만, 확실한 사실은 1년 중 어느
시기에는 단단한 씨앗을 쪼갤 수 있어 먹이를

부리가 크고 턱이 넓은
붉은가슴밀화부리

구하기 유용하다는 점이다.

● 새에게는 '순막'이라는 세 번째 눈꺼풀이 있다. 순막은 반투명하거나 투명한
얇은 눈꺼풀을 뜻하는데, 눈을 보호하되 시야를 어느 정도 확보하도록 눈을
앞쪽에서 뒤쪽으로 빠르게 덮는 작용을 한다. 실제로는 거의 보이지 않는데, 너무
빠르게 움직이는 데다 새가 빠른 동작을 취할 때는 대개 닫혀 있기 때문이다.
순막은 아마 새가 하늘을 날 때 눈으로 다가오는 곤충과 먼지와 나뭇가지
및 다른 위험으로부터 눈을 보호할 때 자주 쓰일 것이다. 특히 몇몇 명금류는
날아다니면서 곤충을 낚아챌 때 이 순막을 이용한다.

딱따구리는 부리로 나무를 쫄 때 순막을
닫는다. 그림의 밀화부리는 순막을 닫은
채로 씨앗 겉껍질을 부수고 있다. 밀화부리는
부리 옆쪽, 절삭용 가장자리를 이용해 씨앗을
부순다. 먼저 그 가장자리를 따라 씨앗을 세로로
놓고 깨물어 쪼갠 다음, 혀로 껍데기와 씨앗을
나눈다. 부서진 껍데기 조각은 밀려나 부리
옆면으로 떨어져 나오고 씨앗은 그대로 남는다.

순막을 거의 닫은
붉은가슴밀화부리

멧새 | Buntings

텃새들은 일반적으로 수컷과 암컷이 '집안일'을
함께하며, 생김새가 비슷하다. 멧새 같은
철새들은 수컷이 영역 방어를 더 많이 책임진다.
수컷은 색깔이 화려한데, 암컷은 둥지 관리를
책임지기 때문에 어두운 몸빛이 유리하다.

수컷 푸른멧새Lazuli Bunting(왼쪽)과
수컷 유리멧새Indigo Bunting(오른쪽),
암컷 유리멧새(아래)

새의 호흡기관. 공기주머니는
새의 몸에서 큰 부분을 차지하며
어떤 공기주머니는 큰 뼈 사이로
파고들면서 확장된다(그림에는
표시되지 않음).

● 새의 호흡기관은 우리의 호흡기관과
근본적으로 다르며 훨씬 효율적이다.
새에게는 숨을 쉴 때마다 확장하고 수축하는
탄력적인 폐 대신 단단한 폐가 있으며, 공기가 뒤쪽에서
앞쪽으로 끊임없이 한 방향으로 흐른다. 공기주머니라는 기관이 공기의 흐름과
저장을 관리하며, 흉곽 근육이 호흡을 조절한다. 폐가 움직이지 않기 때문에
기체 교환 막이 우리의 폐에 있는 것보다 더 얇고, 덕분에 복잡하게 뒤얽힌 작은
공기 통로와 혈관이 질서 있게 역류하면서 인간의 폐보다 많은 산소를 혈액으로
전달한다. 이 호흡기는 2억 1만 년 전, 지구의 산소가 오늘날의 절반에 불과했던
시기에 공룡에게서 발달했다. 그 결과 새는 기본적으로 결코 숨이 차지 않으며
새가 격심한 활동 후 헐떡이는 모습을 본다면 그것은 몸이 과열된 탓이다. 실험
결과 벌새는 산소가 1만 3000미터 상공과 똑같은 수준일 때도 하늘을 날아다닐
수 있다. 이는 에베레스트산의 1.5배에 달하는 높이다.

● 세계에서 몸 빛깔이 가장 다채로운
새로 손꼽히는 오색멧새는
사우스캐롤라이나주에서부터 텍사스주에
이르는 미국 남동부에서 발견된다. 수컷 어른
새의 몸은 선명한 빛깔로 이루어진 놀라운
무지개색이다. 암컷과 미성숙한
새끼는 전체적으로 훨씬 밋밋한
황록색이다. 미국 남동부 대서양 연안에
둥지를 트는 이 새는 개체 수가 감소 중이다. 개체
수 감소의 결정적인 이유는 오색멧새가 쿠바에서
사육용 새로 인기가 높아 겨울에 덫에 걸려 붙잡히기

수컷
오색멧새 Painted Bunting

때문이다. 덫을 놓는 행위는 불법이지만 강제력이 거의 없다.

● 흉곽이 팽창하면 공기가 몸속으로 들어온다. 공기가 몸속으로 들어오면
뒤쪽 공기주머니가 팽창하며 밖에 있던 신선한 공기를 안으로 유입하고, 또
앞쪽 공기주머니가 팽창하면서 신선한 공기를 폐를 통해 앞으로 밀어 보낸다.
'이미 사용한' 공기를 담은 앞쪽 공기주머니가 바깥으로 공기를 모두 내보내는
동안, 뒤쪽 공기주머니에서 다시 신선한 공기가 폐를 통해 앞으로 밀려온다.
공기가 어느 특정한 통로만을 따라 움직이는 이유는 밝혀지지 않았다. 예를
들어 숨을 들이마시면 앞쪽 공기주머니가 바깥에서부터가 아니라 폐를 통해
공기를 끌어당긴다. 물리적 판막이 있다는 증거는 발견되지 않았는데, 기도 속에
연결된 모퉁이 있어 공기를 다른 방향이 아닌 한 방향으로만 흐르게 하는 것이
분명하다.

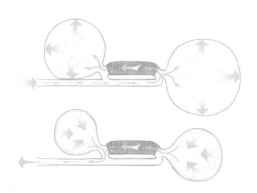

새의 호흡기관을 아주 단순화한
도식으로 파란색이 공기주머니,
보라색이 폐다. 공기주머니는
숨을 들이마실 때 팽창하고(위)
내쉴 때 수축하며(아래), 신선한
공기는 언제나 폐를 통해 뒤에서
앞으로(오른쪽에서 왼쪽으로) 흐른다.

발풍금새 | Towhees

새들은 사막에서 살아남기 위해
가장 무더운 낮 시간대에는 특히
활동을 줄인다.

| 그늘을 찾은
갈색발풍금새Canyon Towhee

● 왜 어떤 새들은 걷고 어떤 새들은 폴짝거리며 뛰어다닐까? 그 이유는 확실히 알 수 없다. 일반적으로 몸집이 더 큰 새들은 대부분 걸어 다니고 더 작은 새들은 폴짝거린다. 먼저 걸어 다닐 때의 이점을 짐작해보자. 닭처럼 고개를 앞뒤로 까딱거리며 걷는 새는 주변을 좀 더 꾸준히 관찰할 수 있을 것이다. 폴짝거리며 뛰는 방식은 어떤 장점이 있을까? 몸집이 작은 새는 몇 걸음 걷는 것보다 한 번 뛰었을 때 더 긴 거리를 이동할 수 있어 매우 효율적이다. 그러나 무거운 새들에게는 너무 큰 충격을 줄 것이다. 실제로는 이 두 가지 방식을 분명히 구별할 수는 없고, 몇몇 종의 녹화 영상을 조사한 최근 연구에서는 모든 새가 속도와 관계없이 걷고 뛰고 폴짝거리는 방법을 모두 사용한다는 것을 밝혀냈다. 또 걷는 것과 폴짝거리는 것을 혼합한 여러 걸음걸이도 그만큼 자주 사용한다고 한다.

걸어 다니는 큰검은찌르레기
Common Grackle(왼쪽)와 폴짝 뛰는
동부발풍금새Eastern Towhee(오른쪽)

● '두 발 긁기'는 새들이 나뭇잎과 부스러기를 발로 차서 뒤로 보내 먹잇감을 찾기 위해 쓰는 작전이다. 새는 일직선으로 뛰어올랐다가 몸이 공중에 머무는 동안 다리를 흔들어 앞으로 보낸 뒤 땅을 긁어내며 부스러기를 뒤로 날린다. 그다음에는 평소 자세로 멈춰 서서 무엇이 드러났는지를 보려고 발로 땅을 탐색한다. 발풍금새는 긁는 동작을 하기만 해도 그때마다 몸을 위로 밀어 올릴 수 있다. 따라서 폴짝 뛰어오르고 나뭇잎을 뒤로 날려 보낸 다음 잠시 멈추고 새로

드러난 땅을 살피는 식으로, 쉬지 않고 연달아 두 발 긁기를 몇 차례 해낼 수 있다.

● 새도 인간처럼 물을 마셔야 할까? 그렇다. 새에게는 물이 필요하다. 새들은 특히 무더운 날씨에는 물을 많이 마시기를 좋아한다. 어느 실험에서, 섭씨 20도인 쾌적한 온도에서 물을 무제한으로 공급받은 멕시코양진이House Finch는 평균적으로 매일 체중의 22퍼센트에 달하는 물을 마셨다. 이는 45킬로그램인 인간이 거의 11리터를 마신 셈이다. 섭씨 38도에서는 그 양이 두 배로 늘어나 체중의 절반에 가까운 양을 마셨다. 한편 새들은 땀을 흘리지 않는다. 대신 숨을 헐떡이며 목에서 수분을 증발시켜 체온을 낮춘다. 대부분의 새는 가능할 때면 물을 많이 마시지만, 열매나 곤충처럼 수분을 함유한 먹이를 섭취하는 한 물을 마시지 않고도 잘 살아남는다. 새들은 인간처럼 필요하면 활동을 줄이고 시원한 상태를 유지해 수분 섭취의 필요성을 낮춘다.

동부발풍금새는 대부분의 새처럼 고개를 숙여 입으로 물을 퍼서 마신다.

동부발풍금새의 두 발 긁기 동작을 순서대로 나타낸 그림

검은방울새 | Juncos

이 세 마리의 새는 모두 같은 종의 지역적 변종이다. 그림에서 보이는 세 가지
아종은 잿빛방울새Slate-colored Junco(위, 주로 미국 북부와 동부에서
발견됨), 오리건검은방울새Oregon Junco(가운데, 미국 서부 전역에서 발견됨),
회색머리방울새Gray-headed Junco(아래, 로키산맥 남부에서 발견됨)다.

검은눈방울새Dark-eyed Junco의
아종에 해당하는 새들

● 대부분의 명금류는 짝을 지어 한 영역에서 여름을 보내며, 새끼를 한두 차례 기른 다음 제각기 월동지로 이동한다. 검은눈방울새의 경우, 암컷이 수컷보다 멀리 이동하는 경향이 있으며 처음 겨울을 나는 새들이 나이가 더 많은 새보다 멀리 이동한다. 월동지의 남쪽 가장자리에서는 비율상 다 자라지 않은 암컷이 더 많이 보이고, 번식지에 가까울수록 수컷 어른 새가 더 많이 보인다. 반면 명금류에 속한 다른 많은 새는 나이나 성별에 따라 거주지를 분리하지 않으며, 같은 월동지를 매년 다시 찾아간다.

둥지를 돌보는
검은눈방울새

12월, 우리 집에 설치한 새 모이통에
새가 거의 찾아오지 않는 이유는 무엇일까?

가장 유력한 답은 새들이 자연에서 먹이를 많이 찾아낸 덕분에 새 모이통을 방문할 필요가 없어졌다는 것이다. 새 모이통이 양질의 먹이를 무제한으로 제공하더라도, 그 먹이가 있는 곳까지 가려면 위험을 어느 정도 감수해야 한다. 새의 입장에서는 차라리 잡초가 무성한 덤불에서 종일 먹이를 찾는 편이 더 편안할 것이다. 몸을 숨긴 채 가지각색의 씨앗과 열매를 찾을 수 있고, 가끔은 곤충이나 달팽이까지도 발견할 수 있기 때문이다. 그러나 심한 한파가 닥쳐오면 자연의 먹이 공급원이 줄어들어 새 모이통이 최상의 선택이 되므로, 새들이 여러분의 새 모이통을 찾는 광경을 다시 볼 수 있을 것이다.

새 모이통이 도리어 포식자의 눈길을 끄는 것은 아닐까?

그렇지 않다. 여러 연구에서는 새 모이통에서 발생하는 포식 행위가 자연 상태일 때보다 적다는 사실을 알려준다. 아마도 새 모이통에서는 위협적인 기척을 감지하고 알려줄 새들이 더 많기 때문일 것이다. 다만 여름에는 새 모이통 주변의 둥지에서 포식 행위가 간접적으로 증가해 실제로 위협이 된다. 일부 연구에서 발견한 내용에 따르면, 홍관조와 붉은가슴울새 같은 새들은 새 모이통 근처에서는 새끼를 거의 키우지 않는다.

새 모이통 때문에 새가 게을러지지는 않을까?

그렇지 않다. 연구 결과 대대로 새 모이통에서 먹이를 얻었던 새들조차 먹이의 절반 이상을 야생에서 구하며 인공적인 먹이는 보조 수단으로만 활용한다고 한다. 새 모이통을 없애도 새들은 부작용을 겪지 않는다. 새 모이통은 새들이 자연에서 먹이를 찾기 어려운 혹독한 겨울 날씨를 견뎌내도록 도와주지만, 그것이 없더라도 생존에 거의 영향을 미치지 않는다.

철새들에게 먹이를 주면 거주지를 이동하지 않고 머무를까?

그렇지 않다. 새들의 이동은 날짜와 날씨, 새의 몸 상태와 체지방 등 여러 다양한 요인을 근거로 결정된다. 새 모이통이 이동에 영향을 준다면, 장거리 비행 전에 더 쉽게 연료통을 채우게 해줌으로써 더 일찍 떠나도록 유도하는 정도일 것이다.

| 검은눈방울새

참새. | Sparrows

새들은 여러 다양한 요소를 신중히 고려한
뒤에야 밤하늘로 날아올라 수백 킬로미터를
이동한다.

● 새들의 노래 방식에 대해 알려진 내용 대부분은
흰정수리북미멧새 연구를 근거로 한 것이다. 어린 새들은
유전적으로 동종인 새들의 노래를 익히고, 다른 종의 노래는
무시하는 성향을 타고난다. 또 생후 석 달이 되기도 전에
자신이 듣는 노래의 유형을 기억한다. 그리고 노래를 직접
부르기 시작하면서 서서히 목소리 조절력을 키우고
노래를 정교하게 다듬다가, 결국 생후 첫 몇 달 동안
기억해두었던 노래의 원형을 그대로 재현한다.
그리고 이 노래를 거의 바꾸지 않고 평생 부른다.

● 수컷 수다쟁이참새의 노래는 단순한

노래하는
흰정수리북미멧새

'트릴'처럼 들린다. 트릴이란 특정 음을 빠르게 반복하는 것을
뜻한다. 비록 우리에게는 모두 무척 비슷하게 들리지만, 새들의
분별력은 훨씬 뛰어나다. 새들은 우리보다 두 배 이상 빠르게 소리를 처리할 수
있으므로, 사람이 새가 듣는 소리를 비슷하게 들으려면 녹음기를 절반 이하의
속도로 틀어야 할 것이다. 그렇게 하면 그 단순한 트릴이 사실은 음이 올라가며
빠르게 이어지는 소리라는 사실을 알 수 있다. 이 성악 공연을 위해서는 두
부분으로 구성된 울대의 근육을 정확히 조절하고 일치시켜야 한다. 그러려면
호흡, 부리 위치, 신체의 움직임을 조화롭게
엮어 정확하고 일관된 소리를 내야 한다. 어느
연구에서 발견한 내용에 따르면, 참새들은 넓은
음역대로 노래할 수 있고 빠르게 반복되는 음을
노래할 수도 있다. 하지만 한 노래에서 이 두
가지 모두를 최대치로 끌어올릴 수는 없다.

노래하는 수다쟁이
참새Chipping Sparrow와 그 참새가
일반적으로 부르는 노래의
초음파 그래프

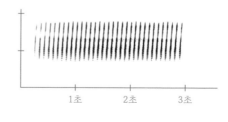

1초   2초   3초

새의 노래는 춤이나 체조, 일련의 정교한 점프와 같다. 짝짓기 상대와 경쟁자들이 그 동작의 정확성과 일관성은 물론이고 높이와 속도까지 지켜보는 중이라고 생각하면 이해하기 쉬울 것이다.

새들은 왜 알을 낳을까?

알 하나를 만들기 위해서는 엄청난 투자가 필요하다. 난황이 서서히 형성되고 난포에서 수정된 난황이 배출된 뒤, 다시 24시간이 지나야 알이 나온다. 알은 난관에서 시작되는데, 그곳에서 흰자가 약 네 시간 이내에 추가된다. 자궁으로 이동하면 그곳에서 열다섯 시간 이내에 껍질이 형성된다. 온전한 알은 암컷의 체중을 2퍼센트에서 12퍼센트까지 차지한다. 더 작은 새들과 조숙성 조류는 비교적 큰 알을 낳는다. 알의 장점은 암컷이 짧은 시간 내에 여러 개 낳을 수 있고 둥지에 놓아둘 수 있다는 것이다. 배아가 둥지에서 자라고 발달하는 동안 어미의 이동에는 제약이 없다. 만약 암컷이 발달 중인 배아 네다섯 개를 품고 있다가 살아 있는 새끼를 낳는다면, 그 기간에는 날아다니지 못할 것이다.

완전히 발달한 알
하나를 몸속에 지닌
암컷 수다쟁이참새

참새에 대해 더 알고 싶다면

봄이면 새의 영역 독점욕이 매우 심해지는데, 가끔은 다른 곳에
비친 자신의 모습을 쫓아내야 하는 도전자로 착각한다. 이 헛된
노력은 호르몬이 점점 감소하면서 몇 주 이내에 끝이 난다.

창문에 비친 자신의 모습과 싸우는
북미산멧종다리Song Sparrow

● 인간이 풍경에 변화를
일으키면 소리의 풍경도
달라진다. 산업화한 세상은
저주파 소음으로 가득하다.
새들에게 소리는 무척
중요한 소통 수단이므로,
다른 소음이 더해지면
큰 영향을 받는다. 조사

노래하는
북미산멧종다리

결과 도로와 산업 현장 및 다른 시끄러운 환경 근처에서 많은
새의 개체 수가 감소했고, 상당 부분은 소음이 그 원인이었다. 예를 들어 낮은
음역대로 노래하는 새의 경우에는 특히 시끄러운 장소에서는 둥지를 짓지
않으려 한다. 시끄러운 장소에 사는 새들은 자신의 노랫소리를 더 높은 음역대로
바꾸는 중인데, 그렇게 하면 낮은 음역대의 소음과 자신의 소리를 구별하는
데 도움이 되기 때문이다. 새들이 소음을 뚫고 의사를 좀 더 제대로 전달하기
위해 직접적으로 적응한 결과 실제로 노랫소리가 바뀌고 있는지, 아니면 새들이
시끄러운 장소에서는 그저 '고함'을 지르며 높은 소리를 내려고 애쓰는 것인지는
분명히 알 수 없다.

● 들새들은 매일 두 가지 위험에 직면한다. 첫 번째는 굶어 죽을 위험이고,
두 번째는 포식자에게 잡아먹힐 위험이다. 새들은 포식자에게 잡아먹히지
않으면서 긴 밤을 버텨내기에 충분한 먹이를 찾아내야 한다. 먹이를 찾으려면
대개는 사방이 트인 곳을 탐색해야 하는데, 먹이를 먹으면 체중이 증가해 속도가
느려지므로 포식자에게
잡아먹힐 위험이 커진다.
들새들은 어떤 먹잇감을
만나든지 위험과 이득을

해 질 녘에
먹이를 찾아다니는
북미산멧종다리

297

끊임없이 저울질한다. 여러 실험 결과, 새들은 포식자가 근처에 있다는 사실을 알면 식사를 나중으로 미룬다. 그런 식으로 가볍고 민첩한 몸을 유지하며 오후를 보내고 잠들기 직전에 체중을 늘린다.

● 대서양에서 태평양, 그리고 멕시코에서 알래스카에 이르기까지 넓은 지역 곳곳에서 크기와 생김새, 색깔이 아주 다양한 북미산멧종다리를 볼 수 있다. 이처럼 넓은 지역에 걸쳐 서식하는 새들에게는 몇몇 일반적인 양상이 나타난다. 북미산멧종다리 변종에게서도 마찬가지다. 대서양 북서부처럼 더 습한 기후에서 사는 새들은 더 건조한 기후에서 사는 새들보다 몸 색깔이 더 짙은 경향을 보인다. 분명한 이점 하나는 그런 색깔이 주변 환경과 더 잘 어우러진다는 것이다. 또 습한 기후에서는 박테리아가 더욱 왕성한데, 멜라닌 색소가 박테리아로부터 깃털을 보호해준다. 널리 나타나는 또 다른 경향은 더 무더운 기후에 사는 새의 부리와 발이 상대적으로 크다는 점이다. 덕분에 이 새들은 단열이 되지 않는 신체 부위에서 열을 더 많이 방출하는 방식으로 체온을 일정하게 유지할 수 있다. 추운 기후에서는 발과 부리가 더 작아 열 손실을 줄이는 데 도움이 된다.

덥고 건조한 미국
애리조나주에 사는
북미산멧종다리(왼쪽)와
시원하고 습한 캐나다
브리티시컬럼비아주에 사는
북미산멧종다리(오른쪽)

유럽, 아시아,
아프리카의
참새들

집참새는 적응력이 매우
뛰어나며, 전 세계에서 가장
성공적으로 번성한 새에 속한다.

말 아래에서
먹이를 찾는
집참새House Sparrow

● 집참새는 인간 주위에서 번성한다. 유전자 연구로 추적한 내용에 따르면, 이는 약 1만 년 전 중동 지역의 농경 문명 때부터 나타난 현상이다. 집참새는 인간이 대량으로 재배하는 더 크고 단단한 곡물을 이용하기 위해 부리의 크기를 좀 더

인간에게 적응해
부리와 머리가 약간
더 커진 집참새(왼쪽)

발달시켰다. 농업이 세계적으로 확산하면서, 집참새도 이에 계속 적응해나갔다. 1900년 이전에는 말이 끄는 마차와 가축을 사방에서 볼 수 있었는데, 그 마차가 이동할 때마다 집참새의 먹이인 곡물이 많이 흘러 나왔다. 집참새는 이 곡물을 먹으며 대륙의 농장과 도시 곳곳에 빠르게 확산했다. 그러나 지난 100년 동안 집참새의 개체 수는 꾸준히 감소 중이다. 농장과 가축이 점점 사라지고 있기 때문이다.

새의 깃털은 몇 개나 될까?

새의 깃털을 모두 세어보려는 시도는 거의 없었다. 하지만 일반적인 내용을 몇 가지 이야기할 정도는 된다. 집참새처럼 작은 명금류가 여름에 지니고 있는 깃털은 약 1800개다.

- 머리 약 400개
- 몸 약 600개
- 날개 약 400개(각 날개에 200개씩이며 대부분은 날개 앞의 덮깃이다)
- 다리 약 100개
- 꽁지 약 12개

추운 기후에 사는 명금류는 겨울에는 몸에 작은 솜털 약 600개가 추가되어 모

두 2400개 정도로 깃털이 더 많아진다. 까마귀처럼 몸집이 더 큰 새들은 작은 새들보다 깃털 수가 좀 더 많지만, 대개는 그저 깃털의 크기가 클 뿐이다. 물새는 깃털이 더 많은데, 물에 닿는 부위에 특히 더 많다.

날아가는 집참새의 깃털을 대략적으로 표시한 그림

● 먼지 목욕은 집참새 같은 몇몇 종의 새들이 흔히 하는 행동이다. 우리는 일상에서 집참새들이 으레 먼지 목욕을 하는, 작은 그릇처럼 우묵하게 팬 땅을 종종 볼 수 있다. 먼지 목욕을 하는 모습은 물로 하는 평범한 목욕을 할 때와 비슷하다. 새들은 먼지 속에 쭈그리고 앉았다가 날개를 흔들어 먼지를 올려 보내고 그 먼지가 온몸을 뒤덮게 한다. 먼지 목욕을 하는 이유는 알려지지 않았지만, 유력한 가설은 치장용 기름을 관리하기 위해서라는 것이다. 적정량의 치장용 기름은 방수 작용을 하고 깃털의 상태를 유지하도록 도와주며 박테리아를 억제하는 등 다양한 역할을 한다. 그러나 기름이 너무 많으면 깃털의 깃가지가 뒤엉켜 박테리아와 기생충에 먹이를 주게 된다. 먼지 목욕은 아마 치장용 기름의 농도를 조절하거나 기름의 속성을 약간 바꾸는 방법일지 모른다.

먼지 목욕을 하는 암컷 집참새

되새 | Finches

멕시코양진이는 영명인
'House Finch'에 어울리게도,
인간의 집 근처에 사는 데
적응했다. 이 새는 주로
창턱이나 공중에 걸어둔
식물 등에 둥지를 튼다.

둥지를 짓는
암컷과 수컷
멕시코양진이 House Finch

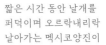

● 대부분의 명금류는 날개를 짧게 퍼덕이다가 잠시 활공하는 방식을 번갈아
이용해 물결 모양 경로를 그리며 날아간다. 활공할 때는 날개를 접어 몸에 바짝
붙이고 몸통과 꽁지에서 양력을 얻는다. 계속 이렇게 날면 추락하게 되지만,
나는 속도가 빠를 때는 더 효율적이다. 실제로 새들은 날개를 덜 퍼덕이고
활공이나 추락하는 방법을 더 많이 이용한다. 속도가 느릴 때는 날갯짓과 추락을
번갈아 사용하는 것이 가장 효율적인 이동 방식이 아니건만, 많은 새가 그렇게
하는 것으로 봐서 아직 알려지지 않은 다른 이점이 있는 게 분명하다. 간헐적인
날갯짓으로 난기류를 더 잘 처리할 수 있거나, 잠깐 날갯짓을 멈추고 쉬면서 몸을
식히거나, 물리적으로 날개를 다른 쪽에 둘 수 없기 때문일 수도 있다.

● 명금류의 빨간색과 주황색, 노란색은 모두 카로티노이드 색소에서 나온
것으로, 먹이를 통해 얻는 색이다. 이 화합물은 많은
과일과 채소에서 발견되는 빨간색과 노란색, 단풍의 빛깔
등 무수히 많은 색깔을 만들어낸다. 새의 체내 기관은
카로티노이드 분자를 변환해 빨간색에서 노란색으로
구성된 일관된 색조를 생성한다. 카로티노이드는
면역 체계에도 필수적인
요소이므로, 밝은색은
오랫동안 건강을 알려주는
유용한 지표로 여겨졌다. 새가
아프면 질병과 싸우기 위해
카로티노이드가 필요하므로
깃털 색에 그 물질을 많이 할애할 수

전형적인 빨간색
멕시코양진이(왼쪽)와
빨간색이 아니라
노란색인 멕시코양진이

없기 때문이다. 따라서 깃털 색이 밝은 새는 그 깃털이 자랄 때 분명 건강했음을 알 수 있다. 하지만 수컷 멕시코양진이의 경우, 밝은 빨강부터 노랑까지 다양한 색깔을 보여주기 때문에 색깔과 건강의 관계는 불분명하다. 노란색 수컷은 미국 남서부와 하와이에 많이 서식한다. 아마 이 새의 색깔은 건강보다는 이용 가능한 특정 카로티노이드 및 그것을 처리하는 방식과 더 큰 관련이 있는 것으로 보인다.

● 병에 걸린 새를 보기란 매운 드문 일인데, 사소한 병이더라도 새에게는 아주 심각한 위험 요인이기 때문이다. 병에 걸린 새는 비행 속도가 느려지고 경계가 소홀해지므로 훨씬 취약한 존재가 된다. 새 모이통에서 가끔 관찰되는 질병 하나가 결막염이라는 눈병이다. 이 질병은 전염성이 높은데, 새 모이통처럼 밀접하게 접촉하는 환경을 통해 확산한다. 1990년대 중반에 유행성 결막염이 미국 동부에 퍼졌는데, 주로 멕시코양진이에게 영향을 미쳤다. 이 병은 여전히 존재하지만, 지금은 자주 발생하지 않는다. 새 모이통과 그 주변을 깨끗하게 관리하도록 하자. 이는 결막염 발병 확률을 낮추는 중요한 방법 하나다. 새 모이통에서 결막염에 걸린 새가 보인다면 모든 모이통을 들어내 표백제로 세척하고 모이통 밑에 있는 씨앗과 똥을 갈퀴로 모아 없애는 것이 좋다. 사실 이는 병의 징후가 전혀 보이지 않더라도 주기적으로 해야 하는 일이다.

결막염에 걸린 수컷 멕시코양진이

금방울새 | Goldfinches

쇠금방울새Lesser Goldfinch
수컷(아래)과 암컷(위)

쇠금방울새는 거의 1년 내내 무리 지어 이동하는데,
어떤 경우에는 몇 달 혹은 몇 년 동안 작은
무리로만 함께 지내기도 한다.

수컷 아메리카황금방울새American
Goldfinch의 담갈색
겨울 깃털(오른쪽)과
샛노란 여름 깃털(왼쪽)

● 모든 새는 깃갈이를 한다. 대부분은 1년에 한 번씩 깃갈이를 하며, 낡은 깃털을
모양이 비슷한 새 깃털로 단순히 교체한다. 그런데 아메리카황금방울새 같은
몇몇 종의 새들은 1년에 두 번 깃갈이를 하며 계절에 따라 극적으로 외모를
바꾼다. 쇠금방울새는 늦여름에 완전한 깃갈이를 진행한다. 완전히 새로운 깃털
전체를 기르려면 시간도 오래 걸리고 품이 많이 들기 때문이다. 또 이 계절에는
온화한 날씨와 풍부한 먹이를 기대할 수 있다. 깃갈이 시기는 둥지 짓기와 거주지
이동 사이로 정하면 된다. 늦여름에는 겨울 동안 위장에 도움이 될 담갈색 깃털을
기른다. 여섯 달 뒤, 둥지 짓기가 시작되기 전인 이른 봄이 오면 쇠금방울새는 다시
날개깃과 꽁지깃을 제외한 몸 깃털을 모두 교체한다. 이때 수컷의 깃털은 화려한
노란색과 검은색으로 바뀐다. 구애에 도움이 되기 때문이다. 깃갈이는 호르몬에
따라 같은 모낭에서 계절마다 서로 다른 깃털을 기르는 스위치를 조절하는 식으로
진행된다.

● 수컷 황금방울새의 샛노란 색깔은 단지 색소만으로 생기지 않는다. 그 찬란한
색깔에는 비밀이 있다. 깃털 하나는 얇고 반투명하기 때문에
대부분의 빛이 깃털을 통과한다.
다시 말해 그 깃털 하나가 아주
인상적인 색을 낼 정도로
빛을 충분히 반사하지는
않는다. 쇠금방울새의
깃털은 끄트머리가 샛노란
색이고 밑동은 선명한 흰색인데,

수컷 아메리카황금방울새의 몸 깃털.
광선이 여러 겹을 통과하면서 그때마다 반사된다.

깃털이 새의 몸에 배열된 방식 때문에 일부 깃털의 노란 끄트머리가 겹쳐진다. 각 깃털의 노란색 바깥 면에 빛이 약간 반사되고, 깃털을 통과한 빛은 밑동의 선명한 흰색 때문에 그 지점에서 다시 반사되어 나온다. 다시 말해 쇠금방울새의 깃털은 근본적으로 역광 조명이 딸린 반투명한 노란색 막을 형성하고 있다.

● 작은 되새 중 몇몇 종은 캐나다와 알래스카에 펼쳐진 북방 침엽수림에 살며, 이 새들의 생활 주기는 특정 나무의 종자 생산과 밀접하게 연결되어 있다. 나무는 몇 년 동안 극소수의 종자만을 생산해 씨앗을 먹고 사는 생물의 개체 수를 줄인 뒤, 1년 동안 씨앗을 많이 생산해 그 씨앗이 모조리 먹힐 일이 없도록 한다. 많은 침엽수가 약 7년에 한 번씩 종자를 생산한다. 특히 자작나무는 홍방울새와 관련이 있는데, 이 나무는 한 해 걸러 한 번씩 종자를 대량으로 생산하는 경향이 있다. 종자 작물이 풍부하면 더 많은 홍방울새가 겨울에 살아남아 더 많은 새끼를 키우므로 개체 수가 늘어난다. 자작나무가 종자를 거의 내지 않는 다음 해가 되면 홍방울새는 먹이를 찾아 남쪽으로 이동한다. 이런 예측할 수 없는 움직임을 '급증'이라고 부르는데, 탐조가들에게는 언제나 흥미진진한 사건이다.

자작나무 씨앗을 먹는
홍방울새 Common Redpoll

쌀먹이새와
들종다리 | Bobolink/Meadowlark

| 노래하는
수컷 쌀먹이새

이 새들의 노래는 여름 목초지를
상징하는 인상적인 소리 중 하나다.

● 수컷 쌀먹이새는 구애할 때 날아다니며 노래하는
행동을 보인다. 암컷은 더 오래 날아다니며
노래하는 수컷을 선호한다. 비행 활동을
하려면 대개 안정된 호흡이 필요하지만,
노래할 때는 복잡한 호흡 조절이 필요하다. 또
쌀먹이새의 노래는 특히 격렬하다. 100개 이상의
악구로 구성된 노래를 10초 이상 부를 수도

날아다니며 노래하는
수컷 쌀먹이새

있다. 인간은 달리면서 노래하려고 하면 결국 숨을 헐떡이고 마는데, 새들은 이 두
가지 활동에서 어떻게 균형을 맞추는 것일까? 그 비결은 다음과 같다. 첫째, 새의
폐는 인간의 폐보다 훨씬 효율적으로 기능한다. 인간의 경우에는 폐를 공기로
채우면 산소가 빠르게 흡수된다. 우리는 노래하면서 숨을 내쉰 뒤 신선한 공기를
들이마실 때까지는 산소를 더 얻지 못한다. 반면 새는 공기주머니에 신선한
공기를 저장할 수 있으며, 노래하기 위해 그 공기를 내보냄과 동시에 신선한
공기가 폐로 전달된다. 하늘을 날면서 노래하는 것은 여전히 놀라운 묘기지만,
충분한 산소를 확보하는 일은 사소한 문제라고 할 수 있다.

● 새와 농부의 관계는 언제나 복잡했다. 농부들은 새가 농작물을 해친다고
비난하면서도 해충을 조절해주는 점은 고맙게 여긴다. 세계적으로 새들이
먹어 치우는 곤충은 5억 1만 톤 이상이다. 또 농장은 산울타리, 잡초가 우거진
가장자리, 목초지 등 새들에게 양질의 서식지를 다수 제공해주었다. 일찍이
1900년대부터 미국 동부의 상당 부분은 농경지였고
검은가슴띠들종다리Eastern Meadowlark와 쌀먹이새

목초지에서 노래하는
들종다리

같은 새들은 농장의 탁 트인 초원과 목초지에
둥지를 틀며 번성했다.
많은 지역에서 농업이
쇠퇴하고 농사법이
더욱더 산업화하면서,
이제는 그런 서식지의
대부분이 사라졌다.

또 아직 목초지가 있다고 한들, 근본적으로 빛 좋은 개살구에 불과하다. 한 철에 건초를 여러 차례 수확하기 때문에 새들이 번식 주기를 완료할 시간적 여유가 없기 때문이다.

● 들종다리는 특이하게도 수평선보다 살짝 위를 바라볼 때 시력이 가장 예리하다. 이 새는 탁 트인 땅에서 대부분의 시간을 보내므로, 아마 위협을 경계하기 위해 적응한 결과일 것이다. 또 대부분의 새는 자신의 부리를 볼 수 없지만, 들종다리의 시야는 부리 끝을 볼 수 있도록 앞쪽을 향한다. 그러나 그런 이유로 머리 뒤쪽에 더 넓은 사각지대가 생긴다. 이는 다시 말해 주변을 살피기 위해 머리를 더 자주 돌려야 한다는 뜻이다. 들종다리가 먹이를 구할 때 쓰는 기술 중 하나는 꽉 닫은 부리를 헝클어진 풀 속에 집어넣어 억지로 벌리는 것이다. 부리를 벌릴 때 눈은 저절로 약간 앞쪽과 아래쪽을 향한다. 그러면 벌어진 아랫부리 사이로 풀 속의 빈틈이 보여서 먹잇감이 될 만한 것을 발견하고 붙잡을 수 있다.

검은가슴띠들종다리가 부리를 벌리고 닫을 때의 시선을 보여주는 그림

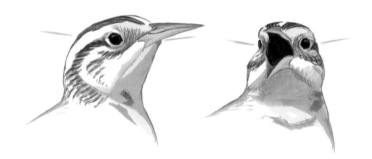

꾀꼬리 | Orioles

북아메리카에 사는 몇몇 종의 꾀꼬리는
번식을 위해 북쪽으로 이동하지만,
대부분의 꾀꼬리는 열대지방에 거주한다.
최근 연구에서는 많은 열대지방 꾀꼬리가
철새인 선조들에게서 진화했다는 주장이
나왔다.

등지를 짓는
아메리카꾀꼬리
Baltimore Oriole

● 새알의 모양은 둥근 것에서부터 길쭉한 것까지 종에 따라 다양하다. 둥글지 않은 알은 두 종류로 나뉜다. 첫 번째는 고르게 길쭉한 타원형으로 대칭 형태이고, 두 번째는 한쪽 끝이 유난히 뾰족한 비대칭형이다. 최근 알 1400종이라는 광범위한 표본을 비교한 연구에서는 알 형태와 비행 습성 사이의 놀라운 상관관계를 밝혀냈다. 연구에 따르면, 더 많은 시간을 나는 새들은 뾰족한 알을 낳는 경향이 있다. 이는 알이 부분적으로 비행의 필요성에 대응하며 진화해왔음을 암시하지만, 명확한 이유는 여전히 알려지지 않았다. 한 가지 가능성은 새의 몸이 효율적인 비행을 위해 가벼운 유선형으로 진화했으므로 둥근 알은 몸에 맞지 않는다는 사실이다. 길쭉한 알은 폭이 좁으면서도 둥근 알과 같은 용량을 담을 수 있으니, 많은 시간을 비행하는 새들에게는 이러한 형태의 알이 더 효율적일 것이다.

북미산멧종다리의 알(왼쪽)과 아메리카꾀꼬리의 알(오른쪽). 비행 시간이 더 적은 북미산멧종다리는 아메리카꾀꼬리의 알보다 더 둥근 알을 낳는다.

아메리카꾀꼬리의 개체 수

다음 도표는 1년이 조금 넘는 기간 동안 아메리카꾀꼬리의 개체 수 변화 주기를 보여준다(다른 명금류도 비슷하다). 이 도표에서 번식기의 어른 새 30마리(파란색)는 알 100개를 낳는다(노란색). 그 알에서 태어난 새 열다섯 마리가 다음 해 봄에 돌아와 이전 해에 살아남은 어른 새 열다섯 마리와 합류해, 번식기 개체 수 30마리를 유지하고 다시 알 100개를 낳는다.

알아두기

• 가을 이동 중에는 어린 새의 수가 어른 새보다 많다.
• 매해 번식한 개체 수의 절반은 처음 번식한 새들로 구성된다.
• 전반적인 체계가 굉장히 취약하다. 어느 해에 새끼가 태어나지 않으면 개체 수는 절반으로 떨어지고, 이 과정에서 아주 사소한 방해가 있어도 비율에 영

향을 미쳐 개체 수 수치가 달라질 수 있다.

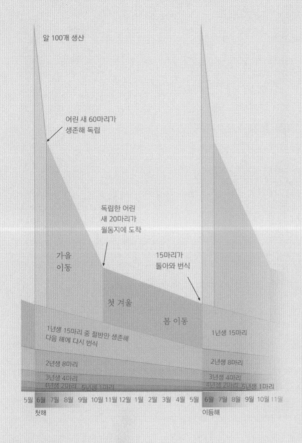

알 100개 생산

어린 새 60마리가
생존해 독립

독립한 어린
새 20마리가
월동지에 도착

가을
이동

15마리가
돌아와 번식

첫 겨울

봄 이동

1년생 15마리 중 절반만 생존해
다음 해에 다시 번식

1년생 15마리

2년생 8마리

2년생 8마리

3년생 4마리

3년생 4마리

4년생 2마리 5년생 1마리

4년생 2마리 5년생 1마리

5월 6월 7월 8월 9월 10월 11월 12월 1월 2월 3월 4월 5월
첫해

6월 7월 8월 9월 10월 11월
이듬해

아메리카꾀꼬리의
개체 수 그래프

새의 수명은 얼마나 될까?

대부분의 새는 생존 기간이 1년 미만이다. 명금류가 첫 번식기까지 살아남는다면 해마다 생존율이 50퍼센트 정도다. 확률이 50대 50이므로, 명금류는 10년 동안 생존하는 경우가 1000마리당 한 마리이며 15년을 사는 경우는 3만 3000마리 중 한 마리다. 그러나 이는 가능성 있는 수명을 초과한 수치다. 집단별 기록을 살펴보면 최고령 아메리카꾀꼬리로 알려진 새는 12년을 살았고, 가장 나이 많은 명금류인 아메리카붉은가슴울새는 14년을 조금 못 채웠다. 여기

서 알아두어야 할 점은, 보통 몸집이 더 큰 새들이 더 오래 산다는 사실이다. 흰머리수리의 최대 기록은 38년이었다. 또 바닷새가 특히 오래 사는데, 어느 레이산앨버트로스Laysan Albatross는 67세로 생존이 확인되었다고 한다. 이 새의 기록은 계속해서 올라가는 중이다. 이는 비슷한 크기의 포유동물에 비하면 놀랄 만큼 긴 수명이며, 새의 높은 신진대사율을 고려하면 더욱더 그렇다.

새들은 같은 짝과 평생을 보낼까?

명금류의 경우, 이에 대한 대답은 "그렇다, 하지만…"이다. 아메리카꾀꼬리 부부는 둘 다 겨울을 무사히 보내면 같은 번식지로 돌아가는 길을 찾아내 서로를 알아보고 함께 또다시 둥지를 지으려고 노력한다. 그러나 수컷과 암컷이 그해에 생존할 확률은 각각 50퍼센트이므로, 둘 다 되돌아올 확률은 25퍼센트에 불과하다. 따라서 이 새들은 대개 죽기 전까지 같은 짝과 함께하지만, 대부분의 경우 부부 관계는 한 차례의 번식기 동안만 유지된다.

찌르레기사촌류

| Cowbirds

찌르레기사촌은 '탁란'이라는 전략을 쓴다.
이 새가 다른 새의 둥지에 알을 낳으면
아무것도 모르는 양부모가 알을 품고 어린
찌르레기사촌을 먹이는 등 육아를 도맡는다.

깃털이 다 자란 어린
찌르레기사촌Brown-headed Cowbird을
키우는 수컷 노란목솔새

두 수컷의 구애를 받는
암컷 찌르레기사촌(왼쪽)

● 찌르레기사촌은 둥지를 짓거나 새끼를 키우지 않으며, 생활영역도 분명히
구분하지 않는다. 한편 암컷은 여러 수컷으로부터 구애를 받는다. 따라서 여러
마리의 수컷이 암컷 찌르레기사촌 한 마리의 관심을 얻으려고 서로 다투며 암컷의
뒤에 바짝 붙어 날아다니는 광경을 흔히 볼 수 있다. 어떤 개체군에서는 암컷과
수컷이 서로 강한 유대감을 형성하고 번식기 동안 둘이서 함께 지내지만, 또 어떤
개체군에서는 암수 결속력이 두드러지게 형성되지 않는다. 암컷 찌르레기사촌은
짝짓기 후 알을 낳을 수 있는 다른 새의 둥지를 찾으며 영역을 탐색하고,
자신의 알을 끼워 넣을 가장 좋은 때를 선별하려고 그 둥지를 감시한다. 암컷
찌르레기사촌은 알맞은 둥지 하나에 알 한 개를 낳으며, 한 철에 알을 수십 개
낳을 수 있다. 대개 아침에 알을 낳는데, 대부분의 활동을
아침에 진행하고 오후에는 편히
지낸다.

둥지 곁에 있는
암컷 찌르레기사촌

● 암컷 찌르레기사촌은 단순히
알을 낳고 내버려두지 않는다. 알과
새끼가 자라는 과정을 계속해서
감시한다. 찌르레기사촌은
둥지 주인인 새가 자신의 알을
제거했다는 사실을 알게 되면,
보통은 그 둥지의 알을 모두 파괴해
복수한다. 이렇게 하면 그 새가 다시

둥지를 지을 경우 찌르레기사촌이 알을 끼워 넣을 다른 기회가 생길지 모르며, 그
새의 번식을 막아 찌르레기사촌을 방해하는 행위를 멈추게 할 수도 있다. 연구에
따르면 암컷은 새끼가 부화한 뒤에도 그 영역에 머무른다. 생후 6일쯤 된 어린
새는 암컷 찌르레기사촌 특유의 꾸르륵거리는 울음소리에 응답한다. 암컷의
꾸르륵거리는 울음소리가 일종의 본능적인 암호로 작용해 어린 찌르레기사촌이
둥지를 떠난 뒤에 같은 종의 새들을 알아보도록 도와주는 것으로 보인다.

● 찌르레기사촌의 알은 다른 새의 알보다 며칠 더 일찍 부화한다. 따라서 포란이
시작되기 전에 찌르레기사촌의 알을 둥지에 있는
알들 사이에 넣기만 하면, 둥지 주인의
알보다 일찍 부화할 것이다. 어린
찌르레기사촌은 부화하지 않은
알을 둥지 밖으로 밀어내거나, 더
크고 튼튼한 몸으로 둥지 주인의
새끼들을 제치고 먹이를 차지한다.
암컷 찌르레기사촌은 포란이 이미
시작된 둥지를 발견하면 둥지에서 그 알을
꺼내 없애버리는데, 이는 아마 찌르레기사촌이
몰래 알을 집어넣을 수 있도록 둥지 주인이 새로
알을 낳게 하기 위해서일 것이다.

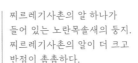

찌르레기사촌의 알 하나가
들어 있는 노란목솔새의 둥지.
찌르레기사촌의 알이 더 크고
반점이 촘촘하다.

큰검은찌르레기 | Grackles

몇몇 종의 다른 새들처럼,
큰검은찌르레기는 기본적으로 인간의
농업에 도움을 받는다. 이 새들은 맥아 등
술을 빚고 남은 잉여분을 먹이로 삼는다.

과시 행위 중인 수컷
큰검은찌르레기
Common Grackle

큰검은찌르레기
무리

● 큰검은찌르레기를 포함한 몇몇 새는 크고 협동력이 강한 무리를 형성해 함께
이동하거나 쉬지만, 솔새 및 다른 몇몇 새들은 혼자 지내거나 협동력이 약한
무리를 형성한다. 집단으로 둥지를 짓는 것과 비슷하게, 무리 짓기 형태는 새들이
이용하는 먹이의 종류에 따라 결정된다. 큰검은찌르레기 같은 새는 곡물을 특히
좋아해서 무리로 밭을 찾아다닌다. 먹이를 구할 만한 밭을 찾는 것은 어려운
일이지만, 일단 찾으면 충분하게 먹을 수 있다. 반면 박새류와 솔새 및 이들과
비슷한 새들은 각자 널리 산발적으로 먹이를 찾아다니며, 같은 곤충을 두고
경쟁할 다른 새를 근처에 두고 싶어 하지 않는다. 큰검은찌르레기의 방식에는
장단점이 있다. 먹이가 있는 밭을 함께 찾아다니고 다 함께 먹이를 꾸준히 이용할
수 있으며, 또 포식자를 경계하는 눈이 많기 때문에 다른 새의 경보를 듣고 몸을
피할 수 있다. 반면 먹이가 밭 단위가 아니라 흩어진 상태이거나 먹이가 부족할
때는 무리로 다니는 방법은 부정적으로 작용한다.

부분 백색증이 나타난
세 종류의 큰검은찌르레기

● 평범한 새처럼 보이는데
깃털에 흰색 얼룩이 있거나
전체적으로 흰색 또는 연한
황갈색 부분이 있는 새를
발견한 적이 있는가? 이는
모두 백색증의 일종으로,
검은색 멜라닌 색소가 감소한
결과다. 이 현상은 모든 종의

새에게 발생하며, 원인은 유전학적 돌연변이나 질병, 영양실조, 부상 등 매우 다양하다. 어떤 경우에는 일시적인 상태로, 다음 깃갈이 때 정상적으로 색깔이 있는 깃털이 자란다. 반면 영구적인 상태로 남는 경우도 있다. '진짜' 백색증은 신체가 멜라닌을 전혀 생성하지 못하게 하는 유전학적 돌연변이에서 비롯된다. 이런 상태의 새들은 눈과 피부는 분홍빛이고 몸 전체가 하얗다. 멜라닌은 착색에만 영향을 미치는 것이 아니라 시력과 일부 다른 신체 기능에도 중요한 역할을 하므로, 멜라닌이 전혀 없는 색소 결핍증에 걸린 새들은 오래 살아남지 못한다.

| 새 배설물의 두 가지 형태

● 새똥이 희고 검은 이유는 무엇일까? 우선 단백질 대사는 질소 화합물을 다량 생성하는데, 이 화합물은 매우 유독하므로 체내에서 제거되어야 한다(예를 들어 암모니아가 그렇다). 포유동물은 이 질소 화합물을 유독성이 덜한 '요소'로 변환하고, 이 요소는 다량의 물로 희석되어 방광에 저장되었다가 소변으로 배출된다. 그러나 새는 공중을 날아야 하므로 그렇게 많은 무게를 지니고 다닐 수 없다. 따라서 새는 질소를 흰색 가루 같은 침전물인 '요산'으로 전환한다. 새의 배설물에서 보이는 흰색 부분은 그런 식으로 형성된다. 검은색 부분은 소화되지 않은 물질이 장을 통과한 것이다.

검은꾀꾀리류 | Blackbirds ^{Agelaius속-감수자}

부들이나 버드나무가 자라는 길옆
지하 수로 주변은 붉은날개검은새
부부에게 알맞은 둥지터다.

노래로 한껏 자신을 과시하는 수컷
붉은날개검은새 Red-winged Blackbird

● 수컷 붉은날개검은새의 붉은 어깨는 일종의 신호로
필요에 따라 과시하거나 숨긴다. 짝짓기 상대나
경쟁자에게 자신을 알리지 않는 편안한 상태일 때,
날개를 접어 몸에 붙인다. 이때는 등과 가슴의 검정
깃털이 붉은 어깨를 뒤덮다시피 감싼다.
검은 몸통 깃털을 젖히면 붉은 어깨가
드러난다. 수컷은 과시 행위를
할 때 몸통에 붙였던 날개를
펼치고 붉은색 부위가 훨씬 크고
돋보이도록 어깨 깃털을 부풀리며 상대의 주의를
끌기 위해 노래를 부른다.

붉은날개검은새의 붉은 날개
부위가 검은색 몸통 깃털로
숨겨진 모습(왼쪽)과 드러난
모습(오른쪽)

● 빛이 충분한 상태에서 새의 깃털을 아주 자세히 관찰해보면,
깃털의 광택이나 짙은 색이 미묘하게 다른 희미한 막대가 깃털을
가로지르는 모습이 보일 것이다. 이 막대를 '성장 띠'라고 부른다. 새의 성장
띠는 나무의 나이테와 비슷한 개념으로, 어두운색과 흰색 조합은 24시간 단위로
성장이 일어났다는 표시다. 더 어두운색 띠는 낮 동안 자란 부분이고, 밝은색
띠는 밤에 자란 부분이다. 성장률은 종에 따라; 그리고 새의 건강과 영양 상태에
따라 하루에 1밀리미터에서 7밀리미터까지 다양하지만, 일반적으로는 매일
2밀리미터에서 3밀리미터에 그친다. 아래 그림에서 보이는 붉은날개검은새의
꽁지깃은 약 20일 동안 자랐다. 굴뚝새처럼 더 작은 새들은 가장 큰 깃털이
자라기까지 열흘이 채 걸리지 않을 때도 있다. 독수리와 사다새 같은 새들은
깃털이 훨씬 더 크지만, 그런 깃털도 하루에 몇 밀리미터만 자라기 때문에 날개깃
하나가 자라는 데 100일 이상이 걸릴 수도 있다.

붉은날개검은새의
꽁지깃. 전체적으로
검은색이지만, 자세히
보면 성장띠 음영이
어렴풋이 보인다.

새 모이를 재배하는
해바라기밭 위를 날고 있는
새들의 모습

● 수많은 사람이 새에게 매년 무수히 많은 모이를 제공한다. 그 모든 새 모이를
재배하는 곳이 어딘가에 있을 것이다. 새 모이를 재배하는 밭의 농부들이 겪는
어려움은 추수하기 전에 들새들이 들판에서 그것을 모조리 먹어치우지 못하도록
막는 것이다. 식물 육종가들은 새들이 몸을 숨기지 못하게 하기 위해 키가 더 작은
해바라기를 개발하고 새의 눈에 덜 띄게 하기 위해 땅을 향해 축 처진 꽃들을
키워냈다. 한편 습지에서 멀리 떨어진 논밭은 새들의 공격을 받을 위험이 덜하다.
농부들은 대부분의 식물이 다 자라면 논밭에 제초제를 살포해 식물을 죽이고
이삭을 건조한 다음 전부 한꺼번에 수확한다.

부록

01—공존 가이드: 길 위의 새들과 함께 살아가는 법

02—버드 노트: 새에 관한 거의 모든 과학적 사실들

01

공존 가이드:

길 위의 새들과 함께 살아가는 법

새가 창문에 부딪혀요

새가 당신 집 창문에 부딪혀 기절했다면, 새를 조심스럽게 들어 올려 작은
마분지 상자나 봉투에 넣어두라. 이때 그 상자나 봉지가 열리지 않도록 단단히
닫아야 한다. 그다음 새가 어둠 속에서 편안하게 쉴 수 있도록 조용하고
따뜻한 곳에 상자나 봉투를 놓아두라. 대부분 한 시간 이내에 회복할 것이다.
집 안에서는 그 상자를 열지 말고 살짝 들여다볼 생각도 하지 말라.
얼마 뒤 상자나 봉투 속에서 퍼덕이는 소리가 들리면 그 새는 떠날 준비가
된 것이니 집 밖으로 상자를 가지고 나가 뚜껑을 열라. 새가 즉시 날아서
빠져나오면 잘 배웅해주고, 그렇지 않으면 그 상자를 어둠 속에 좀 더 오래
놓아두라. 당장은 먹이나 물이 필요하지 않으므로 새는 몇 시간 동안 잘 지낼
것이다. 간호가 더 필요하면 야생동물 재활사를 찾아야 하며, 그 새가 회복되지
않으면 다음 페이지에 나오는 '죽은 새를 발견했어요'를 참고하라.

새가 창문에 반복해서 날아들어요

이는 새가 창문에 부딪혀 사고를 당하는 위의 내용과 완전히 별개의 문제이며,
일반적으로 무해하다. 새들은 가끔 창문에 비친 자신의 모습을 잠재적인
경쟁자로 보고 그 새를 내쫓기 위해 헛된 노력을 기울인다.

딱따구리가 우리 집을 공격해요

우선 딱따구리가 무엇을 하고 있는지 파악하라. 먹이를 찾는 중이라면
전문가에게 연락해 집 외벽 속에 곤충이 있는지 알아내라. 딱따구리가 북
소리를 내고 있거나 구멍을 뚫고 있다면 그 행동은 몇 주 뒤에 서서히 잦아들
것이다. 그동안에는 딱따구리를 단념하게 할 물건을 공중에 걸어두면 도움이
된다. 딱따구리가 나무에 앉지 못하도록 방수용 천을 걸어도 좋고, 겁을 줘서
쫓아버릴 은박지 조각이나 CD 등을 붙여도 좋다. 딱따구리는 대개 외벽
널빤지가 천연색 그대로인 집을 공격하므로, 심하면 벽을 다른 색으로 칠하는
것도 좋은 해결책이 될 수 있다.

새가 우리 집 현관에 둥지를 지었어요

몇몇 종의 새는 현관과 창턱 등에 둥지를 짓는다. 둥지를 짓는 초반에는 특히 그 새들의 사생활을 최대한 보장해주고, 둥지를 짓고 새끼를 길러내는 과정을 전부 지켜볼 기회를 만끽하라.

살아 있는 새가 집에 들어왔어요

얼떨결에 건물 안에 들어온 새는 출구를 찾고 햇빛을 향해 날아가느라 창문에 몸을 대고 퍼덕이거나 창문에 부딪힐 것이다. 여러분이 방 안에, 특히 새와 출구 사이에 서 있다면 새가 여러분 가까이 날아오겠지만, 위험한 상황은 아니다. 새는 여러분을 공격하는 게 아니라 출구를 찾고 있는 것뿐이다. 이때는 새가 놀라지 않도록 천천히, 조용히 움직여라. 먼저 새가 그 방에서 빠져나와 집의 다른 공간으로 들어가지 않도록 방문을 닫아라. 그런 다음 새가 쉽게 나갈 수 있도록 그 방에서 외부로 이어지는 창문과 문을 모두 열어두라. 가능하면 가장 위에 있는 창문도 열자. 열리지 않는 창문은 커튼이나 차양으로 가려 열린 창문과 문으로만 햇빛이 비치게 하라. 새를 향해 다가가면 아마 날아갈 것이므로, 반드시 새를 출구 쪽으로 몰아넣되 퇴로를 차단하지 말고 접근하라. 두 팔을 머리 위로 뻗어 몸을 더 커 보이게 만들면, 새가 여러분을 지나쳐 날아갈 일은 없을 것이다. 이 모든 행동은 천천히 그리고 조용히 실행하라. 새가 창문에 몸을 대고 파닥거리고 있다가 여러분의 손에 잡히면, 부드럽게 그러나 확실히 그러쥐고 즉시 창가로 이동해 밖으로 날려 보내라.

죽은 새를 발견했어요

죽은 새를 발견했다면, 그 새의 사망 원인은 아마 인간과 관련된 것일 확률이 높다. 다시 말해 창문에 부딪히거나 차에 치이거나 집에서 기르는 고양이에게 죽임을 당한 것이다. 발견된 죽은 새가 병에 걸리지는 않았겠지만, 주의 깊게 다루고 만진 뒤에는 손을 씻어라. 대개는 땅에 묻으면 된다. 박물관이나 대학처럼 연구용 표본으로 새에 관심이 있는 공공 기관을 알고 있다면, 다음 단계를 밟아라. 먼저 키친타월이나 신문지에 새의 시신을 올려 조심스럽게 감싼다. 그다음 비닐봉지에 넣어 단단히 포장하고 언제, 어디에서, 어떻게 그 새를 발견했는지 적은 쪽지도 반드시 동봉하라. 그리고 냉동고에 그것을 넣고, 손을 씻어라.

어린 새를 발견했어요

이때는 먼저 다음 두 가지 핵심을 알아둬야 한다. 첫 번째는 대부분의 어린 새에게는 도움이 필요하지 않으며, 인간이 할 수 있는 최선의 행동은 그대로 내버려두는 것이다. 일반적으로 어린 새에게는 구조의 손길이 필요하지 않다. 두 번째는 다치거나 부모 잃은 새를 제대로 돌볼 수 있는 사람은 특별한 교육을 받고 자격증을 소유한 야생동물 재활사뿐이라는 것이다. 이제 자세한 내용은 다음 두 가지 경우의 예시를 통해 살펴보자.

❶ 어린 새가 다음과 같은 모습일 경우

이것은 막 날기 시작한 어린 새로, 이 정도 나이의 새는 둥지를 떠나는 것이 정상이다. 아마 부모가 근처에 있을 테니 발견하더라도 내버려둬야 한다. 어린 새와 가까이 있는데 날카로운 울음소리가 반복적으로 들리거나 다 자란 새가 가까이에서 마구 날아다니면 새끼를 지키려는 부모일 것이다. 이때는 자리를 피해주어야 한다. 어린 새 근처에 먹이나 물을 놓아둬서도 안 된다. 별 도움이 되지 않을뿐더러 오히려 포식자를 끌어들일 수도 있다.

인간이 개입해서 도움이 될 만한 상황은 다음 몇 가지뿐이다.

첫 번째, 어린 새가 고양이나 개, 자동차 때문에 위급한 상황에 부닥쳤을 때다. 위험한 상황임이 확실하면 '휘이!' 하고 소리치며 그 새를 안전한 곳으로 보내거나 조심스럽게 들어 올려 관목이나 나무처럼 더 안전한 장소로 옮겨라.

두 번째, 고양이나 개가 물어온 경우 등 한눈에 봐도 그 새가 확실히 다쳤을 때다. 상처가 가볍고 새가 앉거나 뛰어다닐 수 있으면 야생동물로서는 운 좋게도 아마 부모와 함께 있었을 것이다. 그 새를 밖으로 데려가 부모가 찾을

수 있는 덤불이나 작은 나무 중 비교적 높이 숨겨진 가지에 올려두라. 상처가
심각하면 지역의 야생동물 재활사에게 연락하라.

세 번째는 어린 새가 길을 잃거나 부모를 잃은 경우다. 여기서 짚고 넘어가야
할 한 가지는 우선 여러분이 부모 잃은 새를 발견할 가능성은 거의 없다는
것이다. 아마 부모가 가까이에 있을 확률이 크다. 이때는 가장 먼저 부모 새가
아직 주변에 있는지 확인해야 한다. 집 안에서 적어도 두 시간 동안 지켜보고
이후에도 꾸준히 관찰하라. 부모 새는 살며시 찾아올 것이며 순식간에
새끼에게 먹이를 전한다. 어린 새에게 부모가 없다는 게 확실하다고 판단되면,
지역 야생동물 재활사에게 연락하라.

❷ 어린 새가 다음과 같은 모습일 경우
아주 어린 새가 둥지에서 떨어진 상황이다.
둥지를 찾을 수 있고 손이 닿는다면 새를
그곳에 다시 넣어주어라. 둥지를 찾지
못하거나 새를 되돌려놓을 수 없으면, 대체할
만한 둥지를 만들어 원래 둥지에 최대한

가까이 붙여두라. 작은 상자나 우묵한 바구니 속에 키친타월을 깔아두면
적당한 임시 둥지가 될 것이다. 아기 새를 그 안에 넣고 부모가 돌아오는지
멀리에서 지켜보라. 이렇게 했는데도 아기 새에게 반드시 도움이 필요하다는
생각이 들면, 그 새의 몸을 따뜻하고 마른 상태로 유지하며 지역 야생동물
재활사에게 연락하라.

탐조가가 되려면

탐조 활동을 시작하기 위해 필요한 것은 무엇일까? 형식적으로는 새의 이름과
특징이 실린 지침서 그리고 쌍안경이 기본적인 도구지만, 사실은 호기심만
갖추면 된다. 다만 탐조 활동이 확장되면 앞서 언급한 물품들이 아주 긴요하게
쓰일 것이다. 그러나 21세기인 오늘날에는 온라인에서 다양한 정보와 유용한
커뮤니티 사이트를 찾을 수 있으며, 지금은 쌍안경 대신 디지털카메라로 탐조

활동을 시작하는 사람도 많다. 어느 도구를 사용하건 새에 대해 더 빨리 익히려면 적극적인 관찰자가 되는 수밖에 없다. 새의 모습을 스케치하고, 기록하고, 글을 쓰고, 사진을 찍는 등의 활동을 하면 자연스레 더 주의 깊게 그리고 더 오래 새를 관찰하게 될 것이다. "저 새는 왜 저런 식으로 행동할까?", "이 새의 부리 모양은 다른 종의 새들과 어떻게 다른가?"라며 스스로 질문을 던지는 것도 훌륭한 접근 방식이다. 더 많은 관심을 기울일수록 더 많은 것을 배운다. 또한 가장 좋은 탐조 습관은 새들의 행동에 되도록 영향을 미치지 않으려 애쓰는 것이다. 탐조할 때는 그들의 생활을 방해하지 않도록 노력해야 한다.

새를 식별하는 법

새를 제대로 식별하는 비결 하나는 차이점과 유사점에 주목하는 것이다. 새의 색깔과 부리 등의 형태와 습성을 유심히 관찰하고, 어떤 종과 관련이 있는지 알아보자. 볏의 유무나 다양한 날개 모양에도 관심을 기울이자. 또 새의 식습관을 생각하면 부리 형태에 따라 쓰임새가 어떻게 달라지는지 금세 알 수 있다. 새의 습성 역시 그 새가 어떤 종인지 구별할 수 있는 강력한 단서다. 예를 들어 칠면조독수리가 비스듬히 하늘을 나는 모습은 아주 독특한 특징이며, 대다수 명금류의 물결 모양 비행이나 제비의 매끄럽고 우아한 비행과는 매우 다르다. 굴뚝새는 주로 꽁지를 들어 올리는 특유의 습성으로 알아볼 수 있으며, 산적딱새는 꽁지를 좌우로 흔드는 습성이 있다. 색깔은 비슷한 종의 새들을 구별하는 무척 기본적인 단서다. 붉은가슴홍관조는 북부홍관조와 색깔은 무척 다르지만 아주 가까운 친척이다. 검은가슴띠지빠귀는 아메리카붉은가슴울새와 같은 과에 속하며 몸 색깔이 주황색과 회색으로 비슷하지만, 자세히 살펴보면 색 무늬의 세부적인 부분이 다르다. 또 밀접하게 관련된 새들은 집단으로 반드시 근본적인 유사점이 있다. 예를 들어 모든 딱따구리는 뻣뻣한 꽁지를 버팀대 삼아 나무에 오른다. 동고비는 나무에 오르지만 꼬리는 쓰지 않는다. 어떤 경우에는 서로 관련 없는 새들이 같은 문제에 대해 비슷한 해결책을 발전시키기도 한다. 갈색나무발바리의 꽁지는 딱따구리의 것과 같은 모양으로 진화했고 나무를 오르는 방법도 딱따구리와 똑같이 발전했지만, 둘은 서로 관련이 없다.

버드 노트:

새에 관한 거의 모든 과학적 사실들

다양한 새들

새는 공룡이다. 어떤 공룡들은 1억 6000만 년 전부터 깃털을 기르고 새와
비슷한 모습을 보였다. 6600만 년 전, 소행성 충돌로 모든 공룡과 몇 종류를
제외한 모든 새를 포함한 지구의 육상동물 중 3분의 2 이상이 전멸했다.
오늘날 지구에 존재하는 새는 1만 1000종가량이라는 것이 일반적인 의견이며,
멕시코 북쪽의 북아메리카에서는 800여
종이 발견된다. 새의 종류는 엄청나게
다양하며, 각자 비범한 적응력과 놀라운
재능을 가지고 있다.

진화: 자연선택과 자웅선택

새의 놀라운 다양성은 수백만 년 동안 진행된 진화의 산물이다. 꽃이나
과일의 품종을 개량하는 이들이 그 생물의 후손에게서 강화되기 바라는
특징을 선별하는 것과 비슷하게, 새의 진화 역시 일정 기준을 충족하는
개별 새들이 남겨지는 방식으로 진행된다. 이때 자연스럽게 질병, 날씨,
포식자 같은 치명적인 위협 및 다른 다양한 요소에 대처하는 데 '덜 적합한'
개체는 집단에서 제거된다. 동시에, 새들은 성별이 다른 개체의 매력적인
특징을 선택한다. 이 모든 요소는 어느 새가 생존해 번식할 것인지에 영향을
미치며, 이는 곧 다음 세대에 나타날 특징을 구성한다. 수억만 세대 동안 이
과정이 거듭되어 지구의 생물들이 전체적으로 다양해졌다. 이 '자연선택'은
'적자생존'에 따라 진행된다. 더 강하고 건강한 새들이 더 많은 새끼를 키우며,
자신의 특징을 더 많은 후손에게 물려준다. 이에 따라 부리 형태와 날개 모양,
포란 습관 등이 달라진다. '자웅선택'은 암수가 특정한 특징을 가진 짝을
고르는 짝짓기를 통해 이루어진다. 이런 까닭에 몇몇 새는 엄청나게 화려한
깃털을 갖기도 한다.

깃털

깃털의 기능

"깃털은 어떻게 생겼는가?"라는 질문을 받으면, 아마 여러분은 아래 그림처럼 타원형이고 가운데에 깃대가 있으며 양쪽으로 깃가지가 잔뜩 달린 형태를 떠올릴 것이다. 그러나 깃털의 구조와 크기는 굉장히 다양하다. 마찬가지로, 누군가 여러분에게 "깃털의 기능은 무엇인가?"라는 질문을 한다면, 여러분은 하늘을 날거나 몸을 따뜻하게 해주는 것으로 생각할 것이다. 하지만 이런 기본적인 기능 외에도, 새의 깃털은 무수히 다양한 역할을 하도록 진화해왔다. 깃털은 새의 몸을 따뜻하고 마른 상태로 유지하게 해주며, 몸을 유선형으로 만든다. 이밖에도 색깔을 내 몸을 장식해주고 날 수 있게 해주는 등 많은 역할을 한다. 깃털의 핵심적인 특징 두 가지는 매우 가볍고 놀랍도록 튼튼하다는 점이다.

🐦 깃털은 비늘에서 진화하지 않았다. 최초의 깃털은 속이 빈 뻣뻣한 털 같은 것이었는데, 서서히 더 복잡한 구조로 발전했다.

🐦 깃털의 놀라운 특징 중 많은 부분은 깃가지가 많이 달린 정밀한 구조 덕분에 생긴 것이다.

🐦 깃털은 쉽게 끊어지지 않는데, 이는 미세한 '작은깃가지'로 구성된 끄트머리에서부터 깃대가 시작되는 아랫부분까지 섬유질이 쭉 이어지기 때문이다.

🐦 개별적인 새 한 마리의 깃털도 여러 다양한 형태로 진화했으며, 새의 신체 모든 부분에 맞추어 특화되었다.

🐦 올빼미의 깃털은 움직이는 동안 소리가 나지 않도록 몇 차례 진화했다.

🐦 입 주변의 뻣뻣한 털 같은 깃털은 눈을 보호하는 역할을 한다.

깃털의 방수 기능

🐦 깃털이 물에 젖지 않는 이유는 깃가지 사이의 공간이 빽빽하기 때문이다. 물은 그

사이로 흘러 들며, 깃털 표면에 달라붙지 못한다.

🐦 물새의 깃가지는 간격이 더 촘촘해 물이 침투하기 더 어려우며, 물새의 깃털은 육지 새의 깃털보다 뻣뻣하고 개수가 많다.

🐦 깃털은 헤엄치는 새의 몸 아랫부분을 감싸 방수용 외피를 만들어준다.

🐦 가마우지의 몸통 깃털은 가운데 부분만 방수가 되고 가장자리는 물에 젖는다.

🐦 올빼미의 깃털은 다른 새들의 깃털보다 방수 기능이 약하다. 올빼미들이 비바람이 들지 않는 피신처를 찾기 위해 힘쓰는 이유는 바로 이 때문인 것으로 보인다.

깃털의 보온 기능

🐦 오리와 기러기의 솜털은 천연 소재와 인공 소재를 통틀어 여전히 가장 효율적인 단열재료로 알려져 있다.

🐦 깃털은 추위는 물론 더위에서도 새의 몸을 보호한다.

깃털의 비행 기능

🐦 날개와 꽁지의 커다란 깃털들은 넓고 평평한 표면을 제공하여 비행을 가능하게 해준다.

🐦 날개 깃털은 특유의 모양과 구조를 통해 튼튼함과 유연성을 모두 갖췄다.

장식용 깃털

깃털은 다양한 색깔과 무늬를 띠도록 진화했으며, 종에 따라 삼차원 형태를 형성하기도 한다.

🐦 일부 올빼미들에게 '귀'나 '뿔'로 보이는 것은 과시용이자 위장용인 깃털 뭉치다.

🐦 어치나 홍관조의 볏은 사실 깃털이며, 마음대로 들어 올리거나 내릴 수 있다.

🐦 여새 깃털의 끄트머리는 짜임새가 단단하고 매끄러운데, 전적으로 장식용이다.

새의 깃털은 몇 개일까?

깃털의 수는 새의 크기에 따라, 또는 방수 기능이 얼마나 필요한지에 따라 달라진다.

- 작은 명금류는 일반적으로 약 2000개의 깃털이
  있는데, 여름에는 줄고 겨울에는 더 많아진다.
  까마귀처럼 몸집이 더 큰 새들은 대개 깃털이 더
  크지만, 개수가 더 많은 것은 아니다.
- 물새는 육지 새보다 깃털이 많은데, 물에 자주
  닿는 신체 부위에 특히 더 많다.
- 고니의 긴 목은 촘촘한 깃털로 뒤덮여 있으며 목에만 2만 개 이상의 깃털이 달려
  있다.

깃털 관리

깃털은 새의 생존에 아주 중요하다. 따라서 새는 많은 시간을 들여 깃털을
관리한다. '깃털 고르기'는 가장 뚜렷하게, 그리고 자주 나타나는 깃털 관리용
행동이다. 새들은 몸통 깃털을 관리할 때는 부리를, 머리 깃털을 관리할 때는
발톱을 이용한다. 깃털 고르기를 할 때는 깃털을 적극적으로 빗질해 제자리로
돌려보내고 깃털에 붙어 있을지 모르는 먼지나 파편을 청소하며, 깃털에 붙은
기생충을 제거하고 깃털 보호용 기름을 바른다. 이 외에도 깃털 관리와 관련된
활동은 다양하다.

- 새는 깃털 고르기에 적어도 하루의 10퍼센트를 소비하며, 모든 새가 이와 비슷한
  일과를 유지한다. 부리의 몇몇 세부적인 특징은 특히 깃털을 고르기 위해 발달한
  것이다.
- 머리의 깃털을 고르기 위해서는 발을 써야 한다. 어떤 새들은 서로 깃털 고르기를
  해주는 것으로 이 문제를 해결한다.
- 새는 목욕을 자주 하는데, 이는 아마 깃털의 생기를 되살리는 데 물이 도움이 되기
  때문일 것이다.
- 일부 새들은 흙 목욕흙이나 모래를 깃털 속에 뿌리고 문질렀다가 다시 털어내는 행동-

^{옮긴이}을 자주 하는데 이유는 명확하지 않다.

🐦 탐조가라면 한 번쯤은 일광욕과 의욕에 대해 의문을 가져봤을 것이다. 두 행동
모두 목적을 제대로 알 수 없다. 다만 일광욕은 깃털 유지와 관련이 있고, 의욕은
먹이와 관련이 있는 것으로 짐작된다.

🐦 독수리는 대개 햇빛 아래에서 두 날개를 펼친다. 역시 이유는 명확하지 않다.

🐦 가마우지가 날개를 펼치는 이유는 아직도 온전히 밝혀지지 않았지만, 아마도
헤엄을 친 뒤 깃털을 말리는 데 도움이 되기 때문일 것이다.

새로운 깃털 기르기

깃털은 마모된다. 따라서 주기적으로 교체해야 한다. 대개 1년에 한 번씩 새
깃털로 갈아야 하는데, 이 과정을 '깃갈이'라고 부른다. 깃털은 생존에 아주
중요한 요소다. 대부분의 새는 비행 능력을 저해하지 않도록, 또는 깃털의
따뜻하고 마른 상태가 유지되도록 서서히 순차적인 깃갈이 과정을 거치는
쪽으로 진화했다.

🐦 깃털은 원통형으로 돌돌 말린 채 피부의 모낭에서 자라나며 끄트머리가 가장 먼저
나타난다.

🐦 호르몬의 영향으로, 같은 깃털 모낭에서 색깔과 무늬가 완전히 다른 깃털이 자랄
수도 있다. 깃털이 교체되는 기회를 이용해 몸 색깔을 바꾸는 새도 많다. 그런
새들은 1년에 두 번, 즉 비번식용의 어두운 깃털을 얻기 위해 한 번, 번식기인
봄여름 동안 밝은 깃털을 얻기 위해 또 한 번 깃갈이를 한다.

🐦 깃털은 한번 자라면 사람의 머리카락처럼 '죽은' 상태가 되며, 마모나 빛바램 혹은 착색이 생겼을 때만 달라진다.

🐦 깃털 하나는 하루에 몇 밀리미터 정도만 자라며, 따라서 작은 새도 깃갈이를 마치기까지 6주 이상 걸린다. 몸집이 큰 새들은 훨씬 오래 걸릴 수도 있다. 어둡고 밝은색이 교차하는 흐릿한 줄무늬는 깃털이 각각 밤과 낮에 자랐다는 뜻이다.

🐦 새로운 깃털을 기르는 데는 많은 에너지가 필요하다. 따라서 깃갈이 시기에는 하늘을 날거나 몸을 따뜻하게 유지하기가 더 어려워지므로, 깃갈이는 대개 따뜻한 계절에 이루어지며 둥지 짓기나 거주지 이동처럼 부담이 큰 다른 활동과 중복해서 일어나지 않는다.

🐦 대부분의 새는 날개 깃털을 교체할 때에도 계속 날아다닐 수 있도록 점진적인 단계를 거친다.

🐦 기러기와 오리는 모든 비행용 깃털을 동시에 갈기 때문에 늦여름에 몇 주 동안 비행을 하지 못한다. 따라서 이 시기에 특히 위험에 노출된다.

🐦 아주 드문 일이지만, 새가 머리 깃털을 모두 한 번에 갈더라도 부정적인 영향은 전혀 나타나지 않을 것이다.

새의 색깔

새들의 모습은 무척 매력적이며 놀라울 만큼 다양하다. 새의 색깔이 이처럼 다양하게 나타나는 이유는 무엇일까? 바로 시각에 의존하는 새의 습성 때문이다. 따라서 새의 색깔은 짝 선택 과정에 강한 영향을 받아왔다. 한편 새의 깃털 색깔은 기본적으로 두 가지 다른 방법으로 만들어진다. 한 가지는 색소로 만드는 방법이고 다른 하나는 깃털 표면의 미세구조로 색을 만드는 방법이다.

색소
색소는 다른 파장은 흡수하되 특정한 파장은 반사하며 빛 에너지와 전자기적

상호작용전하, 즉 전기 현상을 일으키는 물리적 성질을 띤 입자 간에 일어나는 상호작용-옮긴이을 하는 미립자다. 미립자의 구조와 전자의 배치에 따라 반사되는 파장의 범위가 결정된다. 새에게는 두 가지 공통적인 색소군이 있다. 먼저 카로티노이드는 대부분의 붉은색에서부터 노란색까지 만들어내는 색소이며, 멜라닌은 검은색부터 회색까지, 그리고 갈색부터 담황색까지 만들어내는 색소다.

🐦 카로티노이드 화합물은 먹이에서 얻어진다. 카로티노이드에서 비롯된 더 밝은 깃털 색은 건강하고 튼튼하다는 신호로 여겨지지만, 확실한 사실인지는 파악하기 어렵다.

🐦 최근 북아메리카에서는 몇몇 새가 새로운 카로티노이드 분자를 지닌 외래종 식물을 먹고 노란빛을 냈다.

🐦 밝은색은 색소만으로 나타나는 것이 아니다. 많은 새의 밝은 노란색이나 빨간색 깃털 밑에는 빛을 반사하는 흰색 깃털이 있는데, 이 깃털이 역광으로 작용해 겉에 있는 색을 빛나게 만든다.

🐦 우리가 새의 몸에서 녹색이라고 부르는 색은 상당 부분 노란색(카로티노이드) 색소와 회색(멜라닌) 색소가 혼합된 것이다.

🐦 새의 몸에 있는 밝은색은 검은색 무늬와 대비되어 훨씬 눈에 잘 띄며, 멜라닌 색소로 인한 검은색 깃털의 농도는 깃털의 질에 따라 달라진다.

🐦 멜라닌은 색소로 작용할 뿐 아니라 물질에 내구력을 더해주기도 한다. 이것이 새의 몸에 어두운색이 나타나는 이유 중 하나다. 날개 끄트머리의 어두운 색깔은 많은 새에게서 흔히 나타나는 특징이다. 날개 끝은 더 마모되기 쉬우므로, 멜라닌이 깃털을 강화해주는 것이다. 멜라닌이 사용되는 다른 곳은 새알의 검은 반점과 줄무늬이며, 이때 멜라닌은 알껍데기를 튼튼하게 해주고 칼슘 섭취의 필요성을 낮춘다. 겨울에는 부리가 더 어두운색을 띄기도 하는데, 이는 더 거친 겨울 먹이를 다룰 때 부리를 보호하는 데 도움이 된다.

🐦 멜라닌은 깃털이 박테리아에 저항할 수 있도록 돕기도 하는데, 습한 기후의 새에게는 특히 중요한 기능이다.

🐦 가끔 어떤 새의 몸에는 멜라닌이 거의, 혹은 아예 없는 깃털이 자라기도 한다. 여기에는 매우 다양한 인과관계가 있을 것이다. 멜라닌은 줄어들 수도 있고 없을 수도 있는데, 이때 새들은 평소보다 창백한 색을 띠고 흰색 얼룩이 나타나거나 몸 전체가 흰색으로 변하기도 한다. 한편 멜라닌이 감소하면 다른 색소가 나타나 뜻밖의 색깔과 무늬를 만들기도 한다.

구조색

새의 몸은 색소가 없어도 깃털 구조에 의해 훨씬 폭넓은 색깔을 낸다. 구조색은 빛의 파동과 깃털의 미세구조가 특정한 파동만 반사하도록 상호작용 할 때 나타난다. 물 위에 뜬 기름이 만들어내는 무지갯빛 광채와 기본 원리가 같다. 기름과 물은 그 자체로는 색이 거의 혹은 아예 없지만, 빛의 파동이 물 위에 뜬 얇은 기름 막과 상호작용 해 매우 다채로운 모습을 보여준다.

🐦 보석처럼 찬란한 벌새의 색깔은 깃털의 미세구조로 만들어진다.

🐦 수컷 벌새의 목 깃털은 유달리 우아하며 순색다른 색이 섞이지 않은 순수한 색-옮긴이을 강렬하게 반사하되, 한 방향으로만 반사한다.

🐦 새에게는 파란색 색소가 없다. 몇몇 종의 새들에게서 보이는 파란색은 파란색 빛을 사방으로 반사하는 깃털 구조 때문에 나타난다.

🐦 북아메리카의 새들에게는 녹색 색소가 없다. 밝은 녹색은 벌새의 경우처럼 구조상의 특징이거나 파란 구조색과 노란 색소가 혼합한 결과다.

무늬

새의 깃털에 나타나는 다양한 색의 무늬는 여러 기능을 하도록 발전해왔다. 가장 화려한 무늬는 대개 이성에게 보내는 신호다. 또 복잡한 무늬는 위장용 보호색이 되어준다. 특히 뚜렷하고 대조적인 무늬는 새의 윤곽이 잘 드러나지 않도록 위장하기 위해서, 혹은 잠재적 포식자나 먹이를 놀라게 하는 데 쓰려는 것으로 보인다.

- 깃털 하나하나의 무늬는 깃털이 자라면서 더욱 복잡하게 발전할 수도 있다.
- 깃털 하나에서 보이는 매우 복잡한 무늬는 멜라닌 색소, 즉 검은색과 갈색으로 만들어진다. 반면 카로티노이드 색소인 노란색부터 빨간색은 대개 깃털 전체에 작용한다.
- 각 깃털의 복잡한 무늬는 큰 그림의 일부일 뿐이다. 다시 말해 새의 몸을 뒤덮은 깃털 하나하나가 각각 체계적인 방식으로 배치되어, 전체적으로 미묘한 색깔과 무늬를 담은 놀라운 직물이 된다.
- 쇠부리딱따구리의 경우처럼 새가 날 때 밝은 색깔이 순간적으로 번득이면 잠재적인 포식자나 먹이가 깜짝 놀랄 것이다.

- 많은 종의 새에게는 얼굴을 연상시키는 색 무늬가 있는데, 아마도 포식자를 저지하기 위해서 발달한 것으로 보인다.

새의 다양성

새들은 다양한 모습으로 변화하지만, 한 종류의 새들 안에서 특정 연령이나 성에 해당하는 새의 외모는 대개 일관적이다. 예를 들어 어떤 종류의 새든지 수컷 어른 새의 모습은 모두 비슷하되, 수컷과 암컷은 매우 다른 모습일 수 있다. 다 자라지 않은 새들은 어른 새와 모습이 다를 수 있으며, 같은 어른 새라고 해도 여름과 겨울 모습이 아주 다르기도 하다.

수컷과 암컷의 차이
- 많은 새의 경우 대개 수컷과 암컷은 모습이 비슷하지만, 행동으로 성을 구별할 수 있다.
- 어떤 새들은 암수의 모습이 매우 다르며, 그 성적 이형성은 주로 거주지를 이동하며 발달한다.

🐦 수컷과 암컷 동고비는 대개 머리털 색깔이 다르다.

🐦 대부분의 새는 수컷과 암컷의 크기가 거의 같은데, 비교하자면 보통 수컷이 약간 더 크다. 다만 매와 올빼미, 벌새의 경우에는 암컷이 수컷보다 훨씬 크다. 그 이유는 분명하지 않다.

나이와 계절에 따른 변화

다 자라지 않은 새와 어른 새는 서로 색깔이 다를 때가 많지만, 몸집은 나이에 따라 달라지지 않는다. 새는 처음 날기 시작할 무렵이면 몸이 완전히 자라고 평생 그 크기로 살아간다. 다 자란 새의 크기는 생후 한 달이건 10년이건, 수컷이건 암컷이건 상관없이 같은 종인 다른 새들의 크기와 매우 비슷하다. 크기는 같은 종임을 확인하는 매우 중요한 단서가 된다.

🐦 대개 새들은 구애 중일 때 가장 화려한 색깔을 뽐낸다. 더 단조로운 색깔은 주로 비번식기에 나타나며, 미성숙한 새들은 1년 내내 어두운 색깔이다.

🐦 아주 어린 북부홍관조는 부리 색깔이 어둡고 깃털 색깔이 단조롭다. 둥지를 떠난 뒤 몇 주가 지나면 서서히 어른 새의 몸 색깔로 변한다.

🐦 어른 까마귀와 미성숙한 까마귀는 날개와 꽁지 깃털의 색깔 등으로 구별할 수 있다.

🐦 어떤 종류의 새들은 1년에 두 차례씩 깃갈이를 통해 깃털을 교체하며, 계절이 바뀌면 겉모습이 극적으로 달라진다.

🐦 어떤 새들의 경우, 수컷과 암컷, 어른 새와 어린 새가 거주지를 이동하는 습성이 매우 달라서 서로 다른 지역에서 겨울을 보내는 경향이 있다.

지역적 변종과 아종

새는 새로운 어려움과 기회에 적응하며 꾸준히 진화한다. 진화가 진행되는 중에 특정 지역의 개체군이 주변 새들로부터 갈라져 나오기도 한다. 이런 차이가 우리 인간에게는 감지되지만 새들에게는 중요한 것 같지 않을 때, 그런 개체들을 '아종'으로 분류한다.

- 새로운 종의 진화는 진행 중이며, 우리는 일부 새들을 통해 그들이 진화 과정에서 거치는 중간 단계를 볼 수 있다.
- 많은 경우, 전반적으로 기후가 변화할 때 지역적 변종이 나타난다.
- 부리 모양은 새로운 섭식 기회에 발맞추어 빠르게 진화한다.
- 몇몇 종의 매는 나이나 성에 상관없이 눈에 띄게 다양한 색 변화를 보여주는데, 각각의 색은 특정 조건에서 더욱 효과적으로 사냥하는 데 도움을 준다.

새의 감각

새는 사람과 비슷하게 주로 시각과 청각으로 세상을 경험한다. 많은 종의 새는 시각, 청각, 촉각, 후각이 인간보다 뛰어나다. 심지어 지구 자기장도 감지할 수 있다.

시각

일반적으로 새의 시각은 여러 면에서 인간을 능가한다. 새는 자외선을 포함한 광범위한 빛의 파장을 볼 수 있으며, 빠른 움직임을 잘 포착하고 다중 초점으로 한꺼번에 무려 360도까지 주변 풍경을 볼 수 있다. 물속을 뚜렷하게 볼 수 있는 새들이 있는가 하면, 어떤 새들은 야간 시력이나 색각이 뛰어나다. 그러나 시력은 같은 종 내에서도 굉장히 다양하다. 많은 새는 사람보다 세부적인 부분을 잘 보지 못하지만, 넓은 시야 및 더 뛰어난 동작 추적 능력으로 약점을 상쇄한다.

색각
- 독수리는 사람보다 다섯 배 더 자세히 볼 수 있으며, 약 열여섯 배 많은 색깔을 볼 수 있다.
- 많은 새는 자외선 파장을 볼 수 있다.

야간 시력

🐦 올빼미는 밤에 활동하기 때문에 청각이 매우
뛰어나지만, 사냥하거나 다른 올빼미들과 어울릴
때는 주로 시각에 의존한다. 밤에는 색각이
유용하지 않으므로, 올빼미가 보는 색은 대부분
흑백이다.

🐦 비교적 눈이 큰 새들은 저조도 시력이 더 뛰어난 경향이 있으며, 덕분에 하루 중
이른 시각과 늦은 시각에 더 활발하게 활동할 수 있다.

시야

인간의 눈은 대상의 세부적인 어느 한 지점에 똑바로 초점을 맞추지만, 새는
여러 개별적인 지점을 본다. 대부분의 새는 양쪽 눈으로 같은 상을 보는
일이 거의 없다. 이는 주변 세상을 더 넓게 볼 수 있지만, 자신의 부리는 아주
조금밖에 보이지 않는다는 뜻이다.

🐦 많은 새는 주변 시야각이 360도인 동시에 머리 위 180도까지 볼 수 있으며 특히
지평선을 따라 수평으로 펼쳐진 것들을 자세히 볼 수 있다.

🐦 독수리는 한쪽 눈에 두 개씩, 총 네 부분이 각각 따로 초점을 맞출 수 있다.

🐦 새는 옆쪽 시야가 가장 예리하므로 한쪽 눈으로 위나 아래를 보려면 머리를
옆으로 기울여야 한다.

🐦 눈이 앞을 향한 새들은 앞에 놓인 대상을 더 자세히 볼 수 있는 반면 뒤를 보는
능력을 잃었다. 이 새들이 뒤를 살피려면 고개를 더 자주 돌려야 한다.

🐦 올빼미의 눈은 앞을 더욱 자세히 보게 발달하여 뒤쪽에 넓은 사각지대가
생기는데, 이로 인해 올빼미는 고개를 4분의 3바퀴 이상 돌리는 능력이 생겼다.

시각 정보 처리

🐦 새는 사람보다 시각 정보를 더 빠르게 처리하는데, 이는 날쌔게 움직이는 먹이를
추적하고 빠른 비행 중에 주변을 살피는 데 매우 중요한 능력이다.

🐦 최근 아메리카산적딱새류의 눈에서 일종의 원뿔세포가 새로 발견되었는데, 이는 아마도 빠른 움직임을 추적하는 데 특화된 것으로 보인다. 다시 말해 공중에서 작은 날벌레들을 보고 붙잡도록 적응하기 위해 이러한 발달이 일어났다.

수중 시력

🐦 어떤 새들은 공중은 물론 물속에서도 눈을 써야 하므로, 유연한 수정체를 가지도록 발달해왔다.

🐦 어떤 새들은 밤중에 물속에서 물고기를 잡거나 낮에도 빛이 들지 않는 깊은 곳까지 잠수한다. 도대체 물고기를 어떻게 찾아내는 것일까? 알 수 없는 일이다.

🐦 왜가리와 백로는 물속의 먹이를 겨냥할 때 수면에서 굴절되어 보이는 위치가 아닌 원래 위치를 알 수 있다.

기타 시각적 진화

🐦 새는 걸어 다닐 때 주변 시야를 안정적인 상태로 유지하려고 고개를 까딱거린다.

🐦 새는 공중을 맴도는 동안 목표물에 시야를 고정하기 위해 머리를 한 지점에 고정하는 놀라운 능력이 있다.

🐦 새에게는 눈이 손상되지 않도록 보호하는 순막, 즉 여분의 눈꺼풀이 있다.

청각

새의 귀는 머리 양옆, 눈 아래와 뒷부분에 있으며, 보통 소리를 전달하는 데 특히 도움이 되는 깃털 다발로 둘러싸여 있다. 새의 청각은 종에 따라 매우 다양하지만, 일반적으로 민감도와 처리 속도가 사람의 청각을 능가한다. 그러나 귀에 들리는 주파수 범위는 사람보다 못하다. 어떤 새는 주변의 소리를 더 잘 듣기 위해 몇 가지 변화에 적응했다.

🐦 헛간올빼미는 암흑 속에서 청각만으로 쥐를 잡을 수 있다. 귀의 위치와 구조가 특히 발달한 덕분에 소리가 들리는 곳이 어디인지 정확히 파악할 수 있게 되었다.

🐦 새의 뇌는 우리의 뇌보다 두 배 더 빠르게 소리를 처리하며, 따라서 훨씬 세밀하게

들을 수 있다. 그러나 대개 사람이 듣는 소리의 주파수가 더 광범위하다.

🐦 많은 새의 큰 울음소리는 새의 귀에 너무 가까이 들려 청각을 손상할 수 있지만, 구조상 몇 가지 변화를 거친 덕분에 그런 손상을 방지할 수 있게 되었다.

🐦 거의 모든 새에게는 유선형 귀 덮개가 있는데, 이는 새가 비행 중일 때나 바람 부는 날에도 주변 소리를 듣도록 도와주는 것으로 보인다.

🐦 올빼미는 움직일 때 나는 소리를 약하게 줄여주는 부드럽고 특화된 깃털을 발달시켜왔다.

미각

🐦 새는 부리 끄트머리 속에 있는 미뢰를 통해 음식의 맛을 느낀다.

🐦 새가 감으로만 사냥한다고 생각하는가? 아니다. 부리 끝에 있는 미뢰도 함께 사용한다.

후각

새는 모두 냄새를 맡을 수 있으며, 대개는 사람만큼 냄새를 잘 맡는다. 후각이 놀라울 정도로 유독 뛰어난 새들도 있다.

🐦 수십 년 전에 알려진 사실이지만, 칠면조독수리와 아메리카멧도요 같은 몇몇 종은 주로 후각으로 사냥한다. 많은 새는 냄새로 동족과 낯선 상대는 물론 수컷과 암컷을 구별할 수 있으며 포식자의 존재를 감지할 수 있다. 또 벌레가 우글거리는 식물을 찾아낼 수도 있다.

🐦 최근의 연구에 따르면, 많은 새가 다양한 냄새를 구별할 수 있다고 한다. 비둘기 및 어떤 새들은 냄새를 이용해 길을 찾기도 한다.

촉각

많은 새는 부리 끝에 신경종말이 풍부해 촉감에 매우 민감하다. 진홍저어새와 일부 다른 새는 거의 촉감으로 사냥한다.

🐦 도요새는 부리 끝이 민감해서 진흙 속을 탐색할 때 압력의 작은 차이까지 감지한다. 따라서 가까이에 어떤 물체가 있으면 그것을 건드리기도 전에 물체의 존재를 느낄 수 있다.

🐦 따오기는 시각과 촉각으로 사냥한다.

🐦 각 깃털 밑 부분에서 자라는 털깃 덕분에, 새들은 깃털 하나하나의 움직임을 느낄 수 있다.

그 외의 감각

새는 균형감각이 뛰어나다. 우선 다리가 두 개뿐인 데다(게다가 한쪽 다리로만 버티고 설 때가 많고) 나뭇가지 위에서 균형을 잡아야 하므로 이는 필수적인 감각이다.

🐦 새가 놀라운 균형감각을 유지할 수 있는 이유는 내이에 균형 감지 기관이 있고(사람과 비슷하다), 골반에 균형 감지 기관이 하나 더 있기 때문이다.

🐦 새는 잠을 자는 동안에도 작은 나뭇가지 위에서 균형을 잡을 수 있다.

🐦 한쪽 다리로 균형을 유지하는 것은 새에게 쉬운 일인데, 추가 균형 감지 기관과 몇 가지 변화를 거친 다리 구조 덕분이다.

🐦 새는 자기장을 느낄 수 있으며, 어떤 방식으로든 그것을 '볼' 수도 있다.

🐦 새는 기압 변화를 느낄 수 있다.

🐦 태양의 움직임을 추적하는 새들은 시간 감각이 뛰어나다.

새의 두뇌

올빼미를 제외한 대부분의 새는 똑똑하다는 평판을 얻지 못하지만, 실험 및 관찰 결과 새는 아주 영리한 것으로 밝혀졌다. 얄궂게도, 올빼미는 가장 영리하지 않은 새 중 하나다.

🕊 똑똑한 새들을 생각할 때 비둘기는 가장 먼저 머리에 떠오르는 새가 아니겠지만, 비둘기는 꽤나 영리하며 심지어 추상적 개념을 이해하기도 한다.

🕊 대부분의 앵무새는 왼발잡이인데, 몸의 한쪽 부분을 집중적으로 쓰는 것은 더 뛰어난 문제 해결력과 관련이 있다.

🕊 까마귀는 대단히 영리하고 호기심이 많으며, 심지어 공정 거래 개념도 이해할 수 있다.

🕊 새는 인간 개개인을 구별할 수 있다.

🕊 까마귀는 퍼즐을 풀 수 있으며, 경우에 따라 다섯 살짜리 아이와 같은 수준의 이해력을 보이기도 한다.

🕊 어치는 다른 어치들의 의도를 인지한다.

🕊 어떤 새들은 무수히 많은 은신처를 기억하며 그곳에 묻어둔 각 물체의 핵심적인 특징까지 기억할 수 있다.

🕊 집단으로 생활하는 새들은 마치 인간이 집단에 속해 있을 때처럼 혼자 있을 때보다 문제를 더욱 잘 해결한다.

수면

🕊 새는 뇌 절반만 쓰지 않은 채로, 한쪽 눈만 뜨고 잠을 잘 수 있다.

🕊 어떤 새들은 겨우내 공중에서 지내고 심지어는 잠을 자면서 날기도 한다.

새의 움직임

비행

새의 진화 중 상당 부분은 비행을 중심으로 이루어졌다. 다시 말해, 새는 가벼운 유선형 몸을 만들고 중앙의 작은 몸통에만 무게를 집중하도록 발달해왔다. 앞에서 살펴보았듯 깃털은 신체 말단에 실리는 무게를 줄여주므로, 비행에서 가장 중요한 요소다. 이는 새가 공중에서 생활하기 위해 적응해온 여러 가지 방식의 시초에 불과하다. 우리 인간에게 굉장히 큰 날개가 있다고 해도 새처럼 날 수는 없을 것이다. 너무 무겁기 때문이다.

- 🐦 새에게는 무거운 턱과 이빨 대신 가벼운 부리가 있다.
- 🐦 새의 근육은 몸의 작은 중심 부위에 집중되며, 가벼운 힘줄이 말단 부분을 통제한다.
- 🐦 날개를 퍼덕이는 데 필요한 큰 근육들은 날개 밑에 자리 잡고 있다. 날개를 들어 올리는 근육도 몸의 밑면에 있다.
- 🐦 새는 몸을 무겁게 하는 '물'을 몸속에 지니고 다닐 필요가 없도록 농축된 '오줌'을 배설한다.
- 🐦 알이 둥지 속에서 발달하는 동안 암컷 새는 다른 알을 품은 채로 계속 날아다닐 수 있다.
- 🐦 날개의 모양은 뼈와 깃털의 길이에 비례해 정해진다. 세밀한 부분은 비행 방식 등 각 종에 따라 필요한 요소에 맞춰 진화해왔다.
- 🐦 몸통에 비해 날개가 큰 새들은 물에 더 잘 뜨고 더 쉽게 난다. 날개 부분이 더 작은 새들은 하늘 높은 곳에 머무르려면 더 빠른 속도로 날아야 한다.
- 🐦 대부분의 새에게 비행의 목적은 딱 하나뿐인데, 바로 '이동'하는 것이다. 그러나 몇몇 새는 조건에 따라 비행술을 다양하게 활용하기도 한다.
- 🐦 자기 힘으로 공중을 맴돌 수 있는 새는 벌새뿐이다. 물총새 및 '공중을 맴도는' 다른 새들은 공중에서 제자리를 유지하려면 바람의 도움이 조금 필요하다.
- 🐦 어떤 종류의 새들은 길고 끝이 갈라진 꽁지가 있어 공기 역학상 이점을 누린다. 이 긴 꽁지를 활용하여 벌레를 휩쓰는 새들도 있다.
- 🐦 당연한 말이겠지만, 어른 새들은 높은 곳을 두려워하지 않는 것처럼 보인다.
- 🐦 대부분의 물새는 물에서 날아오르기 위해 긴 도움닫기를 해야 한다.
- 🐦 몇몇 종의 오리는 날개로 물을 밀어내며 그 자리에서 날아오르는 기술을 발전시켰다.

효율성
날아다니는 것은 무척 힘든 일이다. 우선 날기 위해서는 쉴 때보다 30배가 넘는 에너지를 써야 한다. 새들은 이에 적응하기 위해 구조적으로 변화했고, 효율성을 높이기 위한 행동 요령을 개발해왔다.

🐦 새는 자신보다 앞에 있는 새의 날개 끝에서 나오는 상승기류를 이용하기 위해 브이 자 대형으로 난다. 그렇게 하려면 공기의 이동과 양력에 놀랍도록 민감해야 한다.

🐦 날개를 상반각, 즉 브이 자 모양으로 쳐든 형태로 유지하며 날아가는 새들은 안정성을 더 많이 얻는 대신 약간의 양력을 희생한다.

🐦 지면에서 올라오는 따뜻한 공기를 이용하면 날개를 퍼덕이지 않고도 고도를 높일 수 있다.

🐦 대부분의 작은 새는 물결 모양 비행경로를 이용하는데, 이는 따지자면 가장 효율적인 방식은 아니다. 하지만 매우 널리 쓰이는 만큼 다른 장점이 있는 것이 분명하다.

헤 엄

헤엄치는 새들은 여러 독특한 어려움에 직면한다. 가장 먼저 마주치는 어려움은 몸을 마른 상태로 유지하는 일이다. 따라서 이런 새의 깃털은 여러 변화에 적응해 방수 기능을 갖추게 되었다.

🐦 새는 수면을 따라 헤엄칠 때 발로 물을 젓는다. 대부분 물갈퀴가 있지만, 어떤 새들의 발가락은 잎사귀처럼 들쭉날쭉하게 갈라져 있다.

🐦 많은 종류의 새는 몸을 완전히 물에 담근 뒤 물속에서 먹이를 찾아 헤엄친다.

🐦 대부분의 새는 물속에서 헤엄칠 때 발로 물을 젓지만, 몇몇 종류의 새들은 날개를 쓴다.

🐦 물속으로 잠수하는 새들은 공기가 많이 들어가지 않도록 깃털을 몸통에 붙인다. 또 공기주머니에서 공기를 빼내 부력을 줄이기도 한다.

🐦 큰부리바다오리는 해저 200미터 이상 잠수할 수 있다. 그러나 심해에서 어떻게 살아남는지, 또 어떻게 먹이를 찾는지는 알려지지 않았다.

걷기

🐦 어떤 종류의 새들은 걸어 다니고, 또 어떤 새들은 폴짝폴짝 뛰어다니는데, 그런 차이가 나타나는 이유는 명확하게 밝혀지지 않았다.

🐦 비둘기와 다른 여러 종류의 새가 머리를 까딱거리며 움직이는 이유는 앞을 보기 위해서다.

🐦 딱따구리는 발을 써서 나무껍질에 매달리고, 꽁지를 버팀대로 이용한다.

🐦 동고비는 거꾸로 또는 옆으로 매달린 채 나무를 오를 때가 많다.

최대 기록 보유자

🐦 세계에서 가장 빠른 동물은 매로, 480킬로미터가 넘는 속도로 날 수도 있다.

🐦 북아메리카의 새 중에서 가장 빨리 달리는 새는 시속 40킬로미터가량인 야생칠면조일 것이다. 참고로 세계에서 가장 빨리 달리는 새는 타조다.

🐦 가장 빠르게 날갯짓을 하는 새는 벌새로, 몸집이 작은 새에 속하지만 초당 70회 이상 날개를 파닥거린다.

🐦 갈매기는 가장 다재다능한 새다. 날고 달리고 헤엄치는 데 매우 능숙하다.

새의 생리

근골격계

🐦 새의 골격은 비행을 위해 극적으로 진화하면서 더 단순하고 단단해졌지만, 사실

크기가 같은 포유류의 골격보다 더 가볍지는 않다.

🐦 새는 한쪽 다리로 선 자세를 취해도 뼈 골격이 적응한 덕분에 힘이 거의 들지 않는다.

🐦 우리가 새의 '다리'라고 부르는 부위의 대부분은 사실 발뼈다.

🐦 새의 몸은 진화 과정에서 그 무엇보다도 경추와 뇌로 혈액을 공급하는 동맥이 발달했는데, 이 덕분에 목이 굉장히 유연해졌다.

🐦 딱따구리는 부리와 두개골이 변화에 적응한 덕분에 뇌진탕을 피할 수 있다.

🐦 새가 잠을 잘 때, 그는 자신이 앉은 나뭇가지를 무의식적으로 움켜쥐는 게 아니다. 그저 자연스럽게 신체 균형을 유지하고 있는 것뿐이다.

🐦 새의 발가락 힘줄에는 마치 전선을 정리하는 플라스틱 끈과 비슷한 구조물이 있어서 아주 적은 힘만으로도 발가락을 단단히 조일 수 있다.

순환계

🐦 새의 심장은 비교적 크며 맥박은 무척 빠르다. 작은 새들의 심박수는 인간의 평균 심박수보다 열 배 높다.

호흡계

새의 호흡계는 인간의 것과 완전히 다르며 훨씬 효율적이다.

🐦 새의 폐는 팽창하거나 수축하지 않는다. 공기주머니 조직이 공기의 흐름을 조절하며, 숨을 들이쉴 때와 내쉴 때 신선한 공기가 한쪽으로 폐를 지나가면서 지속해서 산소를 공급한다.

🐦 새는 에베레스트산 위로도 날아갈 수 있으며 기본적으로 숨이 차지 않는다. 그저 몸이 과열되어 헐떡거릴 뿐이다.

🐦 공중을 날면서 지저귀는 것은 어려운 일이지만, 새의 효율적인 폐가 그렇게 할 수 있도록 도와준다.

거주지 이동

새의 이동은 몹시 다양하게 나타난다. 어떤 새들은 평생을 수천 제곱미터 이내에 머무는 반면, 어떤 새들은 매년 지구의 한쪽 끝에서 다른 쪽 끝으로 이동한다. 우리는 새들이 겨울을 지내러 남쪽으로 간다고 말하지만, 사실 여름 서식지에서 겨울 서식지를 찾아 단순히 북쪽에서 남쪽으로 이동하는 새들은 비교적 극소수다. 그리고 새의 종류에 따라 이동 전략과 경로, 거리, 시기가 다르다. 심지어 같은 종의 새 중에서도 차이가 나타난다. 새는 종에 따라 저마다 각기 다른 신체적 능력, 그리고 먹이, 물, 거처와 관련된 조건을 충족하는 데 적절한 이동경로 및 수단을 발전시켜왔다. 또 수천 년에 걸쳐 기후와 생태계가 변하면서 새들의 이동 전략과 생리는 계속해서 새로운 조건에 맞춰 진화하고 있다.

🐦 모든 새가 철에 따라 이동하는 것은 아니다. 세계에 존재하는 새의 종류 중 약 19퍼센트만이 거주지를 이동한다. 거주지를 이동하는 이유는 더 나은 먹이 공급원을 찾기 위함이며, 이동 중에 사용한 에너지를 그 먹이로 재충전한다.

🐦 모든 새는 거주지 이동이라는 전략을 여러 차례 선택했다 포기하기를 반복했다. 현재 열대지방에 서식하는 많은 종의 새들은 철새였던 선조들에게서 진화한 것이다.

🐦 새는 방법을 유연하게 바꾸며 이동한다. 다시 말해 속도를 내거나 늦출 수 있으며, 날씨와 먹이 조건에 따라 방향을 되돌릴 수도 있다.

🐦 많은 오리와 기러기는 늦여름에 번식지를 떠나 깃갈이를 하러 북쪽으로 수천 킬로미터를 날아간 다음, 월동지인 남쪽으로 가을 여행을 떠난다.

🐦 많은 종류의 새는 동쪽 아니면 서쪽으로 이동하려는 경향이 강하다. 예를 들어 알래스카에서 동부 캐나다로 날아간다.

🐦 어떤 새들의 경우, 수컷과 암컷, 어른 새와 어린 새의 이동 습성이 다르고 또 서로 다른 지역에서 겨울을 나는 경향이 있다.

🐦 여새와 일부 다른 새들은 먹이를 찾아 마냥 떠돌아다니는데, 때로는 북쪽과

남쪽으로 가지 않고 대륙을 가로질러 동쪽과 서쪽으로 이동하기도 한다.

🐦 어떤 새들은 떠돌이 생활을 하기도 한다. 그 새들은 조건이 좋으면 언제 어디서든 새끼를 낳고, 다음 먹이 공급원이 부족해지면 다른 곳으로 떠난다.

🐦 대부분의 작은 명금류는 밤에 이동한다. 어느 날 밤에 날아갈지 정하는 일은 많은 요소를 고려한 복잡한 선택이다.

🐦 철새들은 동틀 녘에 낯선 장소에 도착하면 곧바로 그 지역에 사는 새들을 정보원으로 삼아 그 지역에 존재하는 자원과 위험 요소를 알아낸다.

🐦 이동 중인 철새에게 자생종 관목과 나무를 제공해주고 마실 물과 목욕할 물을 마련해주면 도움이 될 것이다.

🐦 어떤 종은 해마다 여름 서식지와 월동지 사이를 오가며 거주지를 이동한다.

🐦 미국 사람들이 '우리나라에서' 사는 새들이라고 생각하는 여러 새는 1년의 반 이상을 열대지방에서 보낸다.

극지방 이동

🐦 북극제비갈매기 한 마리는 해마다 북극에서 남극까지 약 9만 6000킬로미터를 이동하고 돌아올 수 있다.

🐦 검은목논병아리는 놀라운 태세 전환을 보여주는데, 몇 주 동안 전혀 날지 않다가 수백 킬로미터를 쉬지 않고 단번에 날아간다.

🐦 일부 검은머리솔새들은 해마다 알래스카에서 브라질까지 이동했다가 돌아오는데, 4000킬로미터를 쉬지 않고 날아 바다를 건너는 것을 포함해 편도 1만 킬로미터 이상을 날아간다.

🐦 쌀먹이새는 남부 캐나다에서 아르헨티나까지 이동한다.

방향 파악

🐦 새의 비행술과 방향 구별 능력에 대해 알려진 내용 중 상당 부분은 비둘기 연구를

통해 밝혀졌다. 새들은 별, 태양의 움직임과 위치, 초저주파, 심지어는 냄새를
이용해서 방향을 찾을 수 있다.

🐦 새에게는 방향을 찾도록 도와주는 놀라운 감각이 있다. 새들은 심지어 자기장과
편광을 감지할 수 있다.

🐦 자기장에 대한 감각은 장거리를 비행하는 데 확실히 유용하지만, 더 좁은 영역에서
방향을 파악하고 저장된 먹이를 찾는 데도 큰 도움이 될 수 있다.

운반하기

🐦 새들이 집단으로 둥지를 틀면 넓은 지역에 있던 영양분이 그곳으로 모여 둥지 군락
인접지에 농축된다.

🐦 새는 나무 열매를 먹어 씨앗을 운반하는데, 그것을 먹은 곳에서 멀리 떨어진
지역에서 그 씨앗을 게워내거나 배설하는 식이다.

🐦 상류로 거슬러 올라가는 연어는 바다에서 숲으로 영양소를 전달하며 식물을
기름지게 만드는데, 이는 새들에게 도움이 된다.

먹이와 먹이 채집

새는 신진대사가 활발하고 체온이 높아 에너지가 많이 필요하다. 이는 먹이가
많이 필요하다는 뜻이기도 하다. 새들은 하루 중 대부분을 먹이를 찾고
소화하는 데 보낸다.

🐦 새의 체중은 매일 하룻밤 사이에 10퍼센트씩 사라진다.

🐦 '새 모이만큼' 먹는다고 말하려면, 우리는 매일 커다란 피자를 스물일곱 개 정도를
먹어야 할 것이다.

🐦 아메리카붉은가슴울새는 하루에 4미터가량의 지렁이를 먹을 수 있다.

먹이 손질

새는 손과 이빨이 없다. 그래서 그들은 먹이를 손질하는 독특한 방법을 개발해냈다('암탉의 이빨처럼 희귀한'이라는 관용 표현을 보면 모든 새처럼 암탉에게도 이빨이 없음을 알 수 있다).

🐦 새들은 부리로 먹이를 다루며 대개 통째로 삼켜 몸속 소화기관을 통해 소화한다.

🐦 새들은 아주 큰 먹이도 삼킬 수 있다. 왜가리는 체중의 15퍼센트 이상에 해당하는 큰 물고기를 삼킨다.

부리

부리는 가장 기본적이고 중요한 먹이 손질 기관이며, 새 특유의 식습관에 맞추어 다양한 형태로 진화해왔다. 이 책에 실린 여러 새의 그림을 다시 한번 살펴보자. 부리 모양이 다양하다는 점과 각각의 부리가 특정한 먹이 채집 습성에 알맞도록 변화했다는 사실을 알게 될 것이다.

🐦 대부분의 새는 부리만으로 먹이를 손질해 통째로 삼킨다.

🐦 부리는 케라틴이 얇게 뒤덮인 가벼운 뼈대다.

🐦 새의 부리가 모두 단단한 것은 아니며, 부리가 긴 여러 종의 새는 부리 끝만 여닫을 수 있다.

🐦 부리는 섭취할 수 있는 새로운 먹이에 반응하여 빠르게 진화한다.

🐦 부리 형태 중 일부 세부적인 부분은 특히 깃털 관리에 적합하도록 진화해왔다.

🐦 딱딱한 씨앗을 쪼개야 하는 새들에게는 특히 강한 턱 근육이 필수적이다. 이때 가중되는 힘을 견뎌내도록 더 크고 더 묵직한 부리도 필요하다.

🐦 부리로 도토리를 내리쳐야 하는 어치는 아래턱이 강화하도록 발달해왔다.

🐦 왜가리 및 다른 새들은 부리가 뾰족하지만, 이를 먹이를 찌르는 데 쓰지는 않는다. 이 새들은 부리 끝으로 먹이를 붙잡는다.

🐦 아메리카딱새는 날아다니는 벌레를 부리 끝으로 잡아챈다. 입을 벌려 '퍼 올리지' 않는다.

🐦 사다새는 커다란 부리와 신축성 좋은 주머니를 이용해 물고기를 집어삼킨다.

🐦 도요새는 물을 이용해 먹이를 입속으로 흘려 보낼 수 있다.

혀

우리는 새의 혀에 신경 쓰지 않는데, 아마 그것을 거의 보지 못하기 때문일 것이다. 혀는 새에게 매우 중요하며 종에 따라 여러 특화된 형태로 진화했다.

🐦 많은 종의 새들은 부리 속에서 혀로 먹이를 처리한다.

🐦 벌새의 혀는 액체 방울을 붙들어 부리 속으로 보내도록 변화했다.

🐦 딱따구리의 혀는 길고 유연하며 끈적거리는 데다 돌기가 있어, 나무의 갈라진 틈으로 혀를 집어넣어 먹이를 꺼낼 수 있다.

🐦 딱따구리의 혀처럼 긴 혀들은 머리 뒤와 위를 감싼 덮개 속에 '보관'되어 있다.

발

대부분의 새는 먹이를 손질할 때 발을 쓰지 않는다. 발을 써서 먹이를 적극적으로 손질하는 새는 앵무새뿐이다. 한편 앵무새는 대부분 왼발잡이다.

🐦 흰머리수리 같은 맹금류는 큰 발톱으로 먹이를 붙잡은 다음 부리로 뜯어낸다.

🐦 아메리카박새와 어치는 발로 먹이를 붙들고 부리로 때린다.

먹이 채집 방법

새들은 굉장히 다양한 채집 방법과 전략을 발전시켜왔다. 대부분의 새는 눈으로 음식을 찾아내지만, 어떤 새들은 촉각, 미각, 그리고 후각과 청각을 사용한다.

🐦 아메리카붉은가슴울새는 소리를 듣는 것처럼 고개를 기울이지만, 사실은 벌레와

다른 먹이의 흔적을 찾는 중이다.

먹이를 찾는 요령

- 메추라기는 먹이를 캐내기 위해 닭처럼 양쪽 발을 번갈아가며 땅을 긁는다.
- 일부 새들은 동시에 두 발로 땅을 긁어 먹이를 캐낸다.
- 세가락도요는 파도의 움직임을 이용해 모래 속의 먹이를 찾는다.
- 백로는 미끼와 다른 속임수를 이용해 먹이를 적극적으로 꾀어낸다.
- 딱따구리는 벌레를 잡기 위해 나무에 작은 구멍을 뚫는다.
- 새들은 먹이가 놀라서 밖으로 나오도록 '위기 반응'이라는 방법을 사용한다.
- 어떤 종의 새들은 긴 꽁지로 곤충을 쓸어 잡아먹는다.
- 어떤 새는 뒤엉킨 풀 밑에 먹을 만한 것이 있는지 보려고 부리로 풀 속에 구멍을 낸다.

먹이를 잡기 위해 변화된 특징

- 어떤 새들은 다른 새들의 먹이를 훔치는 습성이 있다.
- 수직으로 물속에 뛰어드는 행동은 새들이 바다에서 물고기를 잡을 때 흔히 쓰는 기술이다.
- 어떤 매들은 민첩한 비행 능력을 갖추도록 진화한 덕분에 빠르게 날아 공중에서 작은 새를 낚아챌 수 있게 되었다.
- 벌새와 꽃들은 함께 진화해왔다. 벌새의 부리 모양은 꽃의 형태에 어울리며 꽃들은 벌새를 끌어모으되 벌레가 꼬이지 않는 특징을 지녔다.
- 아메리카딱새는 날아다니며 사냥하기 위해 시각이 다방면으로 진화했다.
- 많은 새는 먹이를 잡으려 잠수한다. 어떤 오리들은 물속에 있는 먹이를 잡으려고 몸을 앞으로 기울여 뒤집는다.

소화기관

새가 삼킨 먹이는 모이주머니에 저장되었다가 모래주머니, 즉 위로 이동해 쪼개지고 분쇄되며 창자로 이동한다. 또 그곳에서 영양소와 수분이 추출된 뒤

배설물로 응축된다.

🐦 새가 자주 토하는 것은 정상이다.

🐦 모이주머니는 소화관 입구 근처에 있는 먹이 저장 기관이다. 모래주머니에서는 강한 근육이 먹이를 으깨고 '씹는다'. 많은 새는 먹이를 분쇄하는 데 도움이 되도록 자갈과 모래를 삼킨다.

🐦 어떤 새들은 조개를 통째로 삼킬 수 있는데, 조개는 모래주머니 속에서 으깨지고 소화된다.

🐦 독수리의 소화관에서 번식하는 박테리아는 썩은 고기를 소화하도록 도와주는데, 이 박테리아는 대부분의 다른 동물에게는 유독하게 작용한다.

🐦 어떤 새들은 먹이 중 소화가 안 되는 부분을 작은 알갱이 형태로 토해낸다.

🐦 새의 희고 검은 똥은 수분 함량이 매우 적다.

먹이의 특질

새들은 먹이의 영양적 품질을 예리하게 인식하며, 자기 자신과 새끼를 위해 양질의 먹이를 찾는다.

🐦 정원의 새 모이통을 가장 열심히 찾는 새들도 먹이의 절반 이상은 야생에서 얻는다. 부모 새는 새끼에게 거미를 먹이기 위해 특별히 노력한다. 거미에 타우린이라는 영양소가 많이 들어 있기 때문이다.

🐦 어른 갈매기는 자신은 쓰레기 처리장에서 먹이를 찾아 먹을지언정, 새끼를 위해서는 신선한 물고기를 잡는다.

🐦 새들은 장단점을 따지며 먹이를 주의 깊게 고른다.

🐦 어떤 새들은 새 모이통에서 씨앗 하나를 골라 멀리 떨어진 곳으로 날아가서 먹는데, 그렇기 때문에 더욱 신중하게 씨앗을 고른다.

🐦 어떤 새들은 칼슘을 섭취하기 위해 페인트 조각을 먹는다.

🐦 도토리를 먹으면 열량이 공급된다. 하지만 이는 단백질 손실로 이어지므로 도토리를 먹는 새들은 단백질을 추가로 섭취해야 한다.

먹이 저장

대부분의 새는 먹이를 찾아내면 곧바로 먹지만, 어떤 새들은 나중에 먹으려고 공들여 그것을 저장한다.

🐦 도토리딱따구리는 나중에 먹기 위해 무수히 많은
　도토리를 저장한다.

🐦 어치는 겨울이 되면 나중에 이용할 먹이를
　저장하며, 먹이를 숨긴 곳이 알려지지 않도록
　조심한다.

🐦 아메리카박새 한 마리는 한 계절에 먹을거리를
　8000개까지 저장할 수 있으며, 먹이를 각각
　어디에 저장했는지는 물론이고 먹이의 중요한
　세부 특징까지도 기억할 수 있다.

수분 섭취

🐦 새는 하루에 자신의 체중과 맞먹는 양의 물을 마실 수 있다. 반면 물을 거의
　마시지 않고 지낼 수도 있다.

🐦 덥고 건조한 기후에서 사는 새들은 수분을 보존하기 위해 여러 적응 과정을
　거쳤으며, 또 이를 위해 많은 전략을 이용한다.

🐦 어떤 새들은 이마에 염류샘이 있다. 이는 신장이 하나 더 있는 것과 같은데, 필요할
　경우 소금물을 마실 수 있고 또 소금물을 민물로 쉽게 바꿔 내보낼 수 있다.

🐦 새의 오줌은 액체가 거의 없는 흰색 고체로 농축된다.

생존

새와 날씨

새는 온갖 날씨를 견디며 야외에서 지내야 한다. 이들은 깃털에 의지해 자신을

보호하고 생존하기 위해 여러 가지 요령을 쓰지만, 혹독한 날씨는 새에게 큰 문제가 될 수 있다.

🐦 새는 심한 폭풍이 칠 때는 먹이를 비축해두고 피신처를 마련해 폭풍을 견뎌낸다.

🐦 제비는 날벌레를 잡아먹기 때문에 춥고 사나운 날씨가 지속하면 특히 심각한 어려움에 빠질 수 있다.

보온

새는 비교적 몸집이 작고 체온이 높다. 따라서 추운 기후에서는 특히 체온을 유지하기 위해 열심히 노력해야 한다. 1차 방어선은 깃털이다.

🐦 솜털은 무게 대비 가장 효과적인 단열재로 알려져 있다.

🐦 새의 깃털은 겨울에 더 많이 자란다.

🐦 혹독한 추위가 이어지면 새는 활동을 줄이고 안전한 지역에 머무른다.

🐦 깃털을 부풀리면 더 두툼한 외피가 생긴다. 또 깃털로 다리와 부리를 감싸면 열 손실이 줄어든다.

🐦 논병아리는 진회색 피부가 열을 흡수하도록 깃털을 부풀려 일광욕을 한다.

🐦 고니의 긴 목은 특히 온기를 유지하기 어려운 부위인데, 이를 보완하기 위해 목 부분은 놀랍도록 빽빽한 깃털로 덮여 있다.

🐦 몸집이 작은 많은 새는 추운 날 밤에 기운을 아끼기 위해 일종의 일시적 동면인 '휴면 상태'에 들어갈 수 있다.

🐦 새는 보온이 되지 않는 다리와 발을 통해 열이 빠져나가는 것을 막기 위해 역류 순환을 이용한다.

🐦 더 추운 기후에서 사는 새들은 부리와 발이 더 작은 경향이 있다. 노출 부위가 적도록 진화한 것이다.

🐦 대서양퍼핀은 부리가 그토록 큰데 어떻게 북극 바다에서 체온을 유지하는 것일까? 여전히 명확하게 밝혀진 바가 없다.

냉각

새의 몸은 보온이 잘 되며, 우리 인간과 마찬가지로 운동을 하면 열이 오른다. 다운재킷을 언제나, 그러니까 운동할 때조차 입고 있다고 생각해보라! 그러니 새들은 몸이 과열되지 않도록 주의해야 한다.

🐦 어두운색 깃털이 흰색 깃털보다 실제로 더 시원할 수 있다.

🐦 둥지는 알과 새끼가 너무 덥거나 춥지 않도록 보호하며, 보온에 중요한 역할을 한다.

🐦 새는 땀을 흘리지 않는다. 주로 숨을 헐떡이며 열을 식힌다.

🐦 사막에 사는 새들은 가장 무더운 낮 동안에는 격한 활동을 하지 않도록 생활 방식을 진화했다.

포식자 피하기

많은 포식자는 끊임없이 새를 사냥한다. 따라서 새의 외양과 행동은 그 위협에 대응하며 발달해왔다. 이런 대응은 대개 '눈에 띄지 않기', '경계하기' 그리고 최후의 수단으로 '주의 분산하기'로 나뉜다.

눈에 띄지 않기

많은 새는 주로 눈에 띄지 않도록 애쓰며, 이를 위해 여러 형태의 위장용 보호색을 이용한다.

🐦 쌍띠물떼새와 다른 몇몇 새들은 선명한 무늬를 이용해 몸의 윤곽을 흐릿하게 하는 위장술을 쓴다.

🐦 많은 새에게는 주위 환경과 어우러지는 복잡한 무늬가 있다.

🐦 많은 새는 필요하면 색깔이 화려한 깃털을 숨길 수 있다.

🐦 둥지는 대개 잘 보이지 않는 곳으로 신중하게 고려하여 지어지며, 부모 새들은 아주 조심스러운 태도로 둥지를 드나든다.

🐦 땅에 둥지를 트는 많은 새는 위장이 가능한 알을 낳으며, 알의 색깔과 비슷한

둥지터를 고른다. 또한 둥지를 짓는 시기에 포식자들이 자신의 냄새를 맡지 못하도록 냄새 없는 치장용 기름을 생성한다.

🐦 동고비는 본능적으로 둥지 구멍 입구에 냄새가 나거나 끈적거리는 물질을 바르는데, 명확한 용도는 알려지지 않았지만 아마 포식자를 저지하기 위해서일 것이다.

🐦 대부분의 새는 초목에 숨어 지내며 개방된 공간으로 나오지 않으려 한다. 먹이를 찾을 기회가 있으면 위험과 이득을 저울질한다.

🐦 많은 새는 포식자로부터 벗어나는 능력을 끌어 올리기 위해 종종 식사를 나중으로 미룬다. 그리고 그날 먹이를 구할 수 있는 마지막 순간이 될 때까지 몸을 가볍고 민첩하게 유지한다.

🐦 새들은 잠을 자거나 쉴 때 포식자들이 찾아오기 어렵도록 주로 눈에 띄지 않는 장소를 고른다. 숲에 사는 명금류는 땅에서 한참 높은 곳에 있는 나뭇가지에 앉는다.

🐦 몸집이 작은 여러 명금류가 유독 밤에 거주지를 이동하는 이유는 바로 포식자를 피하기 위해서라는 가설이 있다.

경계하기

일반적으로 포식자들은 속도가 느리거나 부주의해 보이는 새들을 겨냥한다. 한편 새들은 포식자를 저지하기 위해 큰 소리로 경보를 울려 포식자의 모습이 발각되었음을 알리고 근처에 있는 다른 새들에게도 경고를 전한다. 또한 새들은 다른 기발한 방법으로 경계신호를 보내기도 한다.

🐦 많은 새는 경계경보를 이해한다. 어떤 새들은 날개로 휙휙 소리를 내며 날아올라 다른 새들에게 위험을 경고하기도 한다.

🐦 까마귀는 위험과 관련한 복잡한 정보를 서로 주고받을 수 있다.

🐦 많은 새의 날개에는 눈으로 착각할 만한 가짜 얼굴 무늬가 있는데, 포식자는 그

무늬를 보고 새가 자신의 행동을 지켜본다고 생각할 수도 있다.

🐦 꽁지를 좌우로 흔들고 튀기는 행동은 분명 잠재적 포식자에게 보내는 경고
신호다.

🐦 많은 새는 말 그대로 한쪽 눈을 뜨고 잠을 잔다.

🐦 무리 지어 다니는 새들은 무리 속의 짝끼리 불침번을 선다.

🐦 새로운 장소에 도착한 철새들은 지역의 텃새에게서 포식자에 대한 정보를 얻는다.

주의 분산하기

위에서 말한 방법이 모두 실패하면, 새는 다른 방법을 이용하여 포식자를
혼란스럽게 만들어 괴롭히거나 놀라게 한다.

🐦 몸집이 작은 새들은 대개 포식자보다 빠르고 민첩하므로, 매우 대담하고
공격적으로 포식자를 괴롭히고 쫓아낼 수 있다.

🐦 작은 새들은 종종 대담하게 그리고 소란스럽게 모여 포식자를 괴롭히는데, 이것을
'집단 공격'이라고 한다.

🐦 새는 다친 시늉을 해 포식자를 다른 곳으로 유인해 둥지를 보호하기도 한다.

🐦 큰 무리의 새들이 어지럽게 빙빙 돌며 날아다니는 모습을 본 적이 있는가? 그
새들의 움직임은 마치 연출된 안무처럼 보이지만, 사실은 우리가 경기장에서
파도타기 응원을 하듯이 그저 무리 속에 있는 다른 새들에게 반응하고 있는
것뿐이다.

🐦 날아오르며 밝은 색깔을 순간적으로 번득이면 잠재적인 포식자는 공격하려다
놀랄 것이다.

🐦 어떤 새들은 '눈처럼 보이는 점'처럼 상대를 놀라게 하는 무늬를 위협적으로
내보인다.

새의 사회생활

모든 새는 복잡한 사회생활을 한다. 이때 주로 모습과 소리를 통해
소통하므로, 우리는 멀리에서도 새들의 상호작용을 인식하고 연구할 수 있다.
어떤 새들은 사교성이 뛰어나 1년 내내 무리 지어 이동하거나 집단으로 둥지를
튼다. 반면 어떤 새들은 기본적으로 혼자 지내기를 좋아하며 둥지를 짓는
시기에만, 그리고 짝하고만 어울린다.

경쟁과 협력

새들은 대개 먹이가 충분하고 안전한 영역을 찾으려 열심히 노력한다. 또 다른
새들에게서 그런 자원을 지켜내려 한다. 따라서 어떤 환경에서는 큰 무리
속에서 협력하며 살아가는 것이 유리하다.

- 새들이 위협용 과시를 할 때는 주로 몸을 더 커 보이게 하는 동작이나 자세를
  취한다.
- 솜털딱따구리는 얕잡아 보이지 않으려 자신보다 몸집이 훨씬 더 큰
  큰솜털딱따구리처럼 보이도록 진화했다.
- 먹이터가 여기저기에 흩어져 있을 때는 무리 지어 다니는 것이 유리하다.
- 섬에서처럼 둥지 짓기 좋은 터가 제한되어 있거나 바다에서처럼 먹이가 군데군데
  퍼져 있으면 집단으로 둥지를 트는 것이 가장 좋은 전략이다.
- 새도 인간과 마찬가지로 혼자일 때보다 작은 무리를 이루고 있을 때 문제를 더
  수월하게 해결한다.
- 도토리딱따구리는 먹이를 저장할 때 작은 무리에 속한 딱따구리들끼리 협력한다.
- 까마귀는 풍부하고 복잡한 사회생활을 유지하며 집단으로 이동하는데, 이
  무리에는 보통 가장 최근에 있었던 두 차례 이상의 번식기 동안 얻은 후손이
  포함된다.
- 몇몇 종의 새들은 서로의 깃털을 관리해준다.
- 아메리카박새는 호기심과 사교성이 강하며 여러 종의 새들로 구성된 무리에서

중심을 차지할 때가 많다.

구애

대부분의 새는 오랜 기간 복잡한 구애 과정을 거친다. 이 과정에는 거의 언제나
청각적, 시각적 과시 행위가 포함된다.

🐦 두루미는 구애 시 특유의 화려하고 복잡한 춤을 춘다.

🐦 수컷 청둥오리 무리는 암컷 앞으로 모여 세심하게 연출한 과시 행위와 소리로
구애한다.

🐦 붉은꼬리말똥가리는 복잡한 비행을
선보이며 구애하며, 또 구애의 일환으로
먹이와 둥지 건축 재료를 교환한다.

🐦 수컷 북부홍관조는 진홍색 깃털과 노래
실력을 자랑하면서 암컷에게 먹이를
선물한다.

🐦 야생칠면조는 여러 마리의 수컷이 한 장소에 모여 구애한다.

🐦 쇠부리딱따구리는 춤을 추면서 꽁지를 퍼덕이고 앞뒤로 흔들며 구애한다.

🐦 어떤 새들은 구애하며 노래를 선보일 때 밝은색이나 대비 색을 시각적으로
과시하는데, 적절하게도 그 색깔은 다른 때에는 숨겨져 있다.

🐦 대부분의 새는 평생 짝을 바꾸지 않지만, 몸집이 작은 새의 경우에는 암수가 모두
생존해 다시 함께 둥지를 틀 가능성이 아주 낮다.

소리와 과시 행위

새들은 노래를 통해 잠재적인 짝과 경쟁자들에게 자신을 알리고 영역에 대한
권리를 주장한다.

🐦 새는 청중에 따라 다른 노래를 부르고 다양한 행동을 선보인다. 예를 들어 짝에게
보여주는 것과 경쟁자에게 보여주는 것이 다르다.

🐦 낮의 길이가 달라지면 새의 호르몬에 변화가 생기는데, 이 호르몬은 새가 노래하도록 자극한다.

🐦 많은 명금류는 노랫소리를 모방하기 위해 같은 종에 속한 새들의 노래를 듣는다. 대부분의 명금류는 어릴 때 한 가지 이상의 다양한 노래를 익히며, 평생 변함없이 그 노래들을 부른다.

🐦 미국북부흉내지빠귀는 한 마리가 200가지가 훨씬 넘는 노래 목록을 보유할 수도 있다.

🐦 캐롤라이나굴뚝새는 최대 50가지의 노래를 알고 있으며, 흰등굴뚝새 수컷 한 마리는 200가지 이상의 노래를 알고 있다.

🐦 새들은 울대로 소리를 내는데, 울대 양쪽에서 각각 소리가 난다. 다시 말해 새들은 동시에 두 가지 다른 소리로 노래할 수 있다.

🐦 새소리는 음계처럼 수학적 법칙이 있다.

🐦 어떤 새들은 밤에 지저귀는데, 대개는 밤의 고요함을 이용해 메시지를 전하기 위해서다.

🐦 새의 노래는 힘과 속도, 정확성이 결합한 정교한 스포츠 프로그램과 비슷하다.

🐦 많은 새는 시각적 과시 행위로써 노래를 부른다. 또 넓은 지역에 자신의 노래를 전달하기 위한 목적으로 비행 중에도 노래를 부른다.

🐦 근육이 발달한 앵무새의 혀는 소리를 내는 데 중요한 역할을 할 것이다.

새의 소리에는 '음성'과 관련되지 않은 소리도 있다.

🐦 도요새 및 몇몇 새들은 특별한 목적을 위해 변화한 깃털을 이용해 소리를 낸다.

🐦 많은 새의 날개는 비행 중에 휘파람 소리를 낸다.

🐦 아메리카멧도요는 대부분 온전히 날개만으로 소리를 내며, 그만큼 화려한 비행을 과시하는 특징이 있다.

🐦 대부분의 딱따구리는 노래 대신 부리로 나무를 빠르게 두드려 북을 치는 것 같은 소리를 낸다.

가족생활

새의 생활에서 가장 핵심적인 활동은 바로 번식이다. 새는 짝을 찾고,
생활영역이나 둥지터를 고른다. 그다음에는 둥지를 준비하고 알을 낳으며, 그
알을 품는다. 이후에는 새끼를 먹이고 보호한다. 이 모든 과정이 작은 새들의
경우에는 불과 한 달 사이에, 더 큰 새들에게는 최대 넉 달에서 여섯 달 동안
진행된다. 몇몇 종의 경우에는 1년 이상 걸릴 수도 있다.

영역

대부분의 새는 먹이와 물, 적당한 둥지터를 제공해줄 번식 영역을 찾고, 그곳을
방어하며 번식기 내내 그 영역에 머무른다. 텃새들은 1년 내내 자신의 영역에서
지낼 것이다.

- 대부분의 철새는 여름마다 전에 지냈던 영역으로 돌아오는데, 대개 자신이 부화한
  곳 인근이다.
- 일부 철새는 월동지에 대해서도 영역권을 주장하면서 매년 같은 장소를 찾는다.
- 새들은 침입자에게서 자신의 영역을 방어하며, 분쟁은 단순한 몸싸움으로
  이어지기도 한다. 영역을 지키는 새들은 가끔 창문이나 자동차 거울에 비친 자신의
  모습을 다른 새로 혼동한다.

둥지 틀기

구애와 영역 확보가 완료되면 새들은 새끼를 키우는 실질적인 작업을
시작한다. 여기에는 여러 다양한 전략이 발전되어왔다.

둥지를 트는 시기

일반적으로 새들은 풍부한 먹이를 이용할 수 있는 시기에 새끼를 키우기 위해
둥지 건축 시기를 조절하는 것으로 보인다. 대부분의 명금류에게 이 시기는
봄과 초여름으로, 곤충이 매우 풍부한 때다.

🐦 여새의 번식 주기는 열매가 가장 풍부한 시기에 맞춰 조절된다.

🐦 대부분의 새는 둥지를 트는 기간이 아주 짧다. 그러나 우는비둘기 같은 몇몇 새들은 거의 1년 내내 둥지를 짓고 돌본다.

🐦 둥지를 짓는 시기에 대한 최근의 연구를 통해, 기후가 온화해지면서 많은 새가 시기를 앞당겼음이 밝혀졌다.

🐦 어떤 새들은 같은 해에 각각 다른 두 장소에 둥지를 짓는다.

둥지 건축

새는 위치, 재료, 건축 방식, 모양 등 저마다 다양한 방식으로 둥지를 짓는다. 어떤 새들은 알을 위해 특별한 둥지를 짓는가 하면, 어떤 새들은 둥지를 아예 짓지 않고, 또 어떤 새들은 직접 새끼를 키우지 않는다. 이 모든 것이 본능적인 행위지만, 지역 조건에 맞게 적응한 결과이기도 하다.

🐦 붉은꼬리말똥가리와 아메리카붉은가슴울새가 둥지를 짓는 데는 보통 사흘에서 일주일이 걸리지만, 긴꼬리북미쇠박새의 경우 최대 50일까지도 걸린다.

🐦 딱따구리는 나무에 둥지 구멍을 뚫는다.

🐦 어떤 새들은 진흙으로 둥지의 형태를 만드는데, 새에 따라 그 형태에 독특한 특징이 있다.

🐦 긴꼬리북미쇠박새는 둥지를 지을 때 본능적으로 두 가지 다른 방식을 활용한다.

🐦 둥지는 알과 새끼들이 너무 덥거나 춥지 않게 해준다. 특히 보온에 중요한 역할을 하는데, 추운 지역에서는 새들이 둥지를 더 두텁게 짓는다는 증거가 있다.

🐦 딱따구리가 쓰던 구멍 등 빈 구멍에 둥지를 짓는 새들에게는 꾸준히 새 구멍이 공급되어야 한다. 인간이 설치한 새집이 좋은 대용품이 되기도 한다.

🐦 어떤 새들은 둥지를 아예 짓지 않는다. 그저 땅의 우묵한 곳에 알을 낳을 뿐이다.

🐦 모래사장에 둥지를 짓는 새들은 인간, 개, 차량 및 다른 위협과 공존해야 한다.

둥지 방어

🐦 새들은 다른 때에는 소극적이더라도 둥지를 방어할 때는 매우 공격적인 태도를

취할 수 있다.

🐦 집단으로 둥지를 틀 때 예상되는 이점은 무엇일까? 바로 모든 둥지를 새들로 구성된 '군대'가 지킨다는 것이다.

알

알은 새에게 있어 가장 중요한 존재다.

🐦 알 하나는 암컷의 체중을 최대 12퍼센트까지도 차지할 수 있으며, 암컷은 여러 날 동안 하루에 한 개씩 알을 낳는다.

🐦 알껍데기가 형성되려면 칼슘이 많이 필요하다. 어떤 새들은 칼슘을 얻으려고 사람의 집에 붙은 페인트 조각을 먹는다.

🐦 살충제인 DDT가 미치는 영향 중 하나는 새의 칼슘 소화 능력을 떨어뜨리는 것이다. DDT에 노출되면 알껍데기가 얇아지고 결국 번식이 불가능해진다.

알은 종에 따라 모양과 색깔, 무늬가 다양하다.

🐦 종에 따라 알 형태가 미묘하게 다른 이유는 분명 비행에 필요한 요건에 영향을 받기 때문일 것이다.

🐦 알의 검은 반점은 껍데기를 더욱 튼튼하게 하기 위해 생겨난 것이다.

🐦 둥지를 한 번 틀었을 때 낳는 알의 개수는 종에 따라 다르다. 많은 명금류는 보통 네 개를 낳으며, 암수 한 쌍이 충분한 음식을 공급할 수 있는 새끼의 수가 대개 그 정도다.

🐦 조숙성 조류는 알을 더 많이 낳을 수 있는데, 그 이유는 새끼들이 완전히 발달한 상태로 부화해 스스로 먹이를 찾을 수 있기 때문이다. 대개 청둥오리는 한번 둥지를 틀면 알을 열 개 이상 낳는다.

🐦 어떤 새들은 알을 한 개만 낳는다. 또 붉은꼬리말똥가리의 경우처럼 어떤 새들은 보통 두세 개의 알을 낳는다.

🐦 새는 포란이 시작되기 전의 산란 단계에서는 둥지를 방어하지 않는다. 암컷은

하루나 이틀에 한 번씩 들러 알을 낳는다.

🐦 바닥에 부서진 알껍데기 조각이 있다면 포식자의 짓이거나 사고를 당했다는
뜻이다. 깔끔하게 반으로 잘린 빈 알껍데기는 새끼가 무사히 부화했음을 뜻한다.

부모 역할

🐦 수컷과 암컷의 역할은 종마다 매우 다양하다. 전반적으로 암컷이 수컷보다
양육을 많이 담당한다.

🐦 암수의 모습이 비슷한 새들은 일반적으로 양육도 똑같이 나눠 맡는다.

🐦 거주지 이동은 성적 이형성 및 암수의 역할 분담과 관련이 있는데, 보통 암컷이
둥지를 짓고 새끼를 돌보는 일을 더 많이 담당한다.

🐦 대부분의 오리는 암컷이 둥지를 돌보는 일을 전적으로 책임진다.

🐦 여러 수컷이 구애 장소에 모여 과시를 하는 새들의 경우에는 암수 사이에
유대감이 형성되지 않는다. 이 경우 수컷은 둥지를 짓거나 새끼를 키울 때 아무런
역할을 하지 않는다.

🐦 논병아리는 특이한 방식으로 양육 역할을 나눠 맡는다.

🐦 까마귀의 경우, 전년도에 낳았던 한두 살가량의 자식들이 부모를 도울 때가 많다.

포란

포란은 배아가 발육을 시작하도록 부모 새가 알 위에 앉아 따뜻하게 품는
행위를 뜻한다. 발육이 시작되면 배아는 온도에 매우 민감해지며, 어른 새들은
하루에 최대 23시간 동안 알을 품는다.

🐦 대부분의 새는 모든 알이 함께 발육하고 부화하도록, 즉 동시 부화하도록 하기
위해 마지막 알을 낳은 뒤에 알을 품기 시작한다.

🐦 어떤 종의 새는 첫 알을 낳고 포란을 시작하며, 새끼들은 포란 순서대로 서로 다른
날에 부화한다. 이를 비동시 부화라 한다.

🐦 포란 기간은 대개 조숙성 조류가 더 길고 만숙성 조류가 더 짧다.

🐦 기록에 따르면 몇몇 종의 경우 부화 며칠 전에 알과 부모 사이에 의사소통이

일어난다고 한다.

🐦 알이 발육하고 부화하는 데 걸리는 시간은 부분적으로 부화 경쟁이라는 압력
때문에 진화해왔다.

🐦 붉은꼬리말똥가리의 경우, 포란은 대부분 암컷의 몫이며 기간은 4주에서 5주 정도
걸린다.

🐦 청둥오리의 경우, 포란은 암컷이 전담하며 기간은 4주 정도 걸린다.

🐦 아메리카붉은가슴울새의 경우, 포란은 암컷이 전담하며 기간은 2주가 채 걸리지
않는다.

🐦 알을 품는 기간은 방어력이 약해지므로 새에게 가장 위험한 시기다.

새끼 새의 성장

🐦 조숙성 조류의 새끼는 깃털이 다 돋고 눈을 뜬 채 부화하며, 먹이를 섭취하는 법과
위험을 피하는 법을 본능적으로 안다.

🐦 조숙성 조류는 스스로 먹이를 찾을 수 있지만, 생후 일주일 정도는 체온을
유지하고 생활에 필요한 것을 배우며 부모에게 의지한다.

🐦 만숙성 조류는 깃털이 없고 무력한 상태로 태어나기 때문에 부모가 오랫동안
보살펴야 한다. 조숙성과 만숙성은 각각 장단점이 있다.

🐦 어떤 새들은 조숙성과 만숙성의 중간에 해당하는 전략을 활용한다. 어린 새는
깃털이 모두 돋고 움직일 수 있는 상태로 태어나지만, 먹이 섭취는 여전히
부모에게 의존한다.

🐦 붉은꼬리말똥가리처럼 비동시 부화 조류는 가장 강한 새끼(대개는 맏이)가 가장
먼저 먹이를 먹는다. 다른 새끼들은 그다음에야 먹을 수 있다.

🐦 어린 새들은 본능적으로 부모의 특징을 각인한다.

- 새끼 아비는 종종 부모의 등에 올라가 쉬는데, 스스로 헤엄치는 것보다 따뜻하고 안전하기 때문이다.
- 부모 새는 새끼에게 먹이를 구해다 주기 위해 부리에 먹이를 물고 온다. 외출이 길어지면 모이주머니에 먹이를 저장하고 둥지로 가져와서는 새끼에게 먹이려고 토해낸다.
- 새들은 새끼에게 영양가가 매우 높은 천연 먹이를 골라서 주는데, 자신이 먹는 것과 매우 다른 먹이일 때가 많다.
- 아메리카박새는 새끼가 태어나면 7일 동안 새끼에게 먹일 거미를 찾아다닌다. 거미의 몸에 필수 영양소인 타우린이 풍부하기 때문이다.
- 어린 새들이 둥지에 남긴 배설물은 '배설물 주머니'라고 불리는 형태로 모아져 외부로 버려진다.

독립

어린 새들이 독립하기 전에 둥지에서 보내는 기간은 종에 따라 아주 다르다. 조숙성 조류의 새끼는 날 수 있는 능력이 생기기도 훨씬 전인 부화 후 몇 시간 이내에 둥지를 떠난다. 반대로 만숙성 조류는 부모에게 완전히 의지하며, 날 수 있을 때까지 둥지에 머문다.

- 어린 새들은 보통 날 수 있는 능력이 온전히 생기기 전에 둥지를 떠난다. 이런 새를 보면 도와주고 싶겠지만, 대개는 인간의 도움이 필요하지 않다.
- 많은 새끼는 더 빨리 독립하기 위해 비교적 엉성한 깃털이 갖춰질 때부터 둥지를 떠나는데, 그 깃털은 몇 주 이내에 어른과 비슷한 튼튼한 깃털로 바뀐다.
- 인간이 걷는 법을 '배우지' 않듯이, 새들도 나는 법을 '배우지' 않는다. 그저 깃털과 근육, 그리고 나는 데 필요한 협응력을 발달시킬 뿐이다.
- 아메리카붉은가슴울새는 부화 후 2주경에 독립한다.
- 붉은꼬리말똥가리의 새끼는 생후 6주경에 독립하지만, 몇 달 동안은 부모에게서 계속 먹이를 얻는다.
- 아비는 부화 후 12주 무렵이면 자립한다.

🐦 청둥오리는 부화 후 몇 시간 이내에 둥지를 떠나 서서히 자립하며, 부화 후 8주 또는 9주 무렵부터 날기 시작한다.

독립 전 돌봄과 자립
대부분의 새는 새끼가 둥지를 떠나기 며칠 또는 몇 주 전까지 부모가 계속 먹이고 보호한다.

🐦 대부분의 명금류는 새끼가 둥지를 떠난 뒤 최대 2주까지 부모가 돌봐준다.

🐦 붉은꼬리말똥가리처럼 몸집이 더 큰 새들의 경우, 새끼들은 둥지를 떠난 뒤에도 몇 주 동안 둥지 가까이에 머물며 최소 8주, 최대 여섯 달까지 부모로부터 먹이를 얻는다.

🐦 오리 같은 조숙성 조류는 부모에게 먹이를 전혀 받지 않는다.

🐦 대부분의 새는 겨울에 따로따로 흩어지며 가족 단위로 함께 지내지 않는다.

🐦 집단생활을 하는 일부 새들은 몇 달 혹은 몇 년 동안 짝이나 무리끼리 함께 이동한다.

둥지 새로 짓기
🐦 대부분의 새는 1년에 한 번만 둥지를 튼다. 번식기 초기에 둥지를 잃으면 다시 둥지 짓기를 시도해볼 수 있겠지만, 한 철에 번식과 양육을 두 차례 완료할 여유가 없다.

🐦 번식 주기가 더 짧은 다수의 작은 새들은 한 철에 두 차례 혹은 세 차례까지도 성공적으로 둥지를 틀 수 있으며, 일반적으로 매번 둥지를 새로 짓는다.

🐦 어떤 새들은 둥지를 다시 사용한다.

탁란
어떤 새들은 둥지를 짓거나 새끼를 돌보지 않는다. 찌르레기사촌은 둥지 대신 '탁란'이라는 방법을 쓰는데, 이는 다른 새의 둥지에 알을 낳고 아무것도 모르는 양부모에게 양육을 맡기는 것이다.

- 찌르레기사촌의 알은 둥지 주인의 알보다 빨리 부화하며 더 빨리 자라므로, 새끼 찌르레기사촌은 둥지를 공유하는 다른 새끼들과의 경쟁에서 유리하다.
- 암컷 찌르레기사촌은 떠난 뒤에도 자신이 낳은 알을 지켜보며 울음소리를 내는데, 아마 이는 새끼 새들이 독립하고 몇 주 뒤에 같은 찌르레기사촌들을 알아볼 수 있게 해주는 아주 중요한 요소일 것이다.

새와 인간

새와 인간의 상호작용은 몇 가지 큰 범주로 나눠진다. 여기서는 새가 인류의 문화에 미치는 영향, 새와 관련된 상업, 인간으로 인해 변화된 새의 생활로 나눠보려 한다.

새와 인류 문화

새들은 민간전승에 두드러지게 등장한다. 새의 형태와 습성, 소리는 수천 년 동안 작가와 음악가 및 과학자에게 영감을 주었다.

- 새의 노래와 인간의 음악은 유사점이 있다.
- 깃털 등 새의 여러 신체 구조는 과학자들에게 지속해서 영감을 주고 있다.
- 사람들은 새의 이동과 노래로 계절의 변화를 구별한다.

새의 이름

인간이 새들에게 붙이는 이름은 새의 소리나 습성, 외모를 바탕으로 한 것이다.

- 산적딱새phoebe는 '피-비' 하는 노랫소리 때문에 그런 이름이 붙었다.
- 아메리카박새류chickadee는 '치-카-디-디-디' 하는 울음소리 때문에 붙은 이름이다.
- 동고비nuthatch는 손도끼hatchet처럼 호두를 '깨는hatch' 습성 때문에 붙은 이름이

분명하다.

- 작은박새titmouse라는 명칭은 '작은 새'를 뜻하는 두 개의 중세 영어 단어 '티트tit'와 '모스mos'에서 비롯되었다.
- 아메리카붉은가슴울새는 먼 친척뻘인 유럽울새와 닮은 모습 때문에 붙은 이름이다.

새와 관련된 상업

초기 인류는 여러 이유로 들새를 사냥했다. 1900년 무렵까지 들새는 식용 및 패션 재료용으로 널리 팔렸다. 현재는 식용 가금류를 기른다.

- 1800년대의 상업용 새 사냥은 여행비둘기를 포함한 몇몇 종의 멸종에 원인을 제공했다.
- 1900년경 여성용 모자를 위해 새를 도살하는 행위에 격분한 이들 덕분에 오듀본협회가 설립되었다. 그 뒤로 국립야생동물보호구역이 지정되었으며, 들새를 보호하는 새로운 법이 만들어졌다.
- 인간이 가축으로 길들인 새는 단 몇 종에 불과하다.
- 가금류 중 가장 중요한 새는 고기와 알, 깃털, 방범을 위해 기르는 회색기러기다.
- 칠면조는 원래 멕시코에서 기르던 가금류였으며, 유럽을 통해 미국에 이르렀다.
- 가금류인 닭은 북아메리카에서 가장 수가 많은 새다.
- 수백 년 동안 깃털은 가장 인기 있는 필기도구였다.
- 다양한 종류의 기러기 깃털은 각각 다른 제품을 만드는 데 쓰인다.

- 전 세계의 앵무새는 현재 애완용으로 포획되면서 멸종 위기에 직면했다.
- 인간은 새에게 줄 '새 모이'를 재배하는데, 이때 주의할 점은 재배 과정에서부터 새들이 먹지 않도록 보호하는 일이다.

새와 인간의 환경

인구 증가는 새에게 광범위한 영향을 미치는데, 인간이 새의 천연 서식지를 빼앗고 그것을 인간의 서식지로 바꾸기 때문이다. 어떤 새들은 이런 변화에 적응하고 혜택을 얻지만, 대부분의 새는 그렇지 않다.

- 집비둘기는 절벽 대신 건물의 돌출 부위에 둥지를 짓도록 적응했다. 그 덕분에 현재는 전 세계의 도시에서 번성한 상태다.
- 집참새는 약 1만 년 전에 인간이 농업을 시작했을 때 그 이점을 누리는 쪽으로 적응했으며 이후로도 계속 인간과 가까운 관계를 지속해왔다.
- 멕시코양진이는 도시 근교의 생활에 아주 잘 적응해왔으며 가끔 창턱이나 다른 인공 구조물에 둥지를 짓는다.
- 제비와 굴뚝칼새는 거의 인간이 지은 건물에만 둥지를 짓는다.
- 파랑지빠귀는 딱따구리가 쓰던 빈 구멍 등에 둥지를 튼다. 이런 빈 구멍은 매우 드물기 때문에 사람들이 파랑지빠귀를 위해 새집을 준비해주지 않았다면 개체 수가 늘어나지 못했을 것이다.
- 인간이 만들어낸 소음이 음의 풍경을 바꾼 탓에, 새들도 자신의 목소리를 바꾸고 있다.
- 도시 지역에서는 밤에 지저귀는 새들이 더 많은데, 아마 낮의 소란을 피해 고요한 밤에 소통하기 위해서일 것이다.
- 모래사장은 사람들이 많이 찾고 이용하는 장소이므로, 그곳에 둥지를 틀도록 적응한 새들은 사람들과 갈등을 겪는다.

농업과 새

산업용 농법이 증진되고, 화학물질로 인해 잡초와 곤충이 감소하면서 새들은 좋지 않은 영향을 받았다.

- 농경지가 척박해짐에 따라, 생울타리에서 번성하던 새들이 감소하고 있다.
- 건초용 목초를 재배하는 현대의 방식 또한 문제다. 예를 들어, 풀을 더 자주

베어내는 방식 때문에 수확 간격이 짧아졌고, 이로 인해 새들은 둥지를 짓고
새끼를 키워낼 시간을 충분히 가지지 못한다.

🐦 일부 새들은 농업이 주는 혜택을 누리지만, 그만큼 개체 수가 증가하면서
생태계에 부자연스러울 정도로 큰 영향을 미친다.

먹이 주기

대부분 지역에서, 약간의 먹이만 있으면 여러분의 집 마당에 새를 끌어들일
수 있다. 새 모이통에 씨앗이나 다른 양질의 먹이를 담아두면 새들은 그것을
찾아내고 고맙게 여길 것이다.

🐦 벌새는(다른 새들도 그렇지만) 설탕물에 이끌려올 수도 있다.

🐦 새들은 대개 새 모이통에 있는 먹이보다 자연의 먹이를 선호하며, 새 모이통이
있어도 먹이의 50퍼센트 이상을 자연에서 구한다. 그러니 새 모이통 때문에 새가
거주지 이동을 하지 않거나 포식자에게 잡아먹힐 위험이 높아질 걱정은 하지
않아도 괜찮다.

생태학과 조류 보호

생태학은 생물과 환경 사이의 관계는 물론이고, 생물 간의 상호작용에
대해서도 연구하는 학문이다. 생물은 모든 요소가 연관되어 있으며 새들이 그
관련성을 입증해준다.

🐦 말할 것도 없이, 새들에게는 깨끗하고 건강한 환경이 필요하다.

🐦 수액빨이딱따구리가 만드는 수액 샘은 다른 여러 생물들에게 중요한 먹이
공급원이 된다.

🐦 딱따구리들이 만든 둥지 구멍은 수십 종의 다른 새들에게 둥지와 휴식처를
제공한다.

- 연어는 영양소를 상류로 전달하는 행동만으로도 새들의 생존에 중요한 역할을 한다.
- 나무 열매는 새를 통해 씨앗을 퍼뜨리도록 진화했으며, 꽃들은 수분을 목적으로 벌새를 끌어들이도록 진화했다.
- 두려움은 생태학적으로 강한 영향력을 발휘한다. 포식 동물 때문에 먹이 동물의 행동이 달라지면 먹이 사슬에서 더 아래쪽에 있는 생물들에게도 생존할 기회가 생긴다.
- 동식물을 세계 곳곳으로 운반해 다른 생태계 속에 풀어두는 인간의 습관은 때로 무척 파괴적인 결과를 초래한다. 어떤 생물들은 다른 생물들에게 부정적인 영향을 미치기 때문에 '침입종'이라고 불린다.
- 북아메리카에서 흔히 보이는 고니는 종종 침입종으로 여겨지는 외래종이다.
- 아메리카붉은가슴울새는 북아메리카 자생종이지만, 아이러니하게도 지렁이, 노박덩굴, 갈매나무 같은 침입종에게 혜택을 받는다.

서식지

- 새들은 다른 종의 새들과 함께 잘 살아가고 자신만의 영역을 확보하도록 적응해왔다.
- 많은 종의 새는 서식지의 구체적인 특징, 즉 잎과 곤충, 습도, 기온, 빛의 밝기 및 다른 여러 요인에 아주 민감하다.
- 붉은꼬리말똥가리와 아메리카수리부엉이는 비슷한 서식지에서 지내고 비슷한 먹이를 먹지만, 말똥가리는 낮에, 수리부엉이는 밤에 사냥한다는 특징이 있다.

개체 수

- 북아메리카의 들새 중 개체 수가 가장 많은 새는 아메리카붉은가슴울새이며, 심지어 인구수보다 많다. 가금류인 닭은 세계에서 수가 가장 많은 새다.
- 생애 주기를 구성하는 한 가지 요소로 인해 전체 개체 수가 제한될 수도 있다.
- 어떤 새들의 개체 수는 씨앗이나 다른 먹이의 '일시적 호경기'에 좌우된다. 먹이 공급이 순조로울 때는 개체 수가 증가하고 그렇지 않은 시기에는 감소한다.

살아남은 새와 멸종된 새

🐦 캐나다기러기는 1900년대 초반 보호가 필요한 희귀종이었으나 현재는 수가
많으며 또 널리 확산하였다.

🐦 야생칠면조는 1900년경에 거의 멸종되었으나 이제는 다시 흔히 보이는 새가
되었다.

🐦 미국 동부의 많은 지역에서 농지를 재생한 숲이 조성됨에 따라 도가머리딱따구리가
혜택을 받았다.

🐦 제비는 문명의 혜택을 받아왔다. 헛간은 둥지터가 되어주고, 헛간 주변에 펼쳐진
들판은 먹이를 구하기에 이상적인 장소다. 그러나 지금처럼 곤충 수가 계속
감소한다면 앞으로는 번성하기 어려울 것이나.

🐦 아메리카붉은가슴울새는 토지 개발의 혜택을 누렸으며, 현재 도시 근교의 풀밭과
초목에서 잘 살아가고 있다.

🐦 북부홍관조는 지난 세기 동안 교외의 서식지에 잘 적응해 북쪽으로 영역을
확장했다.

🐦 아메리카황조롱이는 수가 줄어드는 중이다. 짐작되는 이유로는 서식지 감소, 오염,
둥지터 감소, 곤충의 수 감소 등이 있다.

🐦 뇌조와 꿩과에 속하는, 닭과 비슷하게 생긴 새들은 서식지에 상관없이 전
세계적으로 사냥당했고 그중 많은 종의 새가 매우 희귀해졌다. 미국 북동부의
뉴잉글랜드초원뇌조를 포함한 몇 종은 멸종했다.

🐦 서식지 감소와 농사법의 변화로 목초지에 서식하는 조류가 줄어들고 있다.

🐦 밥화이트메추라기가 대대적으로 감소하는 이유는 아직 정확히 밝혀지지 않았다.

🐦 지난 100년 동안 북아메리카에서 여러 종의 새가 멸종했다. 마지막 여행비둘기는 1914년에 죽었다.

새를 위협하는 요인

앞서 살펴본 바와 같이, 대부분의 새가 직면한 근본적인 위협은 서식지 감소다. 이외 다른 주된 위협으로는 집고양이, 창문 충돌 사고, 살충제 사용, 기후변화 등이다. 최근의 연구에 따르면, 북아메리카에 사는 새의 총수는 지난 50년 동안 25퍼센트까지 감소했다.

🐦 죽은 새를 발견할 일은 거의 없지만, 혹시 발견한다면 그 원인은 대개 인간과 관련이 있다.

🐦 대부분의 명금류는 첫해를 넘기지 못하고 죽으며, 다 자랐을 때의 연간 생존율은 50퍼센트 정도다.

집고양이

집고양이는 새에게 위험한 포식 동물이다. 북아메리카에서 고양이들이 매년 죽이는 새의 수는 10억 마리 이상으로 추정된다(작은 포유류는 훨씬 더 많이 죽인다). 이는 인간과 관련된 사고로 죽는 수를 훨씬 능가하는 수치다. 야생에서 생활하는 야생 고양이들이 새의 죽음에 가장 큰 원인을 제공하지만, 영양이 충분한 집고양이들도 해마다 무수히 많은 새를 죽인다. 여러분이 실내에서 고양이를 키우고 있다면, 이는 새를 위해 여러분이 할 수 있는 매우 훌륭한 행동이다. 실내에서 사는 고양이는 새를 죽이지 않을 것이며 더 오래 그리고 더 건강하게 살 것이다.

창문 충돌

창문 충돌은 인간과 관련된 아주 심각한 새의 사망 원인으로, 미국에서만 해마다 수억 마리의 새가 이 사고 때문에 죽는 것으로 추정된다. 근본적인 문제는 새들이 건물 외부 유리창에 비친 하늘이나 나무를 향해 날아든다는 점이다. 단단한 창유리에 전속력으로 부딪치는 것은 새에게 치명적이다. 이 문제는 영역권을 주장하는 새들이 창문에 비친 자신의 모습을 공격하는 일과는 별개의 문제다. 또한 철새들이 밤에 도시의 불 켜진 사무실 건물로 이끌려가 부딪히는 문제와도 다르다. 그 경우에 해결책은 새들의 눈에 띄지 않도록 불을 끄기만 하면 된다.

창문 충돌을 방지하는 방법

새들이 여러분의 집 창문에 부딪히는 것을 예방하려면, 우선 새에게 창문을 통과할 수 없다는 사실을 알려야 한다. 아주 단순하고도 효과적인 해결책은 창문 외부에 끈을 내걸거나 긴 테이프 여러 개를 수직으로 몇 센티미터씩 띄워 붙이는 것이다. 널리 사용되는 매 모양 스티커는 효과가 없는데, 창문에 가려지지 않은 부분이 너무 많아서 새들이 그 스티커를 피해 옆으로 날아들려 하기 때문이다.

기후

온실효과로 인한 기후변화가 장차 새들에게 대대적으로 극적인 영향을 미칠 것으로 예측된다. 철새의 이동 시기 변화 등 전반적으로 어긋난 자연 주기에서 알 수 있듯이, 그 영향은 이미 가시화되고 있다. 특히 해수면 상승은 해안에 사는 새들에게 심각한 위협이 된다.

- 식물과 곤충의 연간 성장주기가 기후변화와 함께 달라지고 있다. 어떤 새들은 적응하지만, 어떤 새들은 보조를 맞추지 못하는 실정이다.
- 적어도 1세기 동안, 많은 새가 북쪽으로 활동 영역을 넓히고 있다.
- 현재 몇몇 새들은 더 먼 북쪽으로 이동해 겨울을 보내는데, 부분적으로는 더

온화해진 기후 때문이지만 또 다른 이유는 그곳의
나무 열매가 더 풍부하기 때문이기도 하다.

🐦 미래 기후변화에 대한 예측이 정확하다면, 미국
남서부 사막의 많은 새는 앞으로는 그곳에서
살아남지 못할 것이다.

오염물질

새들이 깨끗한 환경을 누리는 문제는 인간의
손에 달렸다. 새들에게는 곤충과 물고기 및
건강한 먹이 공급원이 필요하다. 1960년대에 DDT의 영향을 받았던 새들은
미국에서 그 화학물질을 금지한 덕분에 대부분 회복되었지만, 그 이후 살충제
사용이 전반적으로 증가하면서 새로운 일부 화학물질이 새들에게 악영향을
미치는 것으로 알려졌다.

🐦 DDT 같은 오염물질은 먹이사슬을 타고 이동하며 누적된다.

🐦 흰머리수리는 DDT로 몰살된 수많은 새 중 하나였다.

🐦 여러 새로운 살충제 때문에 곤충을 잡아먹는 새들의 개체 수가 대폭 감소했다.

질병

아픈 새들은 몸을 숨기는 경향이 있다. 포식자들에게 더 쉽게 당하기 때문이다.
따라서 야생에서는 병에 걸린 동물이 거의 보이지 않는다.

🐦 결막염은 멕시코양진이에게서 자주 보이는 눈병이다.

🐦 웨스트나일바이러스는 새들에게 지대한 영향을 미쳤다.

참고 문헌

다음은 각 설명 글에서 다루는 내용의 출처가 되어준 참고 문헌으로, 특정 주제를 전문적으로 다룬 글들이다. 전반적인 자료를 제공한 책 몇 권은 이 책을 준비하며 연구할 때도 아주 중요한 역할을 했다. 그 책들로부터 유용한 정보를 얻은 덕분에 수필의 많은 부분을 쓸 수 있었고, 그 책들을 시발점으로 삼아 추가 자료를 찾을 수 있었다. 순서는 이 책의 첫 페이지부터 차례대로 표기했다.

- Suraci et al 2016. "Fear of large carnivores causes a trophic cascade." Nature Communications 7: 10698.

- Roggenbuck et al 2014. "The microbiome of New World vultures." Nature Communications 5: 5498.

- Burgio et al 2017. "Lazarus ecology: recovering the distribution and migratory patterns of the extinct Carolina Parakeet." Ecology and Evolution 7: 5467–5475.

- Liechti et al 2013. "First evidence of a 200-day non-stop flight in a bird." Nature Communications 4: 2554.

- Hedenstrom et al 2016. "Annual 10-month aerial life phase in the Common Swift Apus apus." Current Biology 26: 1–5.

- Rattenborg et al 2016. "Evidence that birds sleep in mid-flight." Nature Communications 7: 12468.

- Kingsland 1978. "Abbott Thayer and the Protective Coloration Debate." Journal of the History of Biology 11: 223–244.

- Merilaita et al 2017. "How camouflage works." Philosophical Transactions of The Royal Society B Biological Sciences 372: 1724.

- Holmes et al 2018. "Testing the feasibility of the startle-first route to deimatism." Scientific Reports 8: 10737.

- Umbers et al 2017. "Deimatism: a neglected component of antipredator defence." Biology Letters 13: 20160936.

- George et al 2015. "Persistent impacts of West Nile virus on North American bird populations." Proceedings of the National Academy of Science 112: 14290–14294.

- Chapin et al 2000. "Consequences of changing biodiversity." Nature 405: 234–242.

- Rahbek 2007. "The silence of the robins." Nature 447: 652–653.

- LaDeau et al 2007. "West Nile virus emergence and large-scale declines of North American bird populations". Nature 447: 710–713.

- Brewer et al 2006. Canadian Atlas of Bird Banding. Volume 1: Doves, Cuckoos, and Hummingbirds Through Passerines, 1921–1995, rev. ed. Ottawa: Canadian Wildlife Service.

- Brugger et al 1994. "Migration patterns of Cedar Waxwings in the eastern United States." Journal of Field Ornithology 65: 381–387.

- D'Alba et al 2014. "Melanin-based color of plumage: role of condition and of feathers' microstructure." Integrative and Comparative Biology 54: 633–644.

- Moreno-Rueda 2016. "Uropygial gland and bib colouration in the house sparrow." PeerJ 4: e2102.

- Wiebe and Vitousek 2015. "Melanin plumage ornaments in both sexes of Northern Flicker are associated with body condition and predict reproductive output independent of age." The Auk 132: 507–517.

- Galvan et al 2017. "Complex plumage patterns can be produced only with the contribution of melanins." Physiological and Biochemical Zoology 90: 600–604.

- Jawor and Breitwisch 2003. "Melanin ornaments, honesty, and sexual selection." The Auk 120: 249–265.

- Bazzi et al 2015. "Clock gene polymorphism and scheduling of migration: a geolocator study of the Barn Swallow Hirundo rustica." Scientific Reports 5: 12443.

- Gwinner 2003. "Circannual rhythms in birds." Current Opinion in Neurobiology 13: 770–778.

- Akesson et al 2017. "Timing avian long-distance migration: from internal clock mechanisms to global flights." Philosophical Transactions of the Royal Society B: Biological Sciences 372: 1734.

- Somveille et al 2018. "Energy efficiency drives the global seasonal distribution of birds." Nature Ecology & Evolution 2: 962–969.

- Winger et al 2014. "Temperate origins of long-distance seasonal migration in New World songbirds." Proceedings of the National Academy of Sciences USA 111: 12115–12120.

- Hargreaves et al 2019. "Seed predation increases from the Arctic to the Equator and from high to low elevations." Science Advances 5: eaau4403.

- Simpson et al 2015. "Migration and the evolution of sexual dichromatism: evolutionary loss of female coloration with migration among wood-warblers." Proceedings of the Royal Society B: Biological Sciences 282: 20150375.

- Davies 1982. "Behavioural adaptations of birds to environments where evaporation is high and water is in short supply." Comparative Biochemistry and Physiology Part A: Physiology 71: 557–566.

- Albright et al 2017. "Mapping evaporative water loss in desert passerines reveals an expanding threat of lethal dehydration." Proceedings of the National Academy of Sciences USA 114: 2283–2288.

- Cassone and Westneat 2012. "The bird of time: cognition and the avian biological clock." Frontiers in Molecular Neuroscience 5: 32.

- Van Doren et al 2017. "Programmed and flexible: long-term 'Zugunruhe' data highlight the many axes of variation in avian migratory behaviour." Avian Biology 48: 155–172.

- Elliot and Arbib 1953. "Origin and status of the House Finch in the eastern United States." The Auk 70: 31–37.

- Senar et al 2015. "Do Siskins have friends? An analysis of movements of Siskins in groups based on EURING recoveries." Bird Study 62: 566–568.

- Arizaga et al 2015. "Following year-round movements in Barn Swallows using geolocators: could breeding pairs remain together during the winter?" Bird Study 62: 141–145.

- Pardo et al 2018. "Wild Acorn Woodpeckers recognize associations between individuals in other groups." Proceedings of the Royal Society B: Biological Sciences 285: 1882.

- Winger et al 2012. "Ancestry and evolution of seasonal migration in the Parulidae." Proceedings of the Royal Society B: Biological Sciences 279: 610–618.

- Winger et al 2014. "Temperate origins of long-distance seasonal migration in New World songbirds." Proceedings of the National Academy of Sciences USA 111: 12115–12120.

- Gill et al 2019. Ornithology. 4th ed. New York: W. H. Freeman.

- Scanes, ed. 2014. Sturkie's Avian Physiology. 6th ed. Cambridge, MA: Academic Press.

- Proctor and Lynch 1998. Manual of Ornithology: Avian Structure and Function. New Haven: Yale University Press.

- Rodewald, ed. 2015. The Birds of North America. Cornell Laboratory of Ornithology, Ithaca, NY. https://birdsna.org

- Starck and Ricklefs 1998. "Patterns of Development: The Altricial-Precocial Spectrum." In J. M. Starck and R. E. Ricklefs, eds., Avian Growth and Development. Evolution Within the Altricial Precocial Spectrum. New York:

Oxford University Press.

- Lorenz 1952. King Solomon's Ring. New York: Methuen.

- Hess 1958. "Imprinting in animals." Scientific American 198: 81–90.

- Caithamer et al 1993. "Field identification of age and sex of interior Canada geese." Wildlife Society Bulletin 21: 480–487.

- Portugal et al 2014. "Upwash exploitation and downwash avoidance by flap phasing in ibis formation flight." Nature 505: 399–402.

- Weimerskirch et al 2001. "Energy saving in flight formation." Nature 413: 697–698.

- Howell 2010. Molt in North American Birds. New York: Houghton Mifflin Harcourt.

- Gates et al 1993. "The annual molt cycle of Branta canadensis interior in relation to nutrient reserve dynamics." The Condor 95: 680–693.

- Tonra and Reudink 2018. "Expanding the traditional definition of molt-migration." The Auk 135: 1123–1132.

- Gionfriddo and Best 1999. "Grit use by birds." In V. Nolan, E. D. Ketterson, C. F. Thompson, eds., Current Ornithology, Volume 15. Boston: Springer.

- Ammann 1937. "Number of contour feathers of Cygnus and Xanthocephalus."

- The Auk 54: 201–202.

- Hanson 2011. Feathers. New York: Basic Books.

- Queeny 1947. Prairie Wings: Pen and Camera Flight Studies. New York: Lippincott.

- Wang and Meyers 2016. "Light like a feather: a fibrous natural composite with a shape changing from round to square." Advanced Science 4: 1600360.

- Bailey et al 2015. "Birds build camouflaged nests." The Auk 132: 11–15.

- Kirby and Cowardin 1986. "Spring and summer survival of female Mallards from north central Minnesota." Journal of Wildlife Management 50: 38–43.

- Arnold et al 2012. "Costs of reproduction in breeding female Mallards:

predation risk during incubation drives annual mortality." Avian Conservation and Ecology 7(1): 1.

• Midtgard 1981. "The rete tibiotarsale and arteriovenous association in the hind limb of birds: a comparative morphological study on counter-current heat exchange systems." Acta Zoologica 62: 67–87.

• Midtgard 1989. "Circulatory adaptations to cold in birds." In C. Bech, R. E. Reinertsen, eds., Physiology of Cold Adaptation in Birds. NATO ASI Series (Series A: Life Sciences), vol. 173. Boston: Springer.

• Kilgore and Schmidt-Nielsen 1975. "Heat loss from ducks' feet immersed in cold water." The Condor 77: 475–517.

• Prum 2017. The Evolution of Beauty: How Darwin's Forgotten Theory of Mate Choice Shapes the Animal World—and Us. New York: Doubleday.

• Chen et al 2015. "Development, regeneration, and evolution of feathers." Annual Review of Animal Bioscience 3: 169–195.

• Bokenes and Mercer 1995. "Salt gland function in the common eider duck (Somateria mollissima)." Journal of Comparative Physiology B 165: 255–267.

• Rijke and Jesser 2011. "The water penetration and repellency of feathers revisited." The Condor 113: 245–254.

• Srinivasan et al 2014. "Quantification of feather structure, wettability and resistance to liquid penetration." Journal of the Royal Society Interface 11.

• Bormashenko et al 2007. "Why do pigeon feathers repel water? Hydrophobicity of pennae, Cassie-Baxter wetting hypothesis and Cassie-Wenzel capillarity-induced wetting transition." Journal of Colloid and Interface Science 311: 212–216.

• Rowland et al 2015. "Comparative Taste Biology with Special Focus on Birds and Reptiles." In R. L. Doty, ed., Handbook of Olfaction and Gustation, 3rd ed. New York: Wiley-Liss.

• Clark et al 2014. "The Chemical Senses in Birds." In C. Scanes, ed., Sturkie's

Avian Physiology. Cambridge: Academic Press.

- Wang and Zhao 2015. "Birds generally carry a small repertoire of bitter taste receptor genes." Genome Biology and Evolution 7: 2705–2715.

- Skelhorn and Rowe 2010. "Birds learn to use distastefulness as a signal of toxicity." Proceedings of the Royal Society B: Biological Sciences 277.

- Evers et al 2010. "Common Loon (Gavia immer). Version 2.0." In A. F. Poole, ed., The Birds of North America. Ithaca: Cornell Lab of Ornithology.

- Roberts et al 2013. "Population fluctuations and distribution of staging Eared Grebes (Podiceps nigricollis) in North America." Canadian Journal of Zoology 91: 906–913.

- Jehl et al 2003. "Optimizing Migration in a Reluctant and Inefficient Flier: The Eared Grebe." In P. Berthold, E. Gwinner, E. Sonnenschein, eds., Avian Migration. Springer Berlin / Heidelberg.

- Casler 1973. "The air-sac systems and buoyancy of the Anhinga and Double-Crested Cormorant." The Auk 90: 324–340.

- Stephenson 1995. "Respiratory and plumage gas volumes in unrestrained diving ducks (Aythya affinis)." Respiration Physiology 100: 129–137.

- Brua 1993. "Incubation behavior and embryonic vocalizations of Eared Grebes." Master's thesis, North Dakota State Univ., Fargo.

- Croft et al 2016. "Contribution of Arctic seabird-colony ammonia to atmospheric particles and cloud-albedo radiative effect." Nature Communications 7: 13444.

- Otero et al 2018. "Seabird colonies as important global drivers in the nitrogen and phosphorus cycles." Nature Communications 9: 246.

- Tattersall et al 2009. "Heat exchange from the Toucan bill reveals a controllable vascular thermal radiator." Science 24: 468–470.

- Croll et al 1992. "Foraging behavior and physiological adaptation for diving in Thick-Billed Murres." Ecology 73: 344–356.

- Martin 2017. The Sensory Ecology of Birds. Oxford: Oxford University Press.

- Regular et al 2011. "Fishing in the dark: a pursuit-diving seabird modifies foraging behaviour in response to nocturnal light levels." PLOS One 6: e26763.

- Regular et al 2010. "Crepuscular foraging by a pursuit-diving seabird: tactics of common murres in response to the diel vertical migration of capelin." Marine Ecology Progress Series 415: 295–304.

- Gremillet et al 2005. "Cormorants dive through the polar night." Biology Letters 1: 469–471.

- Srinivasan et al 2014. "Quantification of feather structure, wettability and resistance to liquid penetration." Journal of the Royal Society Interface 11.

- Gremillet et al 2005. "Unusual feather structure allows partial plumage wettability in diving Great Cormorants Phalacrocorax carbo." Journal of Avian Biology 36: 57–63.

- Ribak et al 2005. "Water retention in the plumage of diving Great Cormorants Phalacrocorax carbo sinensis." Journal of Avian Biology 36: 89–95.

- Quintana et al 2007. "Dive depth and plumage air in wettable birds: the extraordinary case of the Imperial Cormorant." Marine Ecology Progress Series 334: 299–310.

- Cronin 2012. "Visual optics: accommodation in a splash." Current Biology 22: R871–R873.

- Martin 2017. The Sensory Ecology of Birds. Oxford: Oxford University Press.

- Katzir et al 1989. "Stationary underwater prey missed by reef herons, Egretta gularis: head position and light refraction at the moment of strike." Journal of Comparative Physiology A 165: 573–576.

- Lotem et al 1991. "Capture of submerged prey by little egrets, Egretta garzetta garzetta: strike depth, strike angle and the problem of light refraction." Animal Behaviour 42: 341–346.

- Katzir and Intrator 1987. "Striking of underwater prey by a reef heron, Egretta gularis schistacea." Journal of Comparative Physiology A 160: 517–523.

- Prum and Brush 2002. "The evolutionary origin and diversification of feathers." The Quarterly Review of Biology 77: 261–295.

- Lovell 1958. "Baiting of fish by a Green Heron." Wilson Bulletin 70: 280–281.

- Gavin and Solomon 2009. "Active and passive bait-fishing by Black-Crowned Night Herons." The Wilson Journal of Ornithology 121: 844–845.

- Chang and Ting 2017. "Mechanical evidence that flamingos can support their body on one leg with little active muscular force." Biology Letters 13: 20160948.

- Reneerkens et al 2005. "Switch to diester preen waxes may reduce avian nest predation by mammalian predators using olfactory cues." Journal of Experimental Biology 208: 4199–4202.

- Kolattukudy et al 1987. "Diesters of 3-hydroxy fatty acids produced by the uropygial glands of female Mallards uniquely during the mating season." Journal of Lipid Research 28: 582–588.

- Dumont et al 2011. "Morphological innovation, diversification and invasion of a new adaptive zone." Proceedings of the Royal Society B: Biological Sciences 279: 1734.

- Attanasi et al 2014. "Information transfer and behavioural inertia in starling flocks." Nature Physics 10: 691–696.

- Attanasi et al 2015. "Emergence of collective changes in travel direction of starling flocks from individual birds' fluctuations." Journal of the Royal Society Interface 12.

- Potts 1984. "The chorus-line hypothesis of manoeuvre coordination in avian flocks." Nature 309: 344–345.

- Piersma et al 1998. "A new pressure sensory mechanism for prey detection in birds: the use of principles of seabed dynamics?" Proceedings of the Royal Society of London B: Biological Sciences 265.

- Rubega and Obst 1993. "Surface-tension feeding in Phalaropes: discovery of a novel feeding mechanism." The Auk 110: 169–178.

- van Casteren et al 2010. "Sonation in the male common snipe (Capella gallinago gallinago L.) is achieved by a flag-like fluttering of their tail feathers and consequent vortex shedding." Journal of Experimental Biology 213: 1602–1608.

- Clark et al 2013. "Hummingbird feather sounds are produced by aeroelastic flutter, not vortex-induced vibration." Journal of Experimental Biology 216: 3395–3403.

- Clark and Feo 2008. "The Anna's Hummingbird chirps with its tail: a new mechanism of sonation in birds." Proceedings of the Royal Society B: Biological Sciences 275: 955–962.

- Martin 2007. "Visual fields and their functions in birds." Journal of Ornithology 148: 547–562.

- Annett and Pierotti 1989. "Chick hatching as a trigger for dietary switches in Western Gulls." Colonial Waterbirds 12: 4–11.

- Alonso et al 2015. "Temporal and age-related dietary variations in a large population of yellow-legged gulls Larus michahellis: implications for management and conservation." European Journal of Wildlife Research 61: 819–829.

- Butler and Johnson 2004. "Are melanized feather barbs stronger?" Journal of Experimental Biology 207: 285–293.

- Bonser 1995. "Melanin and the abrasion resistance of feathers." The Condor 97: 590–591.

- Breuner et al 2013. "Environment, behavior and physiology: do birds use barometric pressure to predict storms?" Journal of Experimental Biology 216: 1982–1990.

- Rolland et al 1998. "The evolution of coloniality in birds in relation to food, habitat, predation, and life-history traits: a comparative analysis." The American Naturalist 151: 514–529.

- Varela et al 2007. "Does predation select for or against avian coloniality? A comparative analysis." Journal of Evolutionary Biology 20: 1490–1503.

- Egevang et al 2010. "Tracking of Arctic terns Sterna paradisaea reveals longest animal migration." Proceedings of the National Academy of Sciences 107: 2078–2081.

- Weimerskirch et al 2014. "Lifetime foraging patterns of the wandering albatross: life on the move!" Journal of Experimental Marine Biology and Ecology 450: 68–78.

- Weimerskirch et al 2015. "Extreme variation in migration strategies between and within wandering albatross populations during their sabbatical year, and their fitness consequences." Scientific Reports 5: 8853.

- Amar et al 2013. "Plumage polymorphism in a newly colonized Black Sparrowhawk population: classification, temporal stability and inheritance patterns." Journal of Zoology 289: 60–67.

- Tate and Amar 2017. "Morph specific foraging behavior by a polymorphic raptor under variable light conditions." Scientific Reports 7: 9161.

- Tate et al 2016. "Differential foraging success across a light level spectrum explains the maintenance and spatial structure of colour morphs in a polymorphic bird." Ecology Letters 19: 679–686.

- Tate et al 2016. "Pair complementarity influences reproductive output in the polymorphic Black Sparrowhawk Accipiter melanoleucus." Journal of Avian Biology 48: 387–398.

- Kruger 2005. "The evolution of reversed sexual size dimorphism in hawks, falcons and owls: a comparative study." Evolutionary Ecology 19: 467–486.

- Fisher 1893. "Hawks and owls as related to the farmer." Yearbook of the USDA: 215–232.

- Bostrom et al 2016. "Ultra-rapid vision in birds." PLOS One 11: e0151099.

- Healy et al 2013. "Metabolic rate and body size are linked with perception of temporal information." Animal Behaviour 86: 685–696.

- Ruggeri et al 2010. "Retinal structure of birds of prey revealed by ultra–high resolution spectral-domain optical coherence tomography." Investigative Ophthalmology & Visual Science 51: 5789-5795.

- O'Rourke et al 2010. "Hawk eyes I: diurnal raptors differ in visual fields and degree of eye movement." PLOS One 5: e12802.

- Potier et al 2017. "Eye size, fovea, and foraging ecology in Accipitriform raptors." Brain Behavior and Evolution 90: 232-242.

- Tucker 2000. "The deep fovea, sideways vision and spiral flight paths in raptors." Journal of Experimental Biology 203: 3745–3754.

- Haig et al 2014. "The persistent problem of lead poisoning in birds from ammunition and fishing tackle." The Condor 116: 408–428.

- Yaw et al 2017. "Lead poisoning in Bald Eagles admitted to wildlife rehabilitation facilities in Iowa, 2004–2014." Journal of Fish and Wildlife Management 8: 465-473.

- University of Minnesota Website: https://www.raptor.umn.edu/our-research/lead-poisoning

- Clark and Ohmart 1985. "Spread-winged posture of Turkey Vultures: single or multiple function?" The Condor 87: 350–355.

- Grigg et al 2017. "Anatomical evidence for scent guided foraging in the Turkey Vulture." Scientific Reports 7: 17408.

- Smith and Paselk 1986. "Olfactory sensitivity of the Turkey Vulture (Cathartes aura) to three carrion-associated odorants." The Auk 103: 586–592.

- Krause et al 2018. "Olfaction in the Zebra Finch (Taeniopygia guttata): what is known and further perspectives." Advances in the Study of Behavior 50: 37–85.

- Mallon et al 2016. "In-flight turbulence benefits soaring birds." The Auk 133: 79–85.

- Sachs and Moelyadi 2010. "CFD-based determination of aerodynamic effects on birds with extremely large dihedral." Journal of Bionic Engineering 7: 95–101.

- Klein Heerenbrink et al 2017. "Multi-cored vortices support function of slotted wing tips of birds in gliding and flapping flight." Journal of the Royal Society Interface 14.

- Clay 1953. "Protective coloration in the American Sparrow Hawk." Wilson Bulletin 65: 129–134.

- Cooper 1998. "Conditions favoring anticipatory and reactive displays deflecting predatory attack." Behavioral Ecology 9: 598–604.

- Tucker 1998. "Gliding flight: speed and acceleration of ideal falcons during diving and pull out." Journal of Experimental Biology 201: 403–414.

- Williams et al 2018. "Social eavesdropping allows for a more risky gliding strategy by thermal-soaring birds." Journal of the Royal Society Interface 15.

- Perrone 1981. "Adaptive significance of ear tufts in owls." The Condor 83: 383–384.

- Santillan et al 2008. "Ear tufts in Ferruginous Pygmy-Owl (Glaucidium brasilianum) as alarm response." Journal of Raptor Research 42: 153–154.

- Catling 1972. "A behavioral attitude of Saw-Whet and Boreal Owls." The Auk 89: 194–196.

- Holt et al 1990. "A description of 'tufts' and concealing posture in Northern Pygmy-Owls." Journal of Raptor Research 24: 59–63.

- Krings et al 2017. "Barn Owls maximize head rotations by a combination of yawing and rolling in functionally diverse regions of the neck." Journal of Anatomy 231: 12–22.

- de Kok-Mercado et al 2013. "Adaptations of the owl's cervical & cephalic arteries in relation to extreme neck rotation." Science 339: 514–515.

- Penteriani and Delgado 2009. "The dusk chorus from an owl perspective: Eagle Owls vocalize when their white throat badge contrasts most." PLOS One 4: e4960.

- Knudsen and Konishi 1979. "Mechanisms of sound localization in the Barn Owl (Tyto alba). Journal of Comparative Physiology 133: 13–21.

- Takahashi 2010. "How the owl tracks its prey—II." Journal of Experimental Biology 213: 3399–3408.

- Bachmann et al 2007. "Morphometric characterisation of wing feathers of the Barn Owl Tyto alba pratincola and the pigeon Columba livia." Frontiers in Zoology 4: 23.

- Payne 1971. "Acoustic location of prey by Barn Owls (Tyto alba)." Journal of Experimental Biology 54: 535–573.

- Hausmann et al 2009. "In-flight corrections in free-flying Barn Owls (Tyto alba) during sound localization tasks." Journal of Experimental Biology 211: 2976–2988.

- Fux and Eilam 2009. "The trigger for Barn Owl (Tyto alba) attack is the onset of stopping or progressing of prey." Behavioural Processes 81: 140–143.

- USDA data

- Phillips 1928. "Wild birds introduced or transplanted in North America." U.S. Department of Agriculture Technical Bulletin 61.

- Watanabe 2001. "Van Gogh, Chagall and pigeons: picture discrimination in pigeons and humans." Animal Cognition 4: 147–151.

- Levenson et al 2015. "Pigeons (Columba livia) as trainable observers of pathology and radiology breast cancer images." PLOS One 10: e0141357.

- Toda and Watanabe 2008. "Discrimination of moving video images of self by pigeons (Columba livia)." Animal Cognition 11: 699–705.

- Emery 2005. "Cognitive ornithology: the evolution of avian intelligence."

Philosophical Transactions of the Royal Society B Biological Sciences 361: 23-43.

- Prior et al 2008. "Mirror-induced behavior in the Magpie (Pica pica): evidence of self-recognition." PLOS Biology 6: e202.

- Blechman 2007. Pigeons: The Fascinating Saga of the World's Most Revered and Reviled Bird, New York: Open Road and Grove/Atlantic.

- Guilford and Biro 2014. "Route following and the pigeon's familiar area map." Journal of Experimental Biology 217: 169–179.

- Friedman 1975. "Visual control of head movements during avian locomotion." Nature 255: 67–69.

- Frost 1978. "The optokinetic basis of head-bobbing in the pigeon." Journal of Experimental Biology 74: 187–195.

- Mascetti 2016. "Unihemispheric sleep and asymmetrical sleep: behavioral, neurophysiological, and functional perspectives." Nature and Science of Sleep 8: 221–238.

- Hingee and Magrath 2009. "Flights of fear: a mechanical wing whistle sounds the alarm in a flocking bird." Proceedings of the Royal Society of London B: Biological Sciences 276: 4173–4179.

- Coleman 2008. "Mourning Dove (Zenaida macroura) wing-whistles may contain threat-related information for con-and hetero-specifics." Naturwissenschaften 95: 981–986.

- Magrath et al 2007. "A mutual understanding? Interspecific responses by birds to each other's aerial alarm calls." Behavioral Ecology 18: 944–951.

- Prum 2006. "Anatomy, Physics, and Evolution of Structural Colors." In Hill and McGraw, eds., Bird Coloration Vol 1: Mechanisms and Measurements. Cambridge: Harvard University Press.

- Greenewalt et al 1960. "Iridescent colors of hummingbird feathers." Journal of the Optical Society of America 50: 1005–1013.

- Doucet and Meadows 2009. "Iridescence: a functional perspective." Journal of the Royal Society Interface 6.

- Meadows 2012. "The costs and consequences of iridescent coloration in Anna's Hummingbirds (Calypte anna)." PhD Dissertation, Arizona State University.

- Hiebert 1993. "Seasonal changes in body mass and use of torpor in a migratory hummingbird." The Auk 110: 787–797.

- Shankar et al 2019. "Hummingbirds budget energy flexibly in response to changing resources." Functional Ecology 33: 1904-1916.

- Carpenter and Hixon 1988. "A new function for torpor: fat conservation in a wild migrant hummingbird." The Condor 90: 373–378.

- Bertin 1982. "Floral biology, hummingbird pollination and fruit production of Trumpet Creeper (Campsis radicans, Bignoniaceae)." American Journal of Botany 69: 122–134.

- Williamson 2001. A Field Guide to Hummingbirds of North America. New York: Houghton Mifflin Harcourt.

- Sapir and Dudley 2012. "Backward flight in hummingbirds employs unique kinematic adjustments and entails low metabolic cost." Journal of Experimental Biology 215: 3603–3611.

- Tobalske 2010. "Hovering and intermittent flight in birds." Bioinspiration & Biomimetics 5: 045004.

- Warrick et al 2005. "Aerodynamics of the hovering hummingbird." Nature 435: 1094–1097.

- Rico-Guevara and Rubega 2011. "The hummingbird tongue is a fluid trap, not a capillary tube." PNAS 108: 9356–9360.

- Rico-Guevara et al 2015. "Hummingbird tongues are elastic micropumps." Proceedings of the Royal Society B: Biological Sciences 282.

- Longrich et al 2011. "Mass extinction of birds at the Cretaceous-Paleogene (K-

Pg) boundary." Proceedings of the National Academy of Sciences USA 108: 15253–15257.

- Field et al 2018. "Early evolution of modern birds structured by global forest collapse at the end-Cretaceous mass extinction." Current Biology 28: 1825–1831.

- Claramunt and Cracraft 2015. "A new time tree reveals Earth history's imprint on the evolution of modern birds." Science Advances 1 (11): e1501005

- Li et al 2010. "Plumage color patterns of an extinct dinosaur." Science 327: 1369–1372.

- Liu et al 2012. "Timing of the earliest known feathered dinosaurs and transitional pterosaurs older than the Jehol Biota." Palaeogeography, Palaeoclimatology, Palaeoecology 323–325: 1–12.

- Videler et al 1983. "Intermittent gliding in the hunting flight of the Kestrel, Falco tinnunculus L." Journal of Experimental Biology 102: 1–12.

- Frost 2009. "Bird head stabilization." Current Biology 19: PR315–R316.

- Necker 2005. "The structure and development of avian lumbosacral specializations of the vertebral canal and the spinal cord with special reference to a possible function as a sense organ of equilibrium." Anatomy and Embryology (Berl) 210: 59–74.

- Stradi et al 2001. "The chemical structure of the pigments in Ara macao plumage." Comparative Biochemistry and Physiology Part B: Biochemistry and Molecular Biology 130: 57–63.

- McGraw and Nogare 2005. "Distribution of unique red feather pigments in parrots." Biology Letters 1: 38–43.

- Burtt et al 2011. "Colourful parrot feathers resist bacterial degradation." Biology Letters 7: 214–216.

- Friedmann and Davis 1938. " 'Left-handedness' in parrots." The Auk 55: 478–480.

- Brown and Magat 2011/a. "Cerebral lateralization determines hand preferences in Australian parrots." Biology Letters 7: 496-498.

- Brown and Magat 2011/b. "The evolution of lateralized foot use in parrots: a phylogenetic approach." Behavioral Ecology 22: 1201–1208.

- Beckers et al 2004. "Vocal-tract filtering by lingual articulation in a parrot." Current Biology 14: 1592–1597.

- Ohms et al 2012. "Vocal tract articulation revisited: the case of the monk parakeet." Journal of Experimental Biology 215: 85–92.

- Weibel and Moore 2005. "Plumage convergence in Picoides woodpeckers based on a molecular phylogeny, with emphasis on convergence in Downy and Hairy Woodpeckers." The Condor 107: 797–809.

- Miller et al 2017. "Fighting over food unites the birds of North America in a continental dominance hierarchy." Behavioral Ecology 28: 1454–1463.

- Leighton et al 2018. "The hairy-downy game revisited: an empirical test of the interspecific social dominance mimicry hypothesis." Animal Behaviour 137: 141–148.

- Rainey and Grether 2007. "Competitive mimicry: synthesis of a neglected class of mimetic relationships." Ecology 88: 2440–2448.

- Prum and Samuelson 2012. "The hairy-downy game: a model of interspecific social dominance mimicry." Journal of Theoretical Biology 313: 42–60.

- https://www.allaboutbirds.org/can-woodpecker-deterrents-safe guard-my-house

- Wang et al 2011. "Why do woodpeckers resist head impact injury: a biomechanical investigation." PLOS One 6: e26490.

- Farah et al 2018. "Tau accumulations in the brains of woodpeckers." PLOS One 13: e0191526.

- Gibson 2006. "Woodpecker pecking: how woodpeckers avoid brain injury." Journal of Zoology 270: 462–465.

- May et al 1976. "Woodpeckers and head injury." The Lancet 307: 1347–1348.

- Koenig and Mumme 1987. Population Ecology of the Cooperatively Breeding Acorn Woodpecker. Princeton: Princeton University Press.

- Koenig et al 2011. "Variable helper effects, ecological conditions, and the evolution of cooperative rreeding in the Acorn Woodpecker." The American Naturalist 178: 145–158.

- Bock 1999. "Functional and evolutionary morphology of woodpeckers." Ostrich: Journal of African Ornithology 70: 23–31.

- Jung et al 2016. "Structural analysis of the tongue and hyoid apparatus in a woodpecker." Acta Biomaterialia 37: 1–13.

- Avellis 2011. "Tail pumping by the Black Phoebe." The Wilson Journal of Ornithology 123: 766–771.

- Randler 2007. "Observational and experimental evidence for the function of tail flicking in Eurasian Moorhen Gallinula chloropus." Ethology 113: 629–639.

- Rendell and Verbeek 1996. "Old nest material in nest boxes of Tree Swallows: effects on nest-site choice and nest building." The Auk 113: 319–328.

- Davis et al 1994. "Eastern Bluebirds prefer boxes containing old nests." Journal of Field Ornithology 65: 250–253.

- Pacejka and Thompson 1996. "Does removal of old nests from nestboxes by researchers affect mite populations in subsequent nests of house wrens?" Journal of Field Ornithology 67: 558–564.

- Stanback and Dervan 2001. "Within-season nest-site fidelity in Eastern Bluebirds: disentangling effects of nest success and parasite avoidance." The Auk 118: 743.

- Wang et al 2009. "Pellet casting by non-raptorial birds of Singapore." Nature in Singapore 2: 97–106.

- Ford 2010. "Raptor gastroenterology." Journal of Exotic Pet Medicine 19: 140–150.

- Duke et al 1976. "Meal to pellet intervals in 14 species of captive raptors." Comparative Biochemistry and Physiology Part A: Physiology 53: 1–6.l

- Tyrrell and Fernandez-Juricic 2016. "The eyes of flycatchers: a new and unique cell type confers exceptional motion detection ability." Presented at NAOC Conference, August 2016.

- Lederer 1972. "The role of avian rictal bristles." Wilson Bulletin 84: 193–197.

- Fitzpatrick 2008. "Tail length in birds in relation to tail shape, general flight ecology and sexual selection." Journal of Evolutionary Biology 12: 49–60.

- Thomas 1996. "Why do birds have tails? The tail as a drag reducing flap, and trim control." Journal of Theoretical Biology 183: 247–253.

- Evans and Thomas 1997. "Testing the functional significance of tail streamers." Proceedings of the Royal Society B: Biological Sciences 264: 211–217.

- Hallmann et al 2017. "More than 75 percent decline over 27 years in total flying insect biomass in protected areas." PLOS One 12: e0185809.

- Smith et al 2015. "Change points in the population trends of aerial-insectivorous birds in North America: synchronized in time across species and regions." PLOS One 10: e0130768.

- Nebel et al 2010. "Declines of aerial insectivores in North America follow a geographic gradient." Avian Conservation and Ecology 5: 1.

- Dumont 2010. "Bone density and the lightweight skeletons of birds." Proceedings of the Royal Society B: Biological Sciences 277: 2193–2198

- Winkler et al 2005. "The natal dispersal of Tree Swallows in a continuous mainland environment." Journal of Animal Ecology 74: 1080–1090.

- Bennett and Harvey 1985. "Brain size, development and metabolism in birds and mammals." Journal of Zoology 207: 491–509.

- Chiappa et al 2018. "The degree of altriciality and performance in a cognitive task show correlated evolution." PLOS One 13: e0205128.

- Lingham-Soliar 2017. "Microstructural tissue-engineering in the rachis and barbs of bird feathers." Scientific Reports 7: 45162.

- Laurent et al 2014. "Nanomechanical properties of bird feather rachises: exploring naturally occurring fibre reinforced laminar composites." Journal of the Royal Society Interface 11.

- Sullivan et al 2017. "Extreme lightweight structures: avian feathers and bones." Materials Today 20: 377–391.

- Bachmann et al 2012. "Flexural stiffness of feather shafts: geometry rules over material properties." Journal of Experimental Biology 215: 405–415.

- http://www.birds.cornell.edu/crows/babycrow.htm

- Cornell et al 2011. "Social learning spreads knowledge about dangerous humans among American Crows." Proceedings of the Royal Society B: Biological Sciences 279.

- Bird and Emery 2009. "Rooks use stones to raise the water level to reach a floating worm." Current Biology 19: 1410–1414.

- Jelbert et al 2014. "Using the Aesop's fable paradigm to investigate causal understanding of water displacement by New Caledonian Crows." PLOS One 9: e92895.

- Muller et al 2017. "Ravens remember the nature of a single reciprocal interaction sequence over 2 days and even after a month." Animal Behaviour 129: 69–78.

- Ward et al 2002. "The adaptive significance of dark plumage for birds in desert environments." Ardea 90: 311–323.

- Ellis 1980. "Metabolism and solar radiation in dark and white herons in hot climates." Physiological Zoology 53: 358–372.

- Muyshondt et al 2017. "Sound attenuation in the ear of domestic chickens (Gallus gallus domesticus) as a result of beak opening." Royal Society Open Science 4.

- Hames et al 2002. "Adverse effects of acid rain on the distribution of the Wood

Thrush Hylocichla mustelina in North America." Proceedings of the National Academy of Sciences 99: 11235–11240.

- Pahl et al 1997. "Songbirds do not create long-term stores of calcium in their legs prior to laying: results from high-resolution radiography." Proceedings of the Royal Society B: Biological Sciences 264: 1379.

- Saranathan and Burtt 2007. "Sunlight on feathers inhibits feather-degrading bacteria." The Wilson Journal of Ornithology 119: 239–245.

- Eisner and Aneshansley 2008. "Anting in Blue Jays: evidence in support of a food-preparatory function." Chemoecology 18: 197–203.

- Potter and Hauser 1974. "Relationship of anting and sunbathing to molting in wild birds." The Auk 91: 537–563.

- Koop et al 2012. "Does sunlight enhance the effectiveness of avian preening for ectoparasite control?" Journal of Parasitology 98.

- Koenig and Heck 1988. "Ability of two species of oak woodland birds to subsist on acorns." The Condor 90: 705–708.

- Koenig and Faeth 1998. "Effects of storage on tannin and protein content of cached acorns." The Southwestern Naturalist 43: 170–175.

- Dixon et al 1997. "Effects of caching on acorn tannin levels and Blue Jay dietary performance." The Condor 99: 756–764.

- Clayton et al 2007 "Social cognition by food-caching corvids. The western scrub-jay as a natural psychologist." Philosophical Transactions of the Royal Society B: Biological Sciences 362: 507–522.

- Clayton and Dickinson 1999. "Memory for the content of caches by scrub jays (Aphelocoma coerulescens)." Journal of Experimental Psychology: Animal Behavior Processes 25: 82–91.

- Socolar et al 2017. "Phenological shifts conserve thermal niches in North American birds and reshape expectations for climate-driven range shifts." Proceedings of the National Academy of Sciences USA 114: 12976–12981.

- Cotton 2003. "Avian migration phenology and global climate change." Proceedings of the National Academy of Sciences USA 100: 12219–12222.

- Mayor et al 2017. "Increasing phenological asynchrony between spring green-up and arrival of migratory birds." Scientific Reports 7: 1902.

- Stephens et al 2016. "Consistent response of bird populations to climate change on two continents." Science 352: 84–87.

- Moller et al 2008. "Populations of migratory bird species that did not show a phenological response to climate change are declining." Proceedings of the National Academy of Sciences USA 105: 16195–16200.

- Krebs 1973. "Social learning and the significance of mixed-species flocks of chickadees (Parus spp.)." Canadian Journal of Zoology 51: 1275–1288.

- Dolby and Grubb 1998. "Benefits to satellite members in mixed-species foraging groups: an experimental analysis." Animal Behaviour 56: 501–509.

- Sridhar et al 2009. "Why do birds participate in mixed-species foraging flocks? A large-scale synthesis." Animal Behaviour 78: 337–347.

- Arnold et al 2007. "Parental prey selection affects risk-taking behaviour and spatial learning in avian offspring." Proceedings of the Royal Society B: Biological Sciences 274: 2563–2569.

- Brodin 2010. "The history of scatter hoarding studies." Philosophical Transactions of the Royal Society B: Biological Sciences 365: 869–881.

- Clayton 1998. "Memory and the hippocampus in food-storing birds: a comparative approach." Neuropharmacology 37: 441–452.

- Grodzinski and Clayton 2010. "Problems faced by food-caching corvids and the evolution of cognitive solutions." Philosophical Transactions of The Royal Society B: Biological Sciences 365: 977–987.

- Roth et al 2012. "Variation in memory and the hippocampus across populations from different climates: a common garden approach." Proceedings of the Royal Society B: Biological Sciences 279: 402–410.

- Zwarts and Blomert 1992. "Why knot Calidris canutus take medium-sized Macoma balthica when six prey species are available." Marine Ecology Progress Series 83: 113–128.

- Ricklefs et al 2017. "The adaptive significance of variation in avian incubation periods." The Auk 134: 542–550.

- Akresh et al 2017. "Effect of nest characteristics on thermal properties, clutch size, and reproductive performance for an open-cup nesting songbird." Avian Biology Research 10: 107–118.

- Mainwaring et al 2014. "The design and function of birds' nests." Ecology and Evolution 4: 3909–3928.

- Sloane 1996. "Incidence and origins of supernumeraries at Bushtit (Psaltriparus minimus) nests." The Auk 113: 757–770.

- Addicott 1938. "Behavior of the Bush-tit in the breeding season." The Condor 40: 49–63.

- Galton and Shepherd 2012. "Experimental analysis of perching in the European Starling (Sturnus vulgaris: Passeriformes; Passeres), and the automatic perching mechanism of birds." Journal of Experimental Zoology Part A: Ecological Genetics and Physiology 317: 205–215.

- Einoder and Richardson 2007. "The digital tendon locking mechanism of owls: variation in the structure and arrangement of the mechanism and functional implications." Emu 107: 223–230.

- Ketterson and Nolan 1978. "Overnight weight loss in Dark-eyed Juncos (Junco hyemalis)." The Auk 95: 755–758.

- Helfield and Naiman 2001. "Effects of salmon-derived nitrogen on riparian forest growth and implications for stream productivity." Ecology 82: 2403–2409.

- Post 2008. "Why fish need trees and trees need fish." Alaska Fish & Wildlife News November 2008.

- Cooper et al 2006. "Geographical and seasonal gradients in hatching failure in Eastern Bluebirds Sialia sialis reinforce clutch size trends." Ibis 148: 221–230.

- Doolittle et al 2014. "Overtone-based pitch selection in hermit thrush song: unexpected convergence with scale construction in human music." Proceedings of the National Academy of Sciences USA 111: 16616–16621.

- Chiandetti and Vallortigara 2011. "Chicks like consonant music." Psychological Science 22: 1270–1273.

- Goller and Larsen 1997. "A new mechanism of sound generation in songbirds." Proceedings of the National Academy of Sciences USA 94: 14787–14791.

- Podos et al 2004. "Bird song: the interface of evolution and mechanism." Annual Review of Ecolology, Evolultion, and Systematics 35: 55–87.

- Thomas et al 2002. "Eye size in birds and the timing of song at dawn." Proceedings of the Royal Society B: Biological Sciences 269: 831–837.

- Prum 2006. "Anatomy, Physics, and Evolution of Structural Colors." In Hill and McGraw, eds., Bird Coloration Vol 1: Mechanisms and Measurements. Cambridge: Harvard University Press.

- Prum et al 2003. "Coherent scattering of ultraviolet light by avian feather barbs." The Auk 120: 163–170.

- Prum et al 1998. "Coherent light scattering by blue feather barbs." Nature 396: 28–29.

- Levey et al 2009. "Urban mockingbirds quickly learn to identify individual humans." Proceedings of the National Academy of Sciences USA 106: 8959–8962.

- Mumme 2002. "Scare tactics in a neotropical warbler: white tail feathers enhance flush-pursuit foraging performance in the Slate-throated Redstart (Myioborus miniatus). The Auk 119: 1024–1036.

- Mumme 2014. "White tail spots and tail-flicking behavior enhance foraging performance in the Hooded Warbler." The Auk 131: 141–149.

- Jablonski and Strausfeld 2000. "Exploitation of an ancient escape circuit by an avian predator: prey sensitivity to model predator display in the field." Brain, Behavior and Evolution 56: 94–106.

- Fuller et al 2007. "Daytime noise predicts nocturnal singing in urban robins." Biology Letters 3: 368–370.

- La 2012. "Diurnal and nocturnal birds vocalize at night: a review." The Condor 114: 245–257.

- Gil et al 2015. "Birds living near airports advance their dawn chorus and reduce overlap with aircraft noise." Behavioral Ecology 26: 435–443.

- Simberloff and Rejmanek 2010. "Invasiveness." In Encyclopedia of Biological Invasions. Berkeley: University of California Press.

- Slessers 1970. "Bathing behavior of land birds." The Auk 87: 91–99.

- Brilot et al 2009. "Water bathing alters the speed-accuracy trade-off of escape flights in European Starlings." Animal Behaviour 78: 801–807.

- Brilot and Bateson 2012. "Water bathing alters threat perception in starlings." Biology Letters 8: 379–381.

- Van Rhijn 1977. "Processes in feathers caused by bathing in water." Ardea 65: 126–147.

- Amo et al 2012. "Sex recognition by odour and variation in the uropygial gland secretion in starlings." Journal of Animal Ecology 81: 605–613.

- Hiltpold and Shriver 2018. "Birds bug on indirect plant defenses to locate insect prey." Journal of Chemical Ecology 44: 576–579.

- Nevitt et al 2004. "Testing olfactory foraging strategies in an Antarctic seabird assemblage." Journal of Experimental Biology 207: 3537–3544.

- Goldsmith and Goldsmith 1982. "Sense of smell in the Black-chinned Hummingbird." The Condor 84: 237–238.

- Mihailova et al 2014. "Odour-based discrimination of subspecies, species and sexes in an avian species complex, the Crimson Rosella." Animal Behaviour

95: 155–164.

- Bonser and Witter 1993. "Indentation hardness of the bill keratin of the European Starling." The Condor 95: 736–738.

- Bulla et al 2012. "Eggshell spotting does not predict male incubation but marks thinner areas of a shorebird's shells." The Auk 129: 26–35.

- McGraw et al 2001. "The influence of carotenoid acquisition and utilization on the maintenance of species-typical plumage pigmentation in male American Goldfinches (Carduelis tristis) and Northern Cardinals (Cardinalis cardinalis). Physiological and Biochemical Zoology: Ecological and Evolutionary Approaches 74: 843–852.

- Hudon and Brush 1989. "Probable dietary basis of a color variant of the Cedar Waxwing." Journal of Field Ornithology 60: 361–368.

- Hudon and Mulvihill 2017. "Diet-induced plumage erythrism as a result of the spread of alien shrubs in North America." North American Bird Bander 42: 95–103.

- Witmer 1996. "Consequences of an alien shrub on the plumage coloration and ecology of Cedar Waxwings." The Auk 113: 735–743.

- Chu 1999. Ecology and breeding biology of Phainopeplas (Phainopepla nitens) in the desert and coastal woodlands of southern California. Ph.D. dissertation, University of California, Berkeley.

- Robbins 2015. "Intra-summer movement and probable dual breeding of the Eastern Marsh Wren (Cistothorus p. palustris); a Cistothorus ancestral trait?" The Wilson Journal of Ornithology 127: 494–498.

- Walsberg 1977. "Ecology and energetics of contrasting social systems in Phainopepla nitens (Aves: Ptilogonatidae)." University of California Publications in Zoology 108: 1–63.

- Chu et al 2002. "Social and genetic monogamy in territorial and loosely colonial populations of Phainopepla (Phainopepla nitens). The Auk 119: 770–

777.

- Necker 1985/a. "Receptors in the skin of the wing of pigeons and their possible role in bird flight." Biona Report 3. New York: Fischer.

- Necker 1985/b. "Observations on the function of a slowly adapting mechanoreceptor associated with filoplumes in the feathered skin of pigeons." Journal of Comparative Physiology A 156: 391–394.

- Brown and Fedde 1993. "Airflow sensors in the avian wing." Journal of Experimental Biology 179: 13–30.

- Tallamy and Shropshire 2009. "Ranking lepidopteran use of native versus introduced plants." Conservation Biology 23: 941–947.

- Tallamy 2009. Bringing Nature Home: How You Can Sustain Wildlife with Native Plants. Portland, OR: Timber Press.

- Narango et al 2017. "Native plants improve breeding and foraging habitat for an insectivorous bird." Biological Conservation 213: 42–50.

- Muheim et al 2016. "Polarized light modulates light-dependent magnetic compass orientation in birds." Proceedings of the National Academy of Sciences 113: 1654–1659.

- Wiltschko et al 2009. "Directional orientation of birds by the magnetic field under different light conditions." Journal of the Royal Society Interface 7.

- Heyers et al 2017. "The magnetic map sense and its use in fine-tuning the migration programme of birds." Journal of Comparative Physiology A 203: 491–497.

- Phillips et al 2010. "A behavioral perspective on the biophysics of the light-dependent magnetic compass: a link between directional and spatial perception?" Journal of Experimental Biology 213: 3247–3255.

- Mouritsen 2015. "Magnetoreception in Birds and Its Use for Long-Distance Migration." In Sturkie's Avian Physiology, 6th ed. Amsterdam: Elsevier.

- Chernetsov et al 2017. "Migratory Eurasian Reed Warblers can use magnetic declination to solve the longitude problem." Current Biology 27: 2647–2651.

- DeLuca et al 2015. "Transoceanic migration by a 12 g songbird." Biology Letters 11: 20141045.

- Holberton et al 2015. "Isotopic (δ2Hf) evidence of 'loop migration' and use of the Gulf of Maine Flyway by both western and eastern breeding populations of Blackpoll Warblers." Journal of Field Ornithology 86: 213–228.

- Martineau and Larochelle 1988. "The cooling power of pigeon legs." Journal of Experimental Biology 136: 193–208.

- Cotgreave and Clayton 1994. "Comparative analysis of time spent grooming by birds in relation to parasite load." Behaviour 131: 171–187.

- Singh 2004. "Ecology and biology of cormorants Phalacrocorax spp. with special reference to P. carbo and P. niger in and around Aligarh." PhD thesis, Aligarh Muslim University, Aligarh, India.

- Clayton et al 2005. "Adaptive significance of avian beak morphology for ectoparasite control." Proceedings of the Royal Society B: Biological Sciences 272: 811–817.

- Moyer et al 2002. "Influence of bill shape on ectoparasite load in western scrub-jays." The Condor 104: 675–678.

- Viana et al 2016. "Overseas seed dispersal by migratory birds." Proceedings of the Royal Society B: Biological Sciences 283: 20152406.

- Green and Sanchez 2006. "Passive internal dispersal of insect larvae by migratory birds." Biology Letters 2.

- Kleyheeg and van Leeuwen 2015. "Regurgitation by waterfowl: an overlooked mechanism for long-distance dispersal of wetland plant seeds." Aquatic Botany 127: 1–5.

- https://blog.lauraerickson.com/2017/06/of-bald-and-toupee -wearing -birds. html

- Urbina-Melendez et al 2018. "A physical model suggests that hip-localized balance sense in birds improves state estimation in perching: implications for bipedal robots." Frontiers in Robotics and AI 5: 38.

- Necker 2005. "The structure and development of avian lumbosacral specializations of the vertebral canal and the spinal cord with special reference to a possible function as a sense organ of equilibrium." Anatomy and Embryology (Berl) 210: 59–74.

- Necker 1999. "Specializations in the lumbosacral spinal cord of birds: morphological and behavioural evidence for a sense of equilibrium." European Journal of Morphology 37: 211–214.

- Herrel et al 2005. "Evolution of bite force in Darwin's finches: a key role for head width." Journal of Evolutionary Biology 18: 669–675.

- van der Meij and Bout 2008. "The relationship between shape of the skull and bite force in finches." Journal of Experimental Biology 211: 1668–1680.

- Maina 2017. "Pivotal debates and controversies on the structure and function of the avian respiratory system: setting the record straight." Biological Reviews of the Cambridge Philosophical Society 92: 1475–1504.

- Lambertz et al 2018. "Bone histological correlates for air sacs and their implications for understanding the origin of the dinosaurian respiratory system." Biology Letters 14.

- Projecto-Garcia et al 2013. "Repeated elevational transitions in hemoglobin function during the evolution of Andean hummingbirds." Proceedings of the National Academy of Sciences USA 110: 20669–20674.

- Brown et al 1997. "The avian respiratory system: a unique model for studies of respiratory toxicosis and for monitoring air quality." Environmental Health Perspectives 105: 188–200.

- Harvey and Ben-Tal 2016. "Robust unidirectional airflow through avian lungs: new insights from a piecewise linear mathematical model." PLOS Computational Biology 12: e1004637.

- Wang et al 1992. "An aerodynamic valve in the avian primary bronchus." Journal of Experimental Zoology 262: 441–445.

- Andrada et al 2015. "Mixed gaits in small avian terrestrial locomotion." Scientific Reports 5: 13636.

- Bartholomew and Cade 1956. "Water consumption of House Finches." The Condor 58: 406–412.

- Weathers and Nagy 1980. "Simultaneous doubly labeled water (3hh180) and time-budget estimates of daily energy expenditure in Phainopepla nitens." The Auk 97: 861–867.

- Nudds and Bryant 2000. "The Energetic Cost of Short Flights in Birds." The Journal of Experimental Biology 203: 1561–1572.

- Brittingham and Temple 1992. "Does winter bird feeding promote dependency?" Journal of Field Ornithology 63: 190–194.

- Brittingham and Temple 1988. "Impacts of supplemental feeding on survival rates of Black-capped Chickadees." Ecology 69: 581–589.

- Teachout et al 2017. "A preliminary investigation on supplemental food and predation by birds." BIOS 88: 175–180.

- Crates et al 2016. "Individual variation in winter supplementary food consumption and its consequences for reproduction in wild birds." Journal of Avian Biology 47: 678–689.

- Malpass et al 2017. "Species-dependent effects of bird feeders on nest predators and nest survival of urban American Robins and Northern Cardinals." The Condor 119: 1–16.

- Lahti et al 2011. "Tradeoff between accuracy and performance in bird song learning." Ethology 117: 802–811.

- Byers et al 2010. "Female mate choice based upon male motor performance." Animal Behaviour 79: 771–778.

- Konishi 1969. "Time resolution by single auditory neurones in birds." Nature

222: 566–567.

- Dooling et al 2002. "Auditory temporal resolution in birds: discrimination of harmonic complexes." The Journal of the Acoustical Society of America 112: 748.

- Lachlan et al 2014. "Typical versions of learned Swamp Sparrow song types are more effective signals than are less typical versions." Proceedings of the Royal Society B: Biological Sciences 281: 20140252.

- Amadon 1943. "Bird weights and egg weights." The Auk 60: 221–234.

- Huxley 1927. "On the relation between egg-weight and body-weight in birds." Zoological Journal of the Linnaean Society 36: 457–466.

- McClure et al 2013. "An experimental investigation into the effects of traffic noise on distributions of birds: avoiding the phantom road." Proceedings of the Royal Society B: Biological Sciences 280: 20132290.

- Francis et al 2009. "Noise pollution changes avian communities and species interactions." Current Biology 19: 1415–1419.

- Ortega 2012. "Effects of noise pollution on birds: a brief review of our knowledge." Ornithological Monographs 74.

- Guo et al 2016. "Low frequency dove coos vary across noise gradients in an urbanized environment." Behavioural Processes 129.

- Lind 2004. "What determines probability of surviving predator attacks in bird migration?: the relative importance of vigilance and fuel load." Journal of Theoretical Biology 231: 223–227.

- Bednekoff 1996. "Translating mass dependent flight performance into predation risk: an extension of Metcalfe & Ure." Proceedings of the Royal Society B: Biological Sciences 263: 887–889.

- Tattersall et al 2016. "The evolution of the avian bill as a thermoregulatory organ." Biological Reviews 92: 1630–1656.

- Peele et al 2009. "Dark color of the Coastal Plain Swamp Sparrow (Melospiza georgiana nigrescens) may be an evolutionary response to occurrence and abundance of salt-tolerant feather-degrading bacilli in its plumage." The Auk 126: 531–535.

- Danner and Greenberg 2014. "A critical season approach to Allen's rule: bill size declines with winter temperature in a cold temperate environment." Journal of Biogeography 42: 114–120.

- Liker and Bokony 2009. "Larger groups are more successful in innovative problem solving in House Sparrows." Proceedings of the National Academy of Sciences USA 106: 7893–7898.

- Sol et al 2002. "Behavioural flexibility and invasion success in birds." Animal Behaviour 64: 516.

- Audet et al 2016. "The town bird and the country bird: problem solving and immunocompetence vary with urbanization." Behavioral Ecology 27: 637–644.

- Saetre et al 2012. "Single origin of human commensalism in the House Sparrow." Journal of Evolutionary Biology 25: 788–796.

- Riyahi et al 2013. "Beak and skull shapes of human commensal and non-commensal House Sparrows Passer domesticus." BMC Evolutionary Biology 13: 200.

- Ravinet et al 2018. "Signatures of human-commensalism in the House Sparrow genome." Proceedings of the Royal Society B: Biological Sciences 285: 20181246.

- Wetmore 1936. "The number of contour feathers in passeriform and related birds." The Auk 53: 159–169.

- Osvath et al 2017. "How feathered are birds? Environment predicts both the mass and density of body feathers." Functional Ecology 32.

- Peacock 2016. How many feathers does a Canary have? Blog post at faansiepeacock.com

- Olsson and Keeling 2005. "Why in earth? Dustbathing behaviour in jungle and domestic fowl reviewed from a Tinbergian and animal welfare perspective." Applied Animal Behaviour Science 93: 259–282.

- Tobalske 2007. "Biomechanics of bird flight." The Journal of Experimental Biology 210: 3135–3146.

- Tobalske 2010. "Hovering and intermittent flight in birds." Bioinspiration & Biomimetics 5: 045004.

- Tobalske et al 1999. "Kinematics of flap-bounding flight in the Zebra Finch over a wide range of speeds." Journal of Experimental Biology 202: 1725–1739.

- Rayner et al 2001. "Aerodynamics and energetics of intermittent flight in birds." Integrative and Comparative Biology 41: 188–204.

- Inouye et al 2001. "Carotenoid pigments in male House Finch plumage in relation to age, subspecies, and ornamental coloration." The Auk 118: 900–915.

- McGraw and Hill 2000. "Carotenoid-based ornamentation and status signaling in the House Finch." Behavioral Ecology 11: 520–527.

- https://feederwatch.org/learn/house–finch–eye–disease/

- Saino et al 2014. "A trade-off between reproduction and feather growth in the Barn Swallow (Hirundo rustica)." PLOS One 9: e96428.

- Scott and MacFarland 2010. Bird Feathers: A Guide to North American Species. Mechanicsburg, PA: Stackpole.

- Kennard 1976. "A biennial rhythm in the winter distribution of the Common Redpoll." Bird-Banding 47: 231–237.

- Erskine and McManus 2003. "Supposed periodicity of Redpoll, Carduelis sp., visitations in Atlantic Canada." Canadian Field-Naturalist 117: 611–620.

- Mather and Robertson 1992. "Honest advertisement in flight displays of Bobolinks (Dolichonyx oryzivorus)." The Auk 109: 869–873.

- Oberweger and Goller 2001. "The metabolic cost of birdsong production."

Journal of Experimental Biology 204: 3379–3388.

- Askins et al 2007. "Conservation of grassland birds in North America: understanding ecological processes in different regions." Ornithological Monographs 64.

- Nyffeler et al 2018. "Insectivorous birds consume an estimated 400–500 million tons of prey annually." Naturwissenschaften 105: 47.

- Tyrrell et al 2013. "Looking above the prairie: localized and upward acute vision in a native grassland bird." Scientific Reports 3: 3231.

- Moore et al 2012. "Oblique color vision in an open-habitat bird: spectral sensitivity, photoreceptor distribution and behavioral implications." Journal of Experimental Biology 215: 3442–3452.

- Martin 2017. "What drives bird vision? Bill control and predator detection overshadow flight." Frontiers in Neuroscience 11: 619.

- Moore et al 2013. "Interspecific differences in the visual system and scanning behavior of three forest passerines that form heterospecific flocks." Journal of Comparative Physiology A 199: 263–277.

- Moore et al 2017. "Does retinal configuration make the head and eyes of foveate birds move?" Scientific Reports 7: 38406.

- Stoddard et al 2017. "Avian egg shape: form, function, and evolution." Science 356: 1249–1254.

- Holmes and Ottinger 2003. "Birds as long-lived animal models for the study of aging." Experimental Gerontology 38: 1365–1375.

- Faaborg et al 2010. "Recent advances in understanding migration systems of New World land birds." Ecological Monographs 80: 3–48.

- https://www.pwrc.usgs.gov/BBL/longevity/Longevity_main.cfm

- Lynch et al 2017. "A neural basis for password-based species recognition in an avian brood parasite." Journal of Experimental Biology 220: 2345–2353.

- Colombelli-Negrel et al 2012. "Embryonic learning of vocal passwords in

Superb Fairy-Wrens reveals intruder cuckoo nestlings." Current Biology 22: 2155–2160.

- Grouw 2013. "What colour is that bird? The causes and recognition of common colour aberrations in birds." British Birds 106: 17–29.

- http://learn.genetics.utah.edu/content/pigeons/dilute/

- Grubb 1989. "Ptilochronology: feather growth bars as indicators of nutritional status." The Auk 106: 314–320.

- Wood 1950. "Growth bars in feathers." The Auk 67: 486–491.

- Terrill 2018. "Feather growth rate increases with latitude in four species of widespread resident Neotropical birds." The Auk 135: 1055–1063.

옮긴이 • 김율희

고려대학교 영어영문학과를 졸업한 뒤 동 대학원에서 근대영문학으로 석사 학위를 받았다. 삶을 풍요롭게 하는 책의 힘을 믿으며 번역가의 길로 들어섰다. 『크리스마스 캐럴』, 『벤자민 버튼의 시간은 거꾸로 간다』, 『월든』, 『작가란 무엇인가 3』, 『작가라서』, 『키다리 아저씨』, 『이만하면 괜찮은 죽음』, 『안녕, 아이반』 등을 우리말로 옮겼다.

감수 • 이원영

서울대학교 행동생태 및 진화연구실에서 까치의 양육행동 연구로 석사와 박사 과정을 마쳤다. 지금은 극지연구소 선임 연구원으로 남극과 북극을 오가며 극지의 동물행동생태를 연구한다. 또한 틈틈이 동물을 사진과 그림으로 기록한다. 저서로 『여름엔 북극에 갑니다』, 『펭귄의 여름』, 『물속을 나는 새』, 『펭귄은 펭귄의 길을 간다』, 『알아 간다는 것』 등이 있다.

새의 언어

펴낸날 초판 1쇄 2021년 4월 5일
　　　　초판 5쇄 2022년 12월 1일
지은이 데이비드 앨런 시블리
옮긴이 김율희
감수 이원영
펴낸이 이주애, 홍영완
편집 문주영, 양혜영, 백은영, 김애리, 박효주, 최혜리, 장종철, 오경은
디자인 박아형, 김주연, 기조숙
마케팅 김소연, 김태윤, 박진희, 김슬기
경영지원 박소현
펴낸곳 (주)윌북
출판등록 제2006-000017호
주소 10881 경기도 파주시 회동길 337-20
전화 031-955-3777 팩스 031-955-3778
홈페이지 willbookspub.com 전자우편 willbooks@naver.com
블로그 blog.naver.com/willbooks 포스트 post.naver.com/willbooks
페이스북 @willbooks 트위터 @onwillbooks 인스타그램 @willbooks_pub
ISBN 979-11-5581-345-4 03490